"创意与思维创新"
数字媒体艺术专业新形态精品系列

附|微|课|视|频

Unity
虚拟现实开发教程

吴孝丽 王斌斌 主编
万飞 郑征 副主编

人民邮电出版社
北京

图书在版编目（CIP）数据

Unity虚拟现实开发教程 / 吴孝丽，王斌斌主编. -- 北京 : 人民邮电出版社，2023.11
“创意与思维创新”数字媒体艺术专业新形态精品系列
ISBN 978-7-115-62037-8

Ⅰ. ①U… Ⅱ. ①吴… ②王… Ⅲ. ①游戏程序—程序设计—教材 Ⅳ. ①TP317.6

中国国家版本馆CIP数据核字(2023)第114919号

内 容 提 要

本书基于 Unity 2020，结合丰富多彩的实操案例、完备的项目源码、生动的教学视频，详细讲解虚拟现实开发的各项技术。本书共 14 章，内容包括虚拟现实概述、初识 Unity、Unity 的常用组件、脚本基础、3D 数学基础、UGUI 界面开发、物理系统、动画系统、导航寻路功能、Unity 数据持久化技术、虚拟现实产品的开发、增强现实产品的开发、综合案例——使用 VDP 进行开发、综合案例——毕业设计展览系统开发。

本书适合用作各类院校数字媒体技术、数字媒体艺术、虚拟现实技术、计算机科学与技术等专业相关课程的教材，也可用作相关行业从业者的自学参考书。

◆ 主　　编　吴孝丽　王斌斌
　副 主 编　万　飞　郑　征
　责任编辑　韦雅雪
　责任印制　王　郁　陈　犇
◆ 人民邮电出版社出版发行　　北京市丰台区成寿寺路 11 号
　邮编　100164　　电子邮件　315@ptpress.com.cn
　网址　https://www.ptpress.com.cn
　涿州市京南印刷厂印刷
◆ 开本：787×1092　1/16
　印张：16.25　　2023 年 11 月第 1 版
　字数：373 千字　　2025 年 1 月河北第 4 次印刷

定价：59.80 元

读者服务热线：(010)81055256　印装质量热线：(010)81055316
反盗版热线：(010)81055315
广告经营许可证：京东市监广登字 20170147 号

前言

2016 年是“虚拟现实（VR）元年”，2021 年是以虚拟现实为基本特征的“元宇宙元年”，各“科技大厂”在 VR/AR 硬件设施、3D 游戏引擎、内容制作平台等与元宇宙相关的多重领域拓展能力版图，为我国加快建设质量强国、网络强国、数字中国提供了力量支撑。随着新一轮虚拟现实产业链的升级，以及 VR 与 5G、云计算、人工智能、超高清视频等技术的融合创新发展，虚拟现实在各行业的应用将进一步深化普及，具备虚拟现实、增强现实（AR）交互功能设计与开发、软硬件平台设备搭建和调试等能力的高素质技术技能人才需求旺盛。

Unity 是实时 3D 互动内容创作和运营平台，不仅能进行游戏产品开发，还能在运输、制造、建筑、工程、影视动画等多领域构建 VR/AR 内容。Unity 拥有方便灵活的编辑器、友好的开发环境、丰富的工具套件，易学易用，拥有优秀的跨平台能力，支持几乎所有的主流平台。

党的二十大报告中提到：“教育、科技、人才是全面建设社会主义现代化国家的基础性、战略性支撑。”为帮助各类院校培养优秀的虚拟现实开发人才，本书采用 Unity 2020 作为开发工具，结合初学者认知规律，配合大量实操案例，适时加入教学视频，循序渐进地讲解虚拟现实内容开发相关知识。

本书读者应有 C 语言或 C#编程经验，书中内容采用“理论+实例”的形式，不仅对知识点进行深入分析，而且针对重要知识点精心设计了相关案例，有助于读者学以致用。

在学习本书时，相关实操案例很重要，它是对理论知识的具体应用，直接验证读者对知识点的掌握程度，建议多练习、多实践，最终做出令自己满意的作品。

本书特色主要包括以下几点。

（1）本书体系完整，根据循序渐进的认知规律设计内容及顺序。

（2）本书提供了大量实例，所有实例程序都是完整的，都通过了 Unity 2020 调试。每个实例都提供了详细的操作步骤，重点和难点配有视频讲解，非常适合初学者。

（3）本书每章最后都设置了相关习题，可以帮助读者巩固知识点并引导读者深入思考。

（4）提供书中所有程序源代码和素材，配套教学课件、教学大纲等教辅资源，用书教师可以登录人邮教育社区（www.ryjiaoyu.com）免费下载。

本书由河南城建学院吴孝丽、王斌斌任主编，万飞、郑征任副主编，参加编写的还有姚远、丁乐天、王国栋、葛智欣、蓝慧娟、秦锡壮等人。赵军民、张俊峰对本书做了审校，并提出了许多修改意见。

本书在编写过程中参阅了许多同行的工作成果，在此表示衷心感谢。由于编者学术水平有限，难免存在表达欠妥之处，编者由衷希望广大读者朋友和专家学者能够拨冗提出宝贵的修改建议，修改建议可直接反馈至编者的电子邮箱：wxl_hncj@163.com。

编　者

2023 年 4 月

目录

第 1 章

虚拟现实概述

学习目标

- 了解虚拟现实的相关概念。
- 了解虚拟现实的应用领域。
- 简单了解虚拟现实的发展历史。

近年来，随着科学技术的发展，我们来到一个新的信息时代，数字化信息技术给我们的生活带来了巨大的变化。计算机已成为信息时代处理信息的主要工具，是人类与信息空间交流的主要渠道。虚拟现实、元宇宙等概念也为越来越多的人所熟知。那么什么是虚拟现实呢？它的发展历史和应用领域又是什么样的呢？本章将详细解答上述问题。

1.1 虚拟现实的基本概念

虚拟现实（Virtual Reality，VR）技术又称灵境技术，涉及计算机图形学、人机交互、传感器、人工智能等多个领域。实质上它利用三维图形生成、多传感交互，以及高分辨显示等技术来计算并显示出逼真的虚拟世界，用户佩戴上头显、眼镜、数据手套等传感设备后，能产生进入虚拟世界的感受。利用手柄等交互设备，用户能与虚拟世界进行交互，从而获得沉浸式体验。

虚拟现实技术使传统的人机接口形式、内容、效果都有很大改进。通过虚拟现实技术产生的具有交互性的虚拟世界，使人机交互界面更加形象逼真。近年来，国内外的虚拟现实技术在军事与航空航天、科技开发、商业、医疗、教育、娱乐等多个领域得到越来越广泛的应用，并取得了巨大的经济效益与社会效益。

虚拟现实技术的特性主要体现在沉浸感、交互性、想象力，以及网络功能、多媒体功能、人工智能、动态交互智能感知等方面，具体说明如下。

- 沉浸感是指用户置身于计算机虚拟环境中的真实程度，理想的虚拟现实环境应使用户难以辨认场景是现实空间的，还是虚拟空间的。
- 交互性是指用户对虚拟现实场景中的物体的可操作程度，以及从虚拟现实场景得到的反馈的自然程度和实时性等。交互性主要借助虚拟现实技术中的三维交互设备实现，如立体眼镜、头戴式显示器（简称头显）、数据手套，以及虚拟现实 3D 空间跟踪球等。
- 在虚拟现实世界需要开发并寻找合适的场景和对象，以充分发挥人类的想象力。在多维信息空间中，人类依靠认识和感知能力获取知识，发挥主观能动性，拓宽知识领域，开发新的产品，把“虚拟”和“现实”有机地结合起来，使生活更加多姿多彩。

● 通过强大的网络功能，可以接入 Internet，可以创建立体网页与网站。

● 通过多媒体功能，能够实现多媒体制作，将文字、语音、图像、影片等融入 3D 立体场景，以实现舞台影视效果。

● 人工智能主要用于实现感知功能。利用感知传感器来实现用户及模型之间的动态交互。动态交互智能感知是指用户可以借助虚拟现实硬件设备或软件产品，直接与虚拟现实场景中的模型进行动态智能感知交互，使用户有身临其境的感觉。

1.2 虚拟现实的发展历史

科技是第一生产力，人才是第一资源，创新是第一动力。虚拟现实的发展历程离不开科技的进步和人才的贡献，是一个不断创新的过程。

1.2.1 虚拟现实的前身

希腊数学家欧几里得（Euclid）首次发现了双眼视差现象，即人类的大脑会对双眼看到的不同画面进行处理，使人类能够在观察世界的时候有纵深感。

1838 年，查尔斯·惠特斯通（Charles Wheatstone）利用双眼视差现象的原理研制出了现代 3D 眼镜的雏形——立体镜。通过立体镜观察两张图片的重叠部分便可以观测到立体的物体，如图 1-1 所示。以此原理为基础的 3D 立体视觉模拟技术也被应用于当今的 3D 电影和 VR 眼镜中。

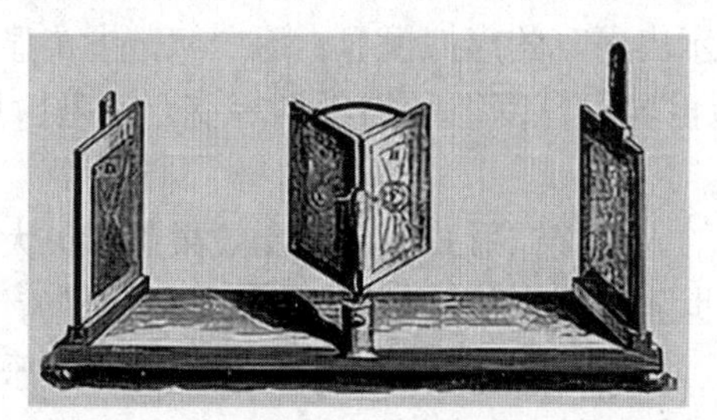

图 1-1 立体镜

1935 年，科幻小说家斯坦利·温鲍姆（Stanley Weinbaum）在他的科幻小说《皮格马利翁的眼镜》中大胆构想出了未来虚拟现实的实现方式和用户体验。而这与现在的虚拟现实的实现方式和用户体验有着高度的相似之处，他的前瞻性毋庸置疑。

1.2.2 虚拟现实的萌芽

1957 年，摄影师莫顿·海利希（Morton Heilig）发明了世界上首个可以被称为 VR 设备的机器——Sensorama，如图 1-2 所示。它是一个体型庞大的机器，由震动座椅、立体声音响、大型显示器等组成，能产生震动和风吹的感觉，甚至还能产生气味。

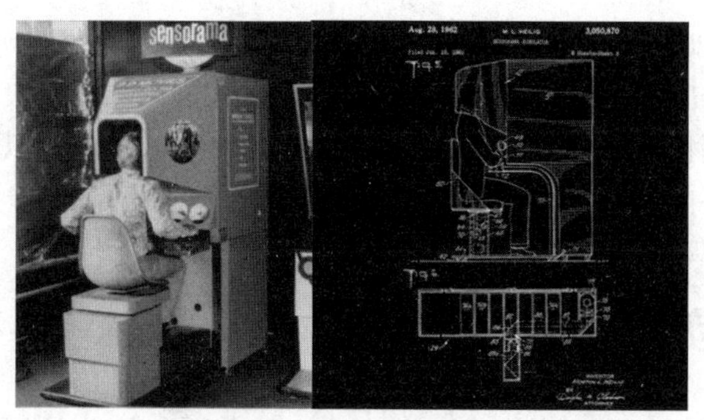

图 1-2 Sensorama

1960 年前后，两位工程师创建了世界上首台现代化的头显，如图 1-3 所示。它有两个独立的屏幕，还有头部运动跟踪功能，头显的画面可以随着头部的移动而发生改变，能给用户带来更加自然和真实的体验。虽然它还没有计算机集成或生成图像，但这对 VR 来说是一个里程碑式的进步。

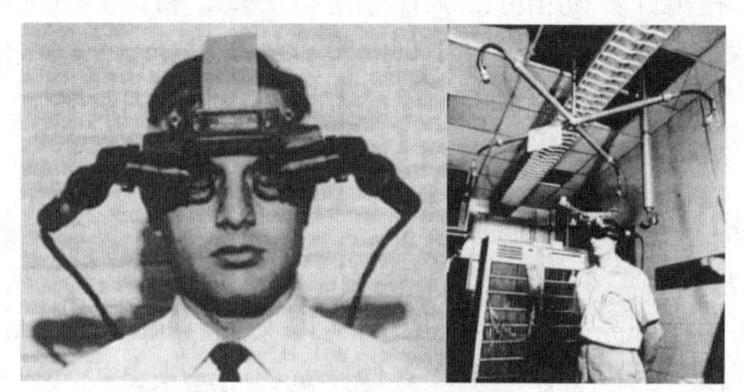

图 1-3 世界上的第一台头显

1965 年，伊万·萨瑟兰（Ivan Sutherland）将头显与计算机联系到一起，通过计算机模拟场景及实时交互，这是 VR 发展中重要的一环。很多人认为这是世界上第一台真正意义上的 VR 设备。虽然这个装置的舒适性有待考究，但它会显示原始计算机计算生成的图形。VR 设备正式被创造出来是在 20 世纪 80 年代后期，当时 Visual Programming Lab 的创始人亚龙·拉尼尔（Jaron Lanier）开发了自己的 VR 设备，即 DataGlove 数据手套和 EyePhone 头显。

1.2.3 虚拟现实理论的应用

在 21 世纪初期，智能手机逐渐普及，虚拟现实变得无人关注。索尼在这段时间推出了 3 千克重的头显，Sensics 公司也推出了高分辨率、超宽视野的显示设备 piSight，还有一些其他公司连续推出各类虚拟现实产品。在这一阶段，虚拟现实技术从研究阶段转向应用阶段，广泛运用到科研、航空、医学、军事等领域。

后来，全球 VR 产业进入初步产业化阶段，涌现出了 HTC VIVE、Oculus Rift、暴风魔镜等一系列优秀产品，大批中国企业纷纷进军 VR 市场。《中国虚拟现实（VR）行业发展前景预测与投资战略规划分析报告》显示，仅 2015 年一年，我国 VR 行业的市场份额就达到 15 亿元，2016 年达到 56.6 亿元（2016 年被称为中国 VR 元年）。

虚拟现实技术的问世，是因特网继纯文字信息时代之后的又一次飞跃，其应用前景不可估量。随着因特网传输速度的加快，虚拟现实技术逐渐成熟，虚拟现实技术在因特网上的推广是大势所趋。

1.3 虚拟现实的分类

虚拟现实可分为桌面式虚拟现实、沉浸式虚拟现实、增强式虚拟现实和分布式虚拟现实。

1.3.1 桌面式虚拟现实

桌面式虚拟现实利用计算机和低级工作站进行仿真，将计算机的屏幕作为用户观察虚拟世界的窗口，通过输入设备实现与虚拟现实世界的实时交互，这些输入设备包括鼠标、追踪球、力矩球等。由于桌面式虚拟现实的成本较低，所以相对来说，它的应用广泛。

1.3.2 沉浸式虚拟现实

沉浸式虚拟现实是一种高级的、较理想的虚拟现实，提供完全沉浸式的体验。它利用头显或其他设备，把用户的视觉、听觉和其他感觉封闭起来，提供一个新的、虚拟的感觉空间，且利用位置跟踪器、数据手套及其他手控输入设备、声音等使用户产生一种身临其境的感觉。

沉浸式虚拟现实具有以下 5 个特点。

- 具有高度实时性能。

在沉浸式虚拟现实中，要达到与真实世界相同的效果，必须具有高度实时性能。如当人的头部转动改变观察点时，空间位置跟踪设备必须及时检测到，并且由计算机进行运算，改变输出的相应场景，要求它必须有足够小的延迟，而且变化要连续平滑。

- 具有较强的沉浸感。

沉浸式虚拟现实采用多种输入与输出设备来创建一个虚拟的世界，并使用户沉浸其中，这要求沉浸式虚拟现实具有较强的沉浸感，使用户与真实世界完全隔离，不受外面真实世界的影响。

- 具有良好的整合性能。

为了使用户具有全方位的沉浸感，要使用多种设备与多种相关软件，且它们相互之间不能有影响，即沉浸式虚拟现实必须有良好的整合性能。

- 具有良好的开放性。

在沉浸式虚拟现实中要尽可能利用最先进的硬件设备与软件技术，这就要求虚拟现实能方便地改进硬件设备及软件技术，因此必须用更灵活的方式构造沉浸式虚拟现实的软、硬件结构体系。

- 支持多种输入与输出设备并行工作。

为了给用户带来沉浸感，可能需要多个设备综合应用，如用手拿一个物体，需要数据手套、空间位置跟踪器等设备同步工作。所以说，支持多种输入与输出设备的并行工作是实现沉浸式虚拟现实的一项必备技术。

1.3.3 增强式虚拟现实

增强式虚拟现实（概念图见图 1-4）不仅利用虚拟现实技术来模拟现实世界，还利用它来增强用户对真实环境的感受，如在室内设计中，在门窗上增加装饰材料，改变其样式和颜色等，以达到增强现实的目的。

增强式虚拟现实主要具有以下 3 个特点。

- 真实世界和虚拟世界融为一体。
- 具有实时人机交互功能。
- 真实世界和虚拟世界在 3D 空间中整合。

图 1-4 增强式虚拟现实

1.3.4 分布式虚拟现实

多个用户通过计算机网络连接在一起，同时进入一个虚拟空间，共同体验虚拟经历，使虚拟现实提升到一个更高的境界，这就是分布式虚拟现实。在分布式虚拟现实中，多个用户可通过网络在同一虚拟世界中进行观察和操作，以达到协同工作的目的。

虚拟现实系统运行在分布式系统中有两个原因：一是可以充分利用分布式系统提供的强大计算能力；二是有些应用本身具有分布特性，如多人通过网络模拟虚拟战争的应用。

分布式虚拟现实有以下特点。

- 各用户具有共享的虚拟工作空间。
- 具有伪实体的行为真实感。
- 支持实时交互，共享时钟。
- 多个用户可以不同的方式相互通信。
- 共享资源信息以及允许用户操纵虚拟世界中的对象。

1.4 虚拟现实的应用领域

虚拟现实在教育、军事、城市仿真、工业、医学、科学计算可视化和娱乐上都有应用。

1.4.1 教育

1. 弥补远程教学条件的不足

在远程教学中往往会因为实验设备、实验场地、教学经费等不足，导致一些应该开展的教学实验无法进行。利用虚拟现实可以弥补这些方面的不足，保证部分教学实验可正常进行，获得与真实实验一样的效果，从而加深学生对教学内容的理解。图 1-5 所示为河南城建学院的物联网虚拟仿真系统。

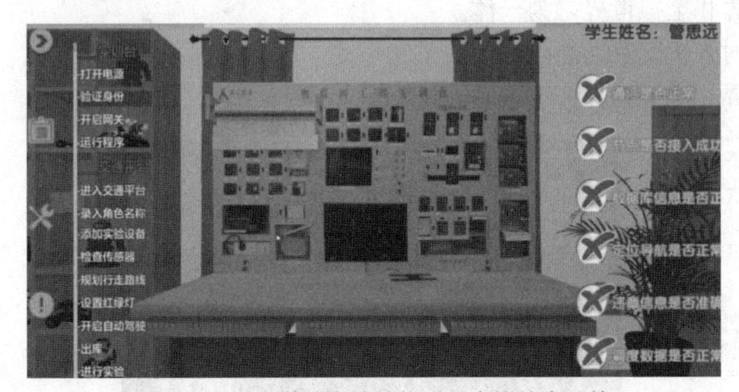

图 1-5 河南城建学院的物联网虚拟仿真系统

2. 避免真实实验或操作带来的危险

在现代教育中，虚拟现实技术在实验教学中应用较多，尤其是建筑、机械、物理、生物、化学等学科的实验。以往对于对人体健康有危害的实验，一般采用电视录像的方式来替代，但是这样学生无法直接参与实验。利用虚拟现实技术进行虚拟实验，可以解决这个问题。在虚拟实验环境中，学生可以放心地做各种危险的实验。图 1-6 所示为河南城建学院的虚拟电测实验。

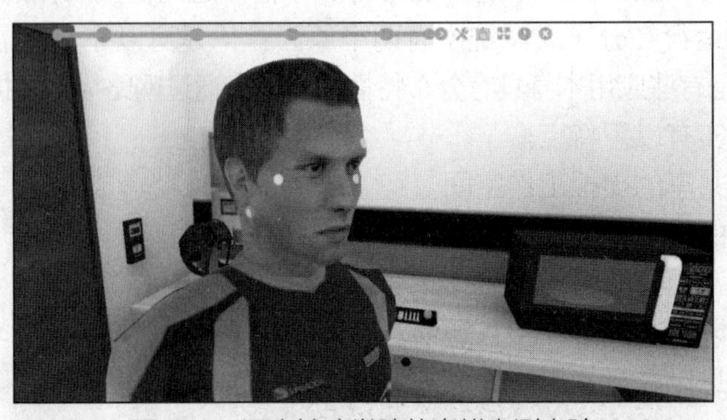

图 1-6 河南城建学院的虚拟电测实验

3. 打破空间、时间的限制

利用虚拟现实技术，可以打破空间、时间的限制。大到宇宙天体，小至原子粒子，学生都可以通过虚拟现实进行观察。例如，学生可以进入汽车结构内部，观察汽车发动机的每个部件的工作情况，以及每个部件之间的相互联系，这是电视录像媒体和实物媒体联系的具体实现。使用虚拟现实技术还可以突破时间的限制，一些需要几十年甚至上百年才能观察到的变化过程，通过虚拟现实技术，可以在很短的时间内呈现给学生观察。图 1-7 所示为使用虚拟现实设备观察昆虫的生长过程。

图 1-7 使用虚拟现实设备观察昆虫的生长过程

1.4.2 军事

1. 通过军事虚拟现实训练系统实现军事模拟训练

虚拟仿真培训是虚拟现实技术的常见使用示例。它可以帮助用户在现实生活中进行罕见、昂贵或危险的训练。军事领域的作战仿真通过模拟实际的车辆、士兵和战斗环境来培养小型单位或单兵的战斗技能。使用虚拟现实头显和控制器，用户可以完全沉浸在虚拟环境中进行军事模拟训练。

2. 准备军事模拟训练

虚拟现实可以用于模拟训练，如图 1-8 所示。传统的军事演习花费高，而且持续时间很长。通过虚拟现实技术，可以创建满足所需条件的场景，而且不会伤害用户。

图 1-8 模拟训练

3. 在虚拟现实中制造新武器

从概念或测试的角度来看，虚拟现实已经改变了设计产品的方式。对国防工业这样的“拥抱工业 4.0”的行业来说，它是一个强大的工具。在武器开发过程中，使用沉浸式虚拟现实可完成以下操作。

- 利用虚拟战斗环境和人体追踪设备测试设计。
- 通过触觉操作武器。
- 添加战术和技术性能数据。

虚拟现实加快了新武器和军事产品的开发速度。它允许用户身临其境地交互，以运行测试产品，这在开发飞机和轮船等大型产品时非常有用，可帮助用户以 1∶1 的比例进行可视化设计和实时更改。

1.4.3 城市仿真

1. 宏观规划

在城市规划、工程建筑设计领域中，虚拟现实技术是辅助开发工具。在城市规划中，虚拟现实技术发挥着巨大的作用。无论是新城区的开发，还是老城区的改建，都可以通过城市的 3D 建模从更直观的角度进行模拟。图 1-9 所示为虚拟建筑模型。

2. 建筑设计

在规划布局的基础上，还可利用虚拟现实设计建筑方案。各单体设计成果仍以平面图、立面图、剖面图为主。图 1-10 所示为河南城建学院家属楼建筑仿真。

图 1-9　虚拟建筑模型

图 1-10　河南城建学院家属楼建筑仿真

1.4.4 工业

虚拟现实技术已经改变了工厂生产的展示形式，从工业生产机械设备的运作状态、工况监测数据到产品的装配、调试环节，都能实现 3D 立体可视化，让生产场景真实地呈现在人们眼前。

1. 工厂规划

工厂规划是庞大的项目，通常涉及多个设计团队。使用虚拟现实技术可以避免许多问题。图 1-11 所示为工厂模型，通过对工厂环境进行三维建模，将所有建筑布局呈现在眼前，让所有设计都具体呈现，简化设计团队之间的协作。

图 1-11 工厂模型

2. 数据可视化

虚拟现实技术提供了对工业机械设备的监控和协作的新方法。使用虚拟现实技术可以让用户在中央控制室中就能对整个工厂设备进行可视化监控，所有数据都能以多角度显示。另外，用户可以通过虚拟设备动作轨迹进行动态演示。虚拟现实工业系统还可以从设备上的传感器中导入数据，实时监控设备工作。

3. 虚拟培训

虚拟现实技术可提供一种方便企业进行机械操作培训的新方法。使用虚拟现实能让员工在上岗前就熟悉整个工厂的环境，也可以让员工在虚拟工厂中进行机械操作训练。还可以通过语音及虚拟标签进行培训教学，每个员工都可以学习。在安全生产和突发安全事故应对上，虚拟现实有很大的优势。使用虚拟现实技术能够将灾难现场重现，同时科学引导用户进行应急处置。

1.4.5 医学

虚拟现实在医学方面的应用具有十分重要的现实意义。在虚拟环境中，可以建立虚拟的人体模型，借助跟踪球、头戴式显示器、数据手套，可以很容易了解人体内部各器官结构。

1. 手术练习

在医学院校，学生可在虚拟实验室中进行“尸体”解剖等手术练习。由于虚拟实验室不受标本、场地等的限制，所以培训费用大大降低。图 1-12 所示为用于心脏细节展示的虚拟现实，仿真程度非常高。

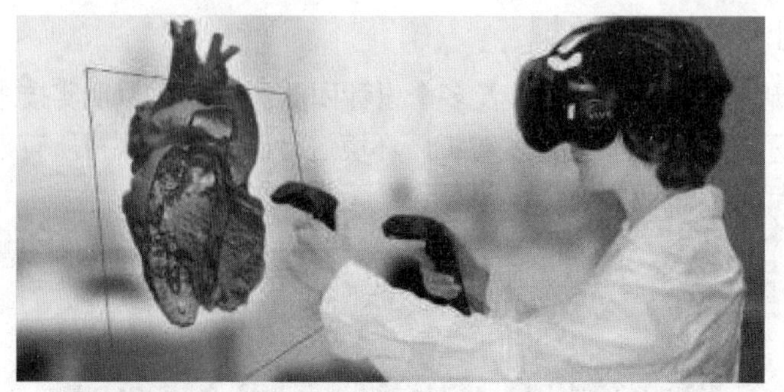

图 1-12 心脏细节展示的虚拟现实

2. 分散患者注意力，缓解疼痛

虚拟现实可通过分散患者的注意力来缓解他们的疼痛。*Clinical Journal of Pain* 期刊的一篇论文描述了一项研究，对 11 名烧伤患者进行虚拟现实辅助治疗，即患者在治疗期间沉浸在虚拟现实之中。所有患者都表示他们的疼痛感显著下降。

1.4.6 科学计算可视化

在科学研究中，人们通常会遇到大量的数据，为了从中得到有价值的规律和结论，需要对这些数据进行分析，而科学计算可视化功能可将大量字母、数字转化成比原始数据更容易理解的可视化图像，并允许用户借助可视化的虚拟设备检查这些可视化的数据。它通常被用于建造分子结构、地震、地球环境的各组成成分的数字模型。

1.4.7 娱乐

游戏是早期虚拟现实技术研究的巨大动力，而且它的市场非常大。图 1-13 所示为虚拟现实游戏。如果医学虚拟现实系统的应用数目为 10，那么虚拟现实娱乐业的应用总数可达到成百上千项。在娱乐业中，虚拟现实的发展十分迅速。

图 1-13 虚拟现实游戏

娱乐仿真器现在越来越复杂，对娱乐而言，是否要进一步完善运动仿真功能，这一点目前还不太肯定，但是，从激发游戏者们的兴趣这一点看,加入有限的运动系统是必须

的。在有些游戏场所可以发现，很多游戏机都使用了虚拟现实技术,可把它们称为虚拟现实游戏机。

1.5 虚拟现实技术的研究现状

1.5.1 国外的研究现状

虚拟现实技术诞生于美国，最初是为了满足航空航天的需要。随着计算机技术，特别是图形显示技术的发展，虚拟现实技术得到了很大发展。

美国国家航空航天局（National Aeronautics and Space Administration，NASA）的艾姆斯研究中心实验室将 VPL 的数据手套进行了工程化，以增强它们在现实生活中的实用性，同时还更新完善了头显，以提升用户的体验效果。而 NASA 研究的重点为空间站操作和对接的实时仿真。现在 NASA 已经建立了航空、卫星、空间站的虚拟现实操纵系统，并且已经建立了面向全国的有效完备的虚拟现实教育体系。

北卡罗来纳大学的计算机系是最早进行民用虚拟现实研究的。他们主要研究分子建模、外科手术仿真、建筑仿真等。大学医学中心是一所经常研究高难度或者有争议课题的医学研究单位。大卫・沃纳（David Warner）博士和他的研究小组成功地将计算机图形及虚拟现实设备用于研究与神经疾病相关的问题。他们以数据手套为工具，将手的运动实时地在计算机上用图形表示出来。他们还成功地将虚拟现实技术应用于受虐待儿童的心理康复之中，并首创了虚拟现实儿科治疗法。

1.5.2 国内的研究现状

虚拟现实技术是一项投资大、难度高的科技领域。我国的虚拟现实技术研究始于 20 世纪 90 年代初，虽然起步晚，但是我国的政府有关部门和科学家们高度重视。他们根据我国现阶段的国情，多方向开展虚拟现实技术的研究，在紧跟国际新技术潮流的同时，国内一些重点院校已积极投入这一领域的研究工作。其中北京航空航天大学计算机系是国内最早进行虚拟现实研究、最有权威的单位之一，他们进行了很多基础的研究。

浙江大学国家重点实验室开发了一套桌面型虚拟建筑环境实时漫游系统，该系统采用层面迭加的绘制技术和预消隐技术，实现了立体视觉，同时还提供了方便的交互工具，使整个系统的实时性和画面的真实感都达到了较高的水平。

另外，北方工业大学、西北工业大学 CAD/CAM 研究中心、上海交通大学图像处理模式识别研究所、长沙国防科技大学计算机研究所、华东船舶工业学院计算机系、安徽大学电子工程系等也进行了不同程度的研究和尝试。

1.6 本章小结

本章简单介绍了虚拟现实的概念、发展历史和应用领域。除了本章介绍的应用领域外，它还可应用于室内设计、古迹复原、桥梁道路设计、房地产销售、旅游教学、水利电力等多个领域。上到天文观测，下到民生百计，都可以找到虚拟现实的影子，甚至未来可能迎来虚拟现实时代，让我们拭目以待吧。

1.7 本章习题

（1）双眼视差现象指的是什么？

（2）你觉得未来虚拟现实能够对世界产生怎样的影响？

第 2 章

初识 Unity

学习目标

- 认识 Unity 的常用菜单、命令、面板。
- 能创建一个简单的小游戏。

Unity 是实时 3D 互动开发平台，支持多种设备，包括手机、平板电脑、游戏主机、增强现实和虚拟现实设备等，提供多种行业解决方案。本章主要介绍 Unity 的安装及工作界面。

2.1 Unity 的环境搭建

2.1.1 Unity 的下载及安装

步骤 1 进入 Unity 中国官网。未注册的用户需要先单击右上角的“用户”按钮，选择 Create a Unity ID 选项进行注册。

步骤 2 登录后，单击右上角蓝色的“下载 Unity”按钮，进入 Unity 下载页面，如图 2-1 所示。

Unity 提供了 3 种类型的版本，通常选择长期支持版。在长期支持版的列表中，各种版本的 Unity 按发布时间排列，从中选择需要的版本并下载至本地。

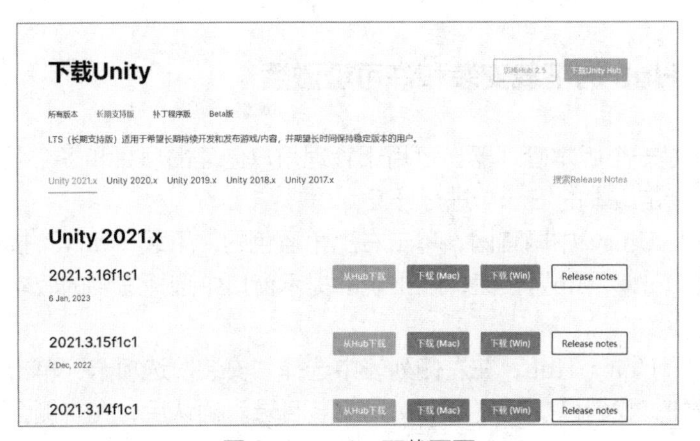

图 2-1 Unity 下载页面

步骤 3 找到下载到本地的安装包，双击打开，单击 Next 按钮，如图 2-2 所示。

步骤 4 勾选 I accept the terms of the License Agreement 复选框，单击 Next 按钮，如图 2-3 所示。

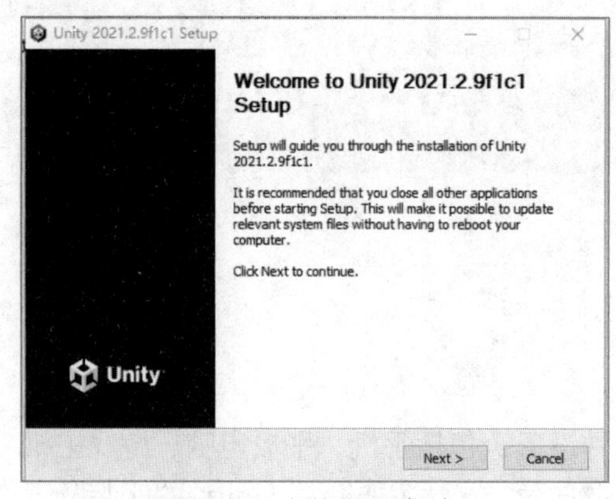

图 2-2　安装步骤（1）

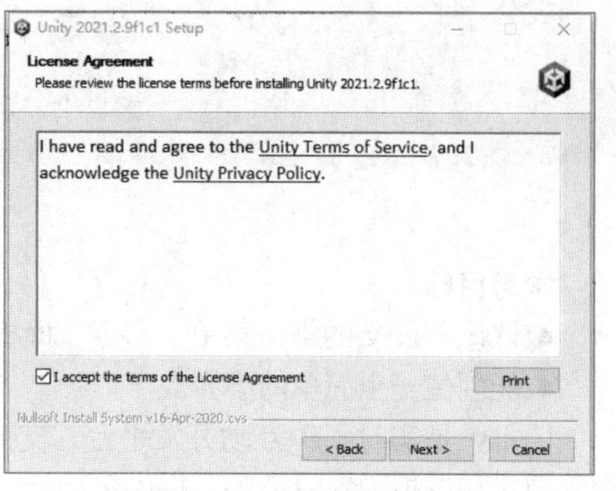

图 2-3　安装步骤（2）

步骤 5 单击 Next 按钮，如图 2-4 所示。

步骤 6 设置安装路径，单击 Next 按钮，如图 2-5 所示。等待软件安装完成即可。

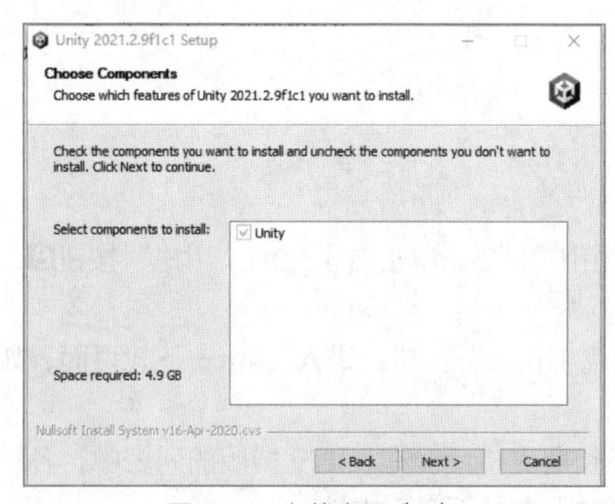

图 2-4　安装步骤（3）

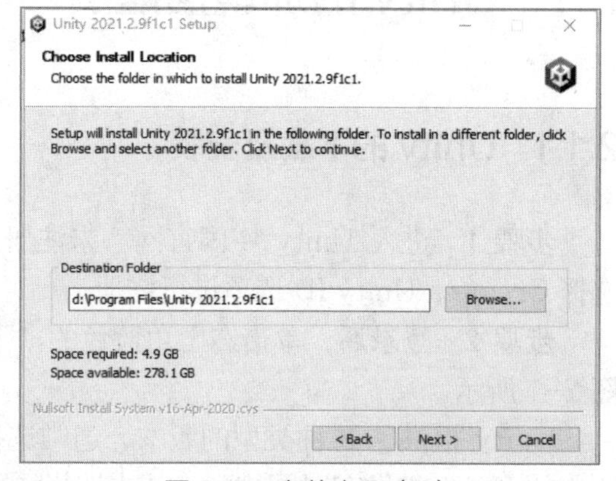

图 2-5　安装步骤（4）

2.1.2　Unity Hub 的下载安装和许可证激活

Unity Hub 是一个版本管理器，可用于管理用户创建的项目和多个版本的 Unity。每个项目可以使用指定版本的 Unity 进行开发。

步骤 1 进入 Unity 中国官网，单击右上角蓝色的“下载 Unity”按钮，进入下载页面。单击“下载 Unity Hub”按钮，在出现的提示窗口中选择需要的版本并下载，下载后进行安装。

步骤 2 打开 Unity Hub，在左侧列表中选择“安装”选项卡，单击右上方的“添加已安装版本”按钮，找到已安装的 Unity 的安装目录。确认后，在右侧会显示当前已安装的 Unity 版本，如图 2-6 所示。

图 2-6 显示已安装的 Unity 版本

如果单击“安装”按钮，则打开“添加 Unity 版本”窗口，但是其中提供的 Unity 版本非常少。

步骤 3 激活许可证。单击 Unity Hub 右上角的⚙按钮，然后选择“许可证管理”选项卡，单击“激活新许可证”按钮，如图 2-7 所示，可以在弹出的对话框中选择“我不以专业身份使用 Unity。”单选项（“Unity 个人版”单选项下的两个单选项都可实现免费使用 Unity），如图 2-8 所示。激活许可证后，可以使用 Unity 创建项目。

图 2-7 “偏好选项”界面中的设置

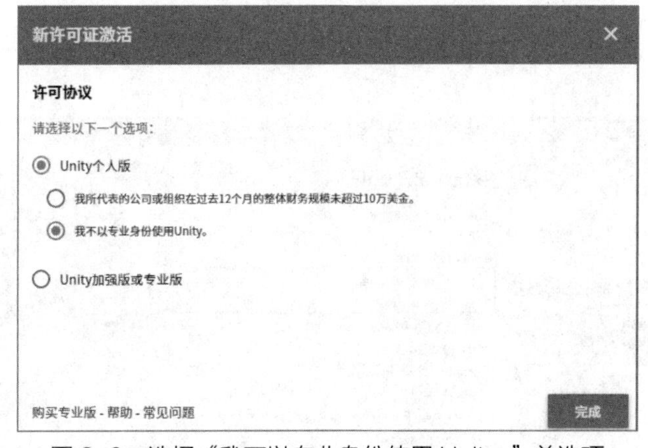

图 2-8 选择“我不以专业身份使用 Unity。”单选项

2.1.3 Visual Studio 的安装

登录 Visual Studio（以下简称 VS）的官方网站，选择网页上方的“下载”选项，单击“社区”下方的“免费下载”按钮，下载 Visual Studio 并安装。

在安装过程中，在 VS 的配置界面中可以仅勾选“使用 Unity 的游戏开发”复选框，并按安装提示进行安装。

2.1.4 新建工程和工程文件夹

步骤 1 打开 Unity Hub，选择左侧的“项目”选项卡，选择“新建”选项，在新建项目窗口中选择 3D 类别，输入项目名称，设置项目路径，如图 2-9 所示。

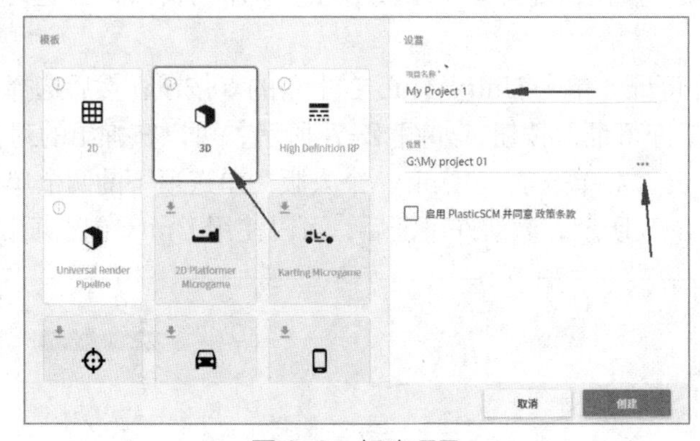

图 2-9 新建项目

注意：

①项目名称和项目路径最好都用英文，不要包含中文字符；②使用 Unity Hub 中的“打开”，可以导入其他的项目文件。

步骤 2 第一次打开 Unity 时，需要配置编译环境。选择 Edit->Preferences 命令，在打开的设置窗口中选择 External Tools 选项，在右侧的下拉列表中选择 Visual Studio Community 2022[17.0.5]选项，并勾选 Embedded packages 和 Local packages 复选框，如图 2-10 所示。

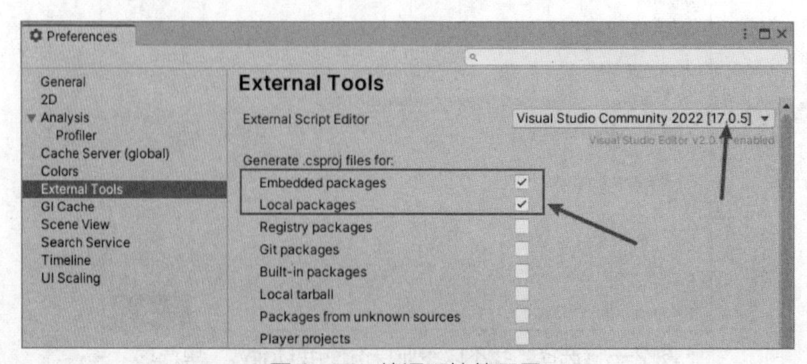

图 2-10 编译环境的配置

步骤 3 创建完项目后，在项目文件夹中有以下几个文件夹，其功能如下。

- Assets 文件夹：资源文件夹，用于存放场景、脚本和项目中用到的资源，如 3D 模型、音频文件、图像、在 Unity 中创建的资源等；通常可以按照资源的类别新建子文件夹，以方便管理。
- Library 文件夹：用于存放系统的库文件。
- Logs 文件夹：用于存放日志。
- Packages 文件夹：用于存放导入的包。
- ProjectSettings 文件夹：用于存放工程相关的设置文件。
- Temp 文件夹：临时文件夹，用于存放项目运行时的一些临时文件。
- UserSettings 文件夹：用于存放用户设置编辑器的文件。

如果需要移动工程文件到别的地方，则可以只复制 Assets 文件夹和 Library 文件夹。

2.2 Unity 界面

Unity 有 6 个常用面板，包括 Project、Hierarchy、Scene、Inspector、Game、Console。Unity 界面的布局可以通过右上角的布局选项实现，也可以手动拖曳面板进行布局。

2.2.1 Project 面板

Project 面板如图 2-11 所示。

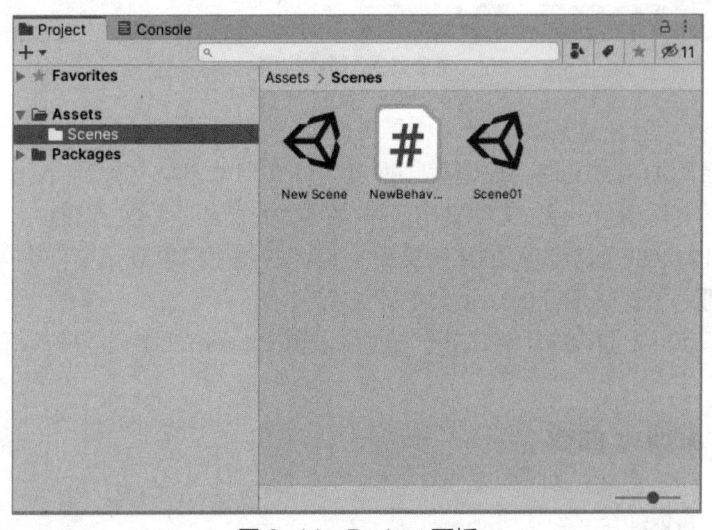

图 2-11 Project 面板

Project 面板中的内容和工程文件夹的内容一致，主要用于管理项目的场景、各种资源文件等。新建项目后，可以在 Assets 文件夹中分类管理各种资源，步骤如下。

（1）右击 Assets 文件夹，选择 Create->Folder 命令，在 Assets 文件夹中新建一个文件夹，选中文件夹后单击其名字，可以更改该文件夹的名字。文件夹应按照行业规则命名，此处命名为 Scenes。

（2）新建场景文件。右击 Scenes 文件夹，选择 Create->Scene 命令，新建一个场景，如图 2-12 所示。双击场景文件可打开场景，可按 Delete 键删除场景，也可右击场景文件，利用快捷菜单命令对场景文件进行重命名、删除等操作。

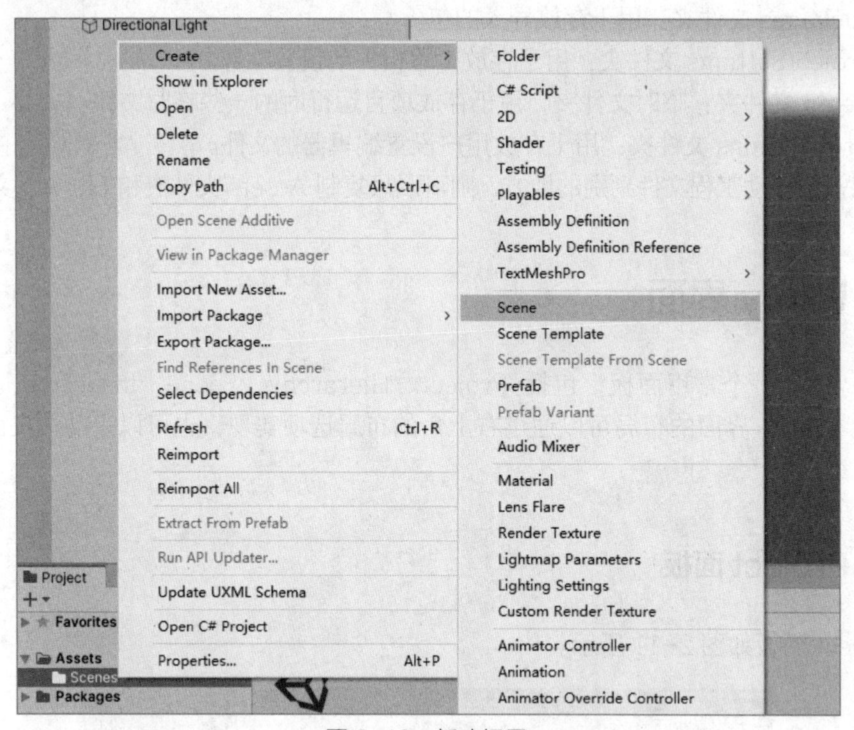

图 2-12 新建场景

（3）按 Ctrl+S 组合键保存场景。

（4）给项目添加素材文件。可以直接拖曳文件夹中的素材文件到 Assets 文件夹中。也可以复制素材文件到 Assets 文件夹中。不同类型的资源应分类管理。

（5）单击 Project 面板左侧的某一文件夹，在右侧可以看到该文件夹内的所有内容，右下角的滑块可用于调整图标的显示大小。

（6）使用 Project 面板右上角的按钮可以设置 Project 面板为单列或双列显示。

2.2.2 Hierarchy 面板

Hierarchy 面板如图 2-13 所示。

Hierarchy 面板以层级形式展示当前场景中的所有对象，用于选择或新建游戏对象。在新建项目时，默认创建一个摄像机和一个灯光对象。

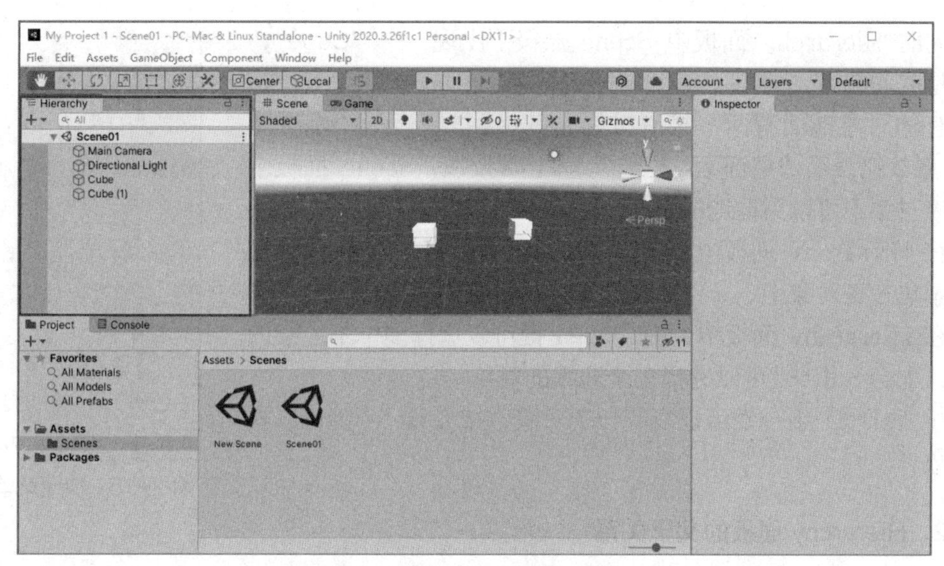

图 2-13　Hierarchy 面板

1. Hierarchy 面板的操作

单击 Hierarchy 面板中场景名字右侧的隐藏按钮，打开图 2-14 所示的列表，其中包括保存当前场景、新建场景、新建游戏对象等常用选项。

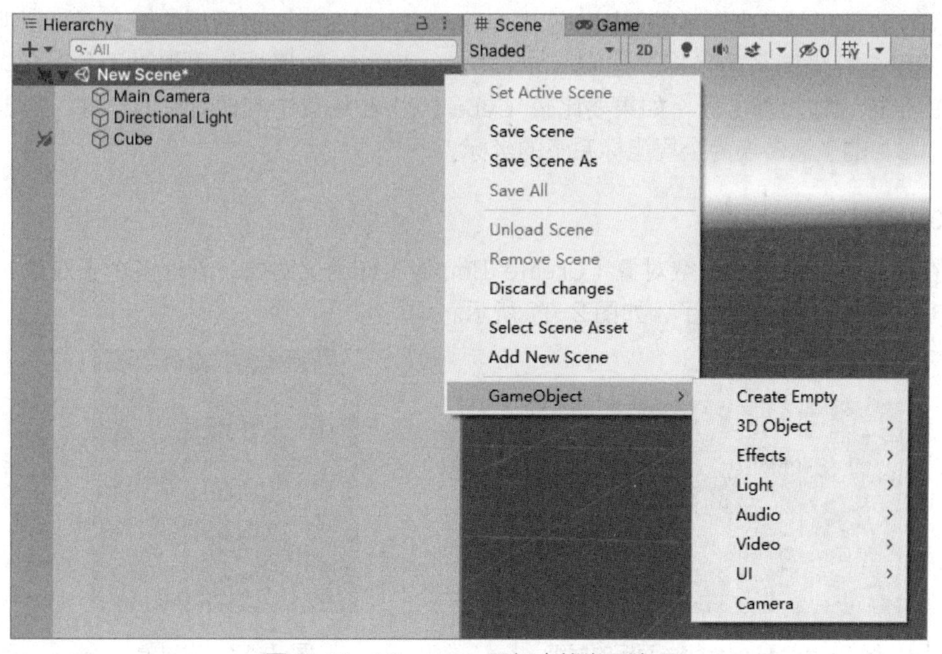

图 2-14　Hierarchy 面板中的常用选项

右击 Hierarchy 面板中的空白位置可以打开对应的快捷菜单，快捷菜单中包括复制、粘贴、删除、空对象、三维物体、粒子、灯光、音频、视频、UI、摄像机等相关命令，如图 2-15 所示。这些命令的使用方法详见后文。

例如，选择快捷菜单中的 3D Object->Cube 命令，在 Scene 面板中出现一个正方体，同时 Hierarchy 面板中 Scene 层级下出现一个“Cube”，二者是关联的。

有的对象前面有两个控制按钮，其中按钮表示“是否隐藏”，按钮表示“是否不可框选”。单击按钮，Scene 面板中的相应对象不可以用框选的形式选中。

在 Hierarchy 面板中双击一个对象，可以将 Scene 面板的视角聚焦在该对象上。

在 Hierarchy 面板中，配合 Ctrl 键可以选择多个不连续的对象，配合 Shift 键可以选择多个连续的对象。

按 Ctrl+D 组合键可以复制一个对象，按 Delete 键可以删除对象。

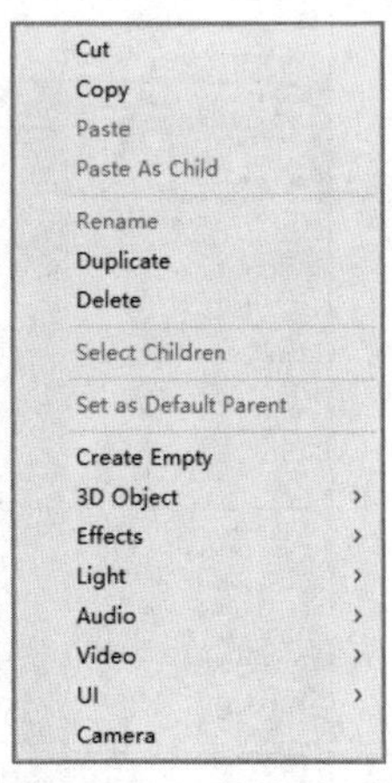

图 2-15　快捷菜单

2. Hierarchy 面板的父子关系

在图 2-16 中，最顶层的 Scene 是所有对象的父对象，场景中的所有对象是它的子对象。

可以拖曳对象 Cube（2）到对象 Cube（1）上，使 Cube（2）成为 Cube（1）的子对象。此后在 Scene 面板中移动 Cube（1）时，Cube（2）会跟随 Cube（1）一起移动。删除父对象，其子对象也随之删除。

需注意父子对象坐标系的不同。选中 Cube（1），Inspector 面板的 transform 组件的属性使用全局坐标系的坐标。选中 Cube（2），Position 属性使用相对于父对象 Cube（1）的坐标，即局部坐标。如果要比较 Cube（2）和场景中其他对象的位置，则需要将 Cube（2）的坐标转换为全局坐标系下的坐标。

3. 空对象

在项目中，常用一个空对象（Create Empty）作为父对象，管理多个子对象，使项目游戏对象的层级清晰明了，如图 2-17 所示。

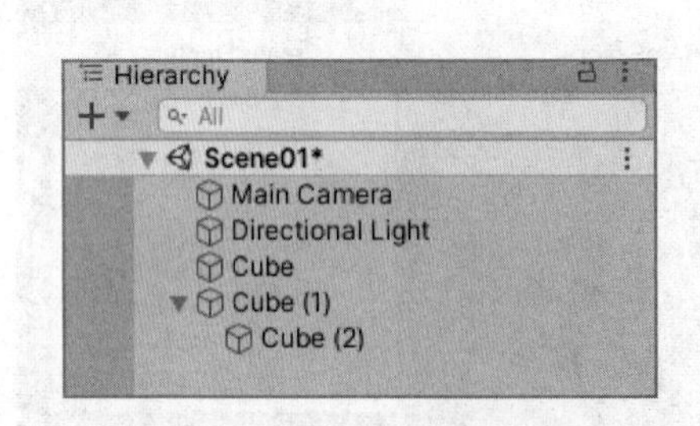

图 2-16　Hierarchy 面板的层级

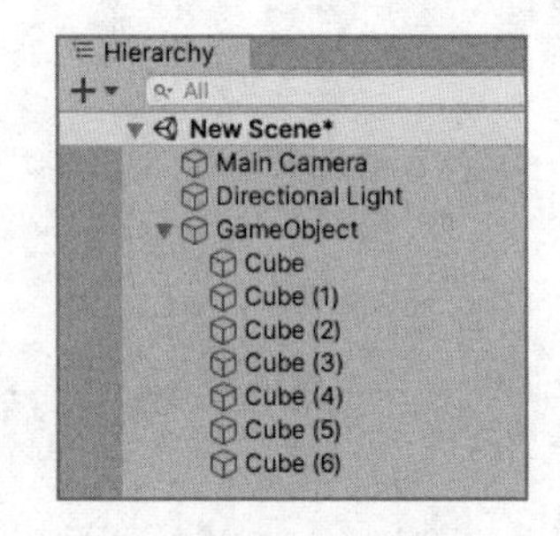

图 2-17　空对象

2.2.3 Scene 面板

Scene 面板如图 2-18 所示。

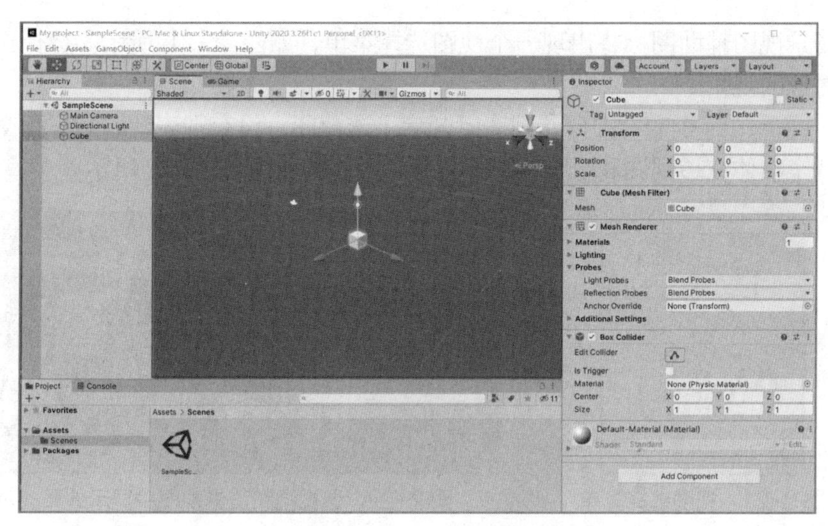

图 2-18　Scene 面板

Scene 面板用于展示当前场景的内容，在其中，可以看到并选择、操作、修改游戏对象。

场景中默认有一个摄像机和一个灯光对象，最终的游戏效果是由这个摄像机拍摄的内容。此摄像机和 Scene 面板摄像机不同，通过 Scene 面板摄像机可观察、操作整个场景的内容。

1. 场景视图辅助图标

场景视图辅助图标如图 2-19 所示。

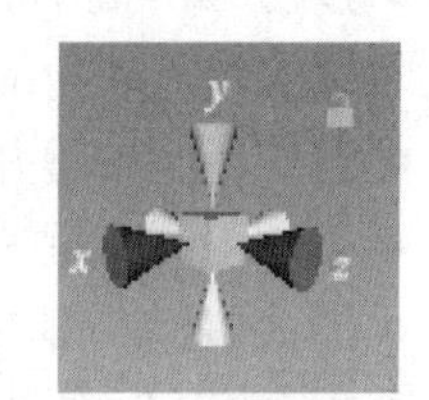

图 2-19　场景视图辅助图标

场景视图辅助图标在 Scene 面板的右上角，用来控制 Scene 面板摄像机的当前方向，即调整 Scene 面板中的视角。图标中的红色、绿色、蓝色标记分别表示 x、y、z 轴。单击对应的轴向标记即可切换至相应的视角，标记的粗细变化趋势表示对应轴向上值的大小变化趋势。

例如，单击红色轴向标记，可以将视角转换成右侧视角，使得屏幕向右是 z 轴正方向，屏幕向上是 y 轴正方向，屏幕向里是 x 轴正方向，如图 2-20 所示。

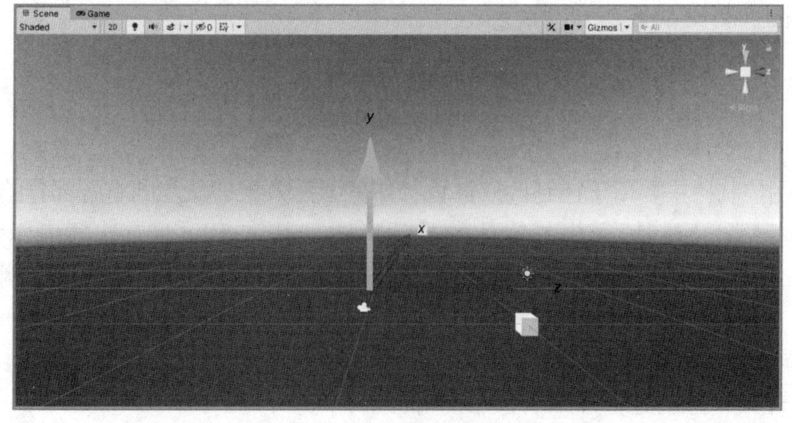

图 2-20　改变视角后的轴向

右击场景视图辅助图标，出现一个视图选择菜单，如图 2-21 所示。选择相应命令可以调整到对应的视角。

若 Perspective 前有✓图标，则表示开启了透视图，没有则表示开启了正交视图。同样大小的两个物体在透视图和正交视图中显示效果的对比如图 2-22 所示。

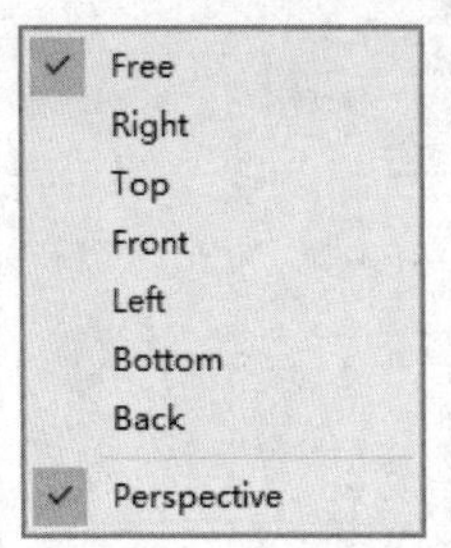

图 2-21　视图选择菜单

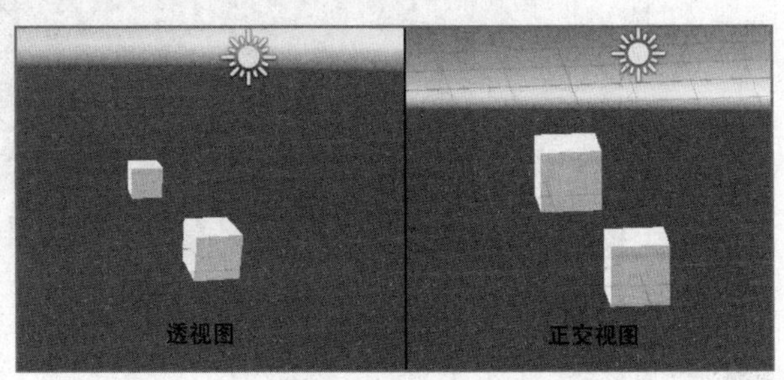

图 2-22　透视图和正交视图中显示效果的对比

2．Scene 面板中的移动、旋转和缩放

可以通过↑、↓、←、→键控制摄像机的移动，Scene 面板中的视角会随着摄像机的移动而变化。配合 Shift 键可以加快移动的速度。

通常使用快捷键控制 Scene 面板中的视角，方法如下。

- 使用鼠标滚轮控制视角的缩放。
- 按住 Alt 键不放，当鼠标指针变为眼睛形状时，滚动鼠标滚轮会以鼠标指针所在位置为目标点进行视角的缩放。
- 按住鼠标中键并拖曳鼠标，可以上下左右移动视角。
- 按住鼠标右键并拖曳鼠标，可以旋转视角。
- 按住鼠标右键的同时配合 W、A、S、D 键，可以在场景中漫游。
- 配合 Shift 键可以加快移动和缩放的速度。

此外，也可以通过工具栏上的✋按钮（快捷键为 Q 键）进行平移控制。

注意，工程中通常使用 z 轴正方向朝向屏幕里面的视角，这与玩家视角一致。

3．场景视图控制栏

场景视图控制栏如图 2-23 所示。

图 2-23　场景视图控制栏

场景视图控制栏主要用于控制 Scene 面板中的显示效果，从左向右各部分的功能如下。

- 绘制模式：控制场景中的物体的显示形式，其中 Shaded 选项表示纹理可见，Wireframe 选项表示使用线框形式绘制网格，Shaded Wireframe 选项表示网格纹理叠加线框。
- 2D 显示模式：用于将视图显示为二维模式。
- 灯光开关：控制是否开启场景中的灯光。
- 场景音频开关：控制是否播放场景中的音频。

- 效果菜单：控制是否使用某个渲染选项，通常使用默认设置即可，其用法详见后文。
- 显示隐藏的物体：控制是否显示隐藏物体。
- 网格线显示控制：控制场景中网格线的显示方式。

2.2.4 工具栏

工具栏如图 2-24 所示。

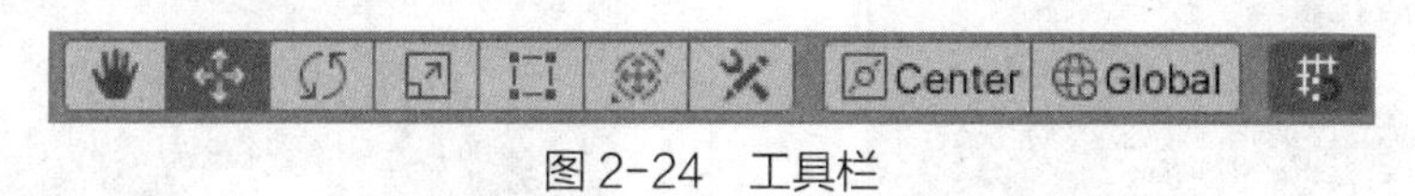

图 2-24 工具栏

工具栏中靠左的 6 个按钮用于控制对象的移动、旋转、缩放等，对应快捷键依次为 Q、W、E、R、T、Y 键。

1. 对象的选择、聚焦、吸附

在 Scene 面板中选择对象的方法有 3 种：当按钮处于未选中状态时，通过单击来选择一个对象；按住 Ctrl 键单击，可以同时选择多个对象；按住鼠标左键并拖曳鼠标，可以框选多个对象。

选中一个对象后，按 F 键可以将视角聚焦在该对象上。

按住 V 键不放，在一个对象的某一点按住鼠标左键并拖曳到另一个对象上，会产生吸附效果，自动把这个点吸附到另一个对象上。

2. 工具栏中各按钮的用法

按钮：用于在 Scene 面板中改变视角。

按钮：用于在 Scene 面板中拖曳对象的轴向标记，在相应轴向上移动对象，如图 2-25 所示；在坐标轴的中心按住鼠标左键并拖曳鼠标，可以在任意方向移动对象；按住鼠标左键并拖曳由轴向标记组成的一个面，可以在一个平面内移动对象。

按钮：拖曳代表方向的彩色线圈可以调整对象的旋转角度，如图 2-26 所示；例如，拖曳绿色线圈可以使对象围绕 y 轴旋转；拖曳对象中心可以任意旋转。

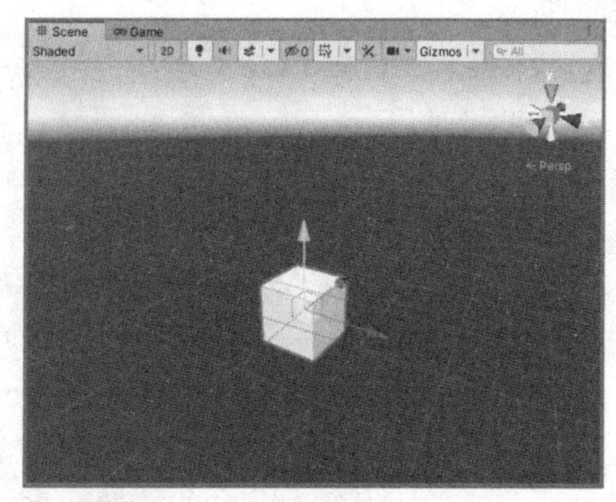

图 2-25 按钮的使用示例（1）

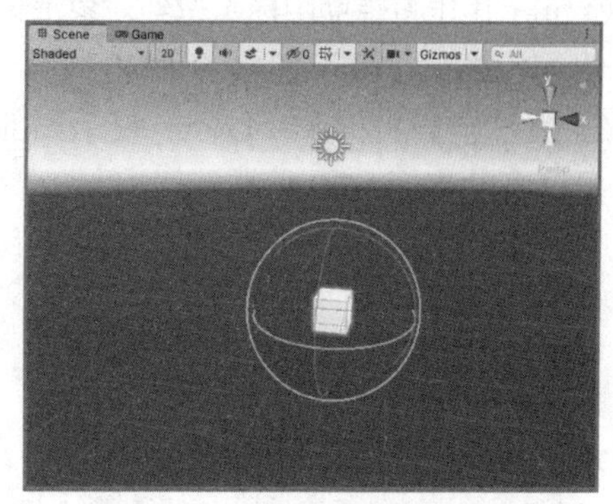

图 2-26 按钮的使用示例（2）

按钮：拖曳彩色控制线可以在相应方向上缩放对象，拖曳对象中心可以在 3 个方向上同时缩放，如图 2-27 所示；例如，拖曳红色控制线可以让对象在 x 轴方向上缩放。

按钮：用于将移动、缩放和旋转功能整合到同一个辅助图标中，如图 2-28 所示，常用于 2D 元素；拖曳一个蓝色圆点，可以缩放对象；拖曳对象中心区域，可以移动对象；将鼠标指针放在对象的右上角时，可拖曳鼠标来旋转对象。

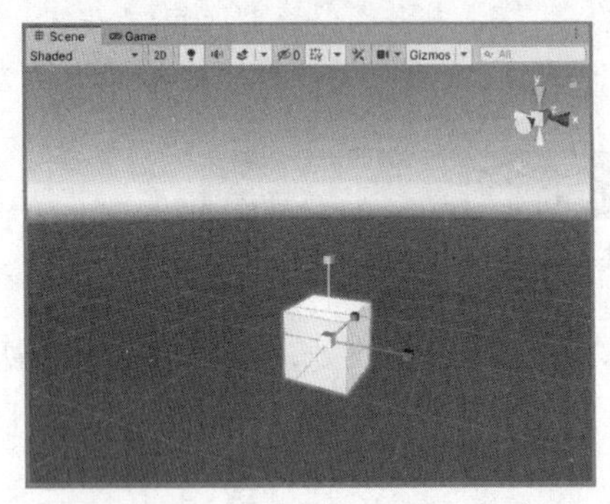

图 2-27　按钮的使用示例（3）

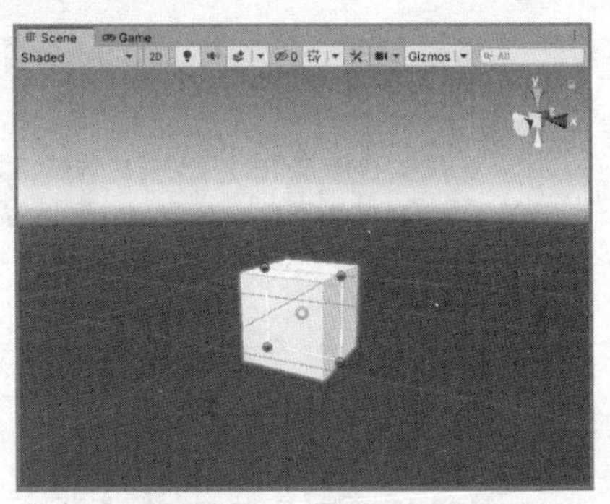

图 2-28　按钮的使用示例（4）

按钮：具有缩放、旋转、移动功能的综合按钮，如图 2-29 所示。

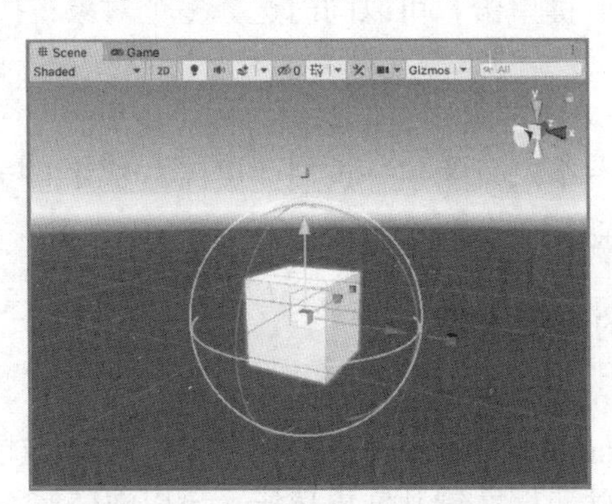

图 2-29　按钮的使用示例（5）

按钮：选中后可以编辑对象的碰撞体。

Center 按钮：有 Pivot 和 Center 两种状态，Pivot 用于将辅助图标定位到网格的实际轴心点，Center 用于将辅助图标定位到对象渲染边界的中心。

Global 按钮：用于切换全局坐标系和局部坐标系；Global 表示全局坐标系，Local 表示局部坐标系，即相对于对象自身的坐标系。

按钮：选中后，在全局坐标系下移动对象时，以米为单位。

2.2.5 Inspector 面板

Inspector 面板如图 2-30 所示。

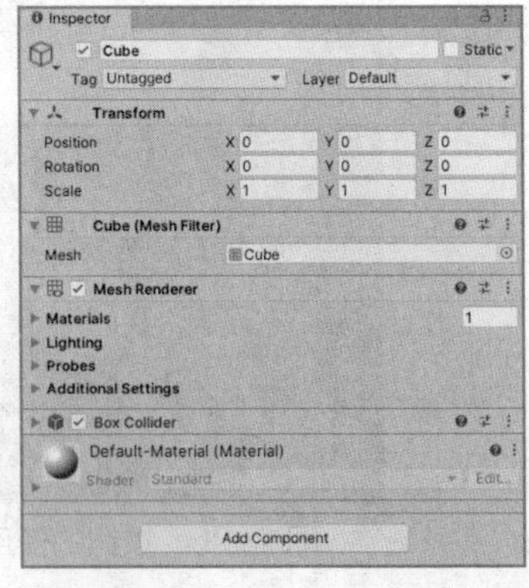

图 2-30　Inspector 面板

Inspector 面板用于显示选中的对象或者资源的属性。选中的对象或者资源的类型不同，显示的属性设置也不同。

单击按钮，可以给对象添加一个彩色标签，如图 2-31 所示。可以通过 3D Icons 滑块来调整标签大小，如图 2-32 所示。

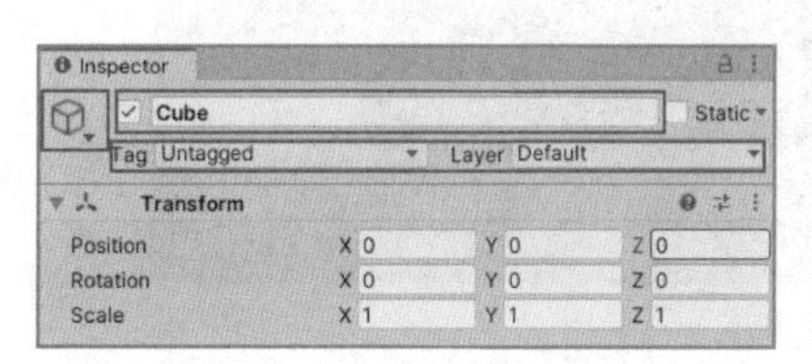

图 2-31　添加彩色标签

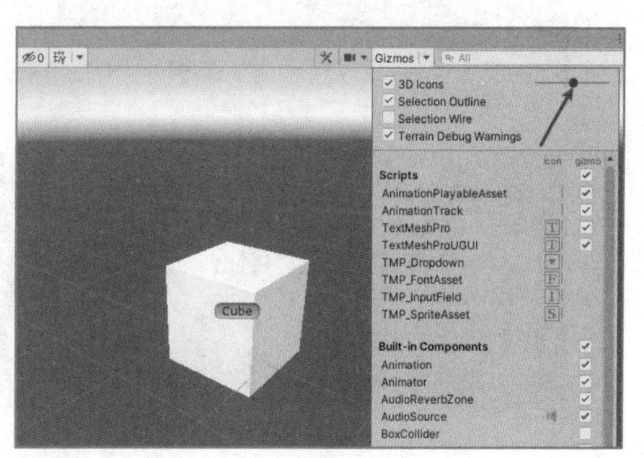

图 2-32　调整标签的大小

图 2-31 中的部分参数介绍如下。

● 对象名前的复选框勾选后，对象处于激活状态，不勾选则处于非激活状态。

● 在对象名文本框中可以修改对象的名字。

● 使用 Tag 下拉列表可以给对象设置一个标签，既可以设置系统提供的标签，也可以设置自定义标签。通过标签给对象分类。

● 使用 Layer 下拉列表可以给选中的对象设置层的名字，用来创建具有共同特征的对象组，也可以自定义层名。

● Transform 组件是对象的基础组件，Position 属性用于设置对象的坐标，Rotation 属性用于设置对象的旋转角度，Scale 属性用于设置对象的缩放倍数，如图 2-33 所示。可以在文本框中直接输入数值，也可以在坐标轴的名字上按住鼠标左键并左右拖曳鼠标改变数值。

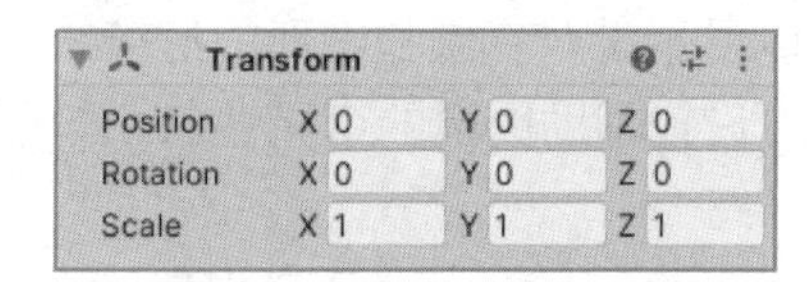

图 2-33　Transform 组件

Inspector 面板的其他组件都可以灵活地添加或者删除，详见后文。

2.2.6 Game 面板和 Console 面板

1. Game 面板

Game 面板如图 2-34 所示。

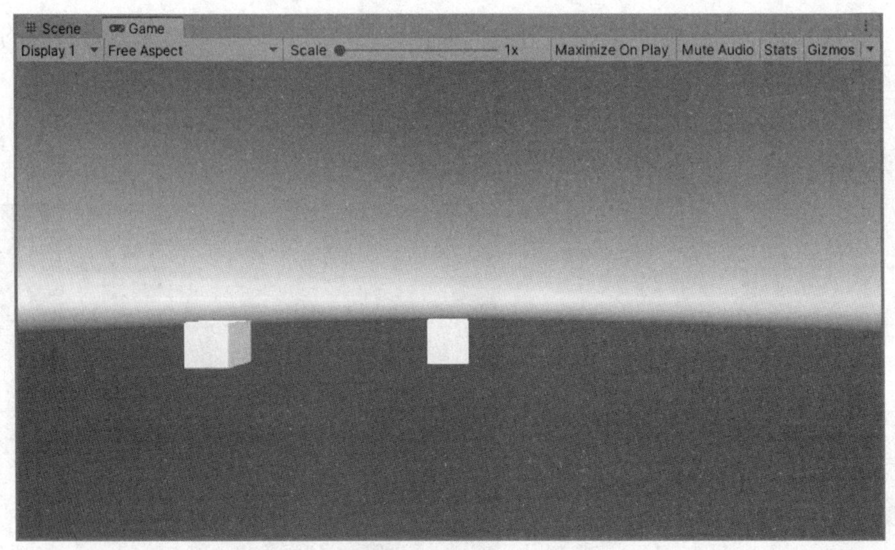

图 2-34 Game 面板

Game 面板用来预览游戏效果，即显示场景中摄像机拍摄渲染的画面。

Scene 面板上方有 3 个控制按钮 。单击 按钮运行程序，可以在 Game 面板中看到游戏运行画面，再次单击该按钮停止运行。 按钮分别用于暂停和逐帧播放。

Game 面板的工具主要用来控制预览效果。

- Display：如果场景中有多个摄像机，则可以在这个下拉列表中选择观看哪个摄像机的拍摄内容；默认选择 Display 1 选项，即显示默认摄像机的画面。
- Aspect：用于选择不同值来测试游戏在不同分辨率的显示器上的效果；默认选择 Free Aspect 选项，常用 16∶9，也可以自定义分辨率。
- Scale：缩放运行画面；在设备分辨率高于 Game 视图窗口大小时，该滑块可用于缩放 Game 面板；在游戏停止或暂停时，也可以使用滚轮来执行此操作。
- Maximize On Play：单击此按钮进入播放模式，可使 Game 面板最大化。
- Mute Audio：单击此按钮进入播放模式，可将游戏内的所有音频静音。
- Stats：单击此按钮可以显示游戏音频和图形的渲染统计信息。
- Gizmos：单击此按钮可设置辅助图标的可见性。

2. Console 面板

Console 面板如图 2-35 所示。

图 2-35 Console 面板

Console 面板用于显示 Unity 生成的错误、警告和其他消息。

使用 Debug.Log( )、Debug.LogWarning( )和 Debug.LogError( )函数，可在控制台中显示自定义的消息。

Console 面板的工具用于控制显示的消息数量及搜索和过滤消息，常用的工具介绍如下。

- Clear：移除代码生成的所有消息，但会保留编译器错误。
- Collapse：仅显示重复消息中第一次出现的消息。
- Clear On Play：每当进入播放模式时会自动清空控制台消息。
- Clear On Build：在构建项目时清空控制台消息。

2.2.7 预制体资源

预制体可以在不同场景中重复使用，增强游戏性能，当游戏中有多个重复的物体出现时，可以将此物体制作为预制体使用，以提高工作效率。

预制体的创建和使用步骤如下。

步骤 1 在 Hierarchy 面板中选择一个对象 Cube，将其拖曳到 Project 面板的 Assets 文件夹上，这样在 Assets 文件夹中会生成一个预制体对象，如图 2-36 所示；同时 Hierarchy 面板中的 Cube（1）显示为蓝色，表明这是一个预制体对象。

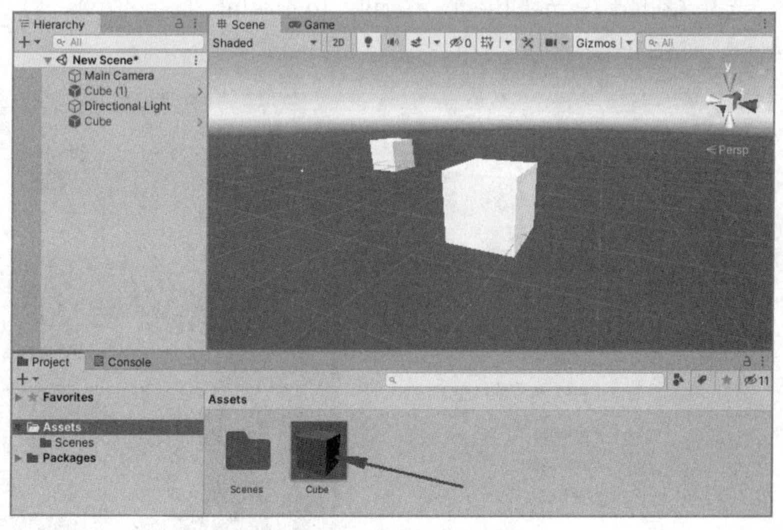

图 2-36　生成预制体对象

步骤 2 从 Assets 文件夹中拖曳预制体 Cube 到 Scene 面板或者 Hierarchy 面板中，即可在场景中添加一个同样的对象。

步骤 3 对场景中的预制体 Cube 进行缩放或者删除，并不影响文件夹中的预制体。

步骤 4 双击 Assets 文件夹中的预制体 Cube，打开预制体编辑界面，可以对预制体进行编辑；修改 Scale 的 Y 值为 0.5，单击 Scenes 按钮，返回场景，可以看到场景中的预制体同时发生变化，如图 2-37 所示。

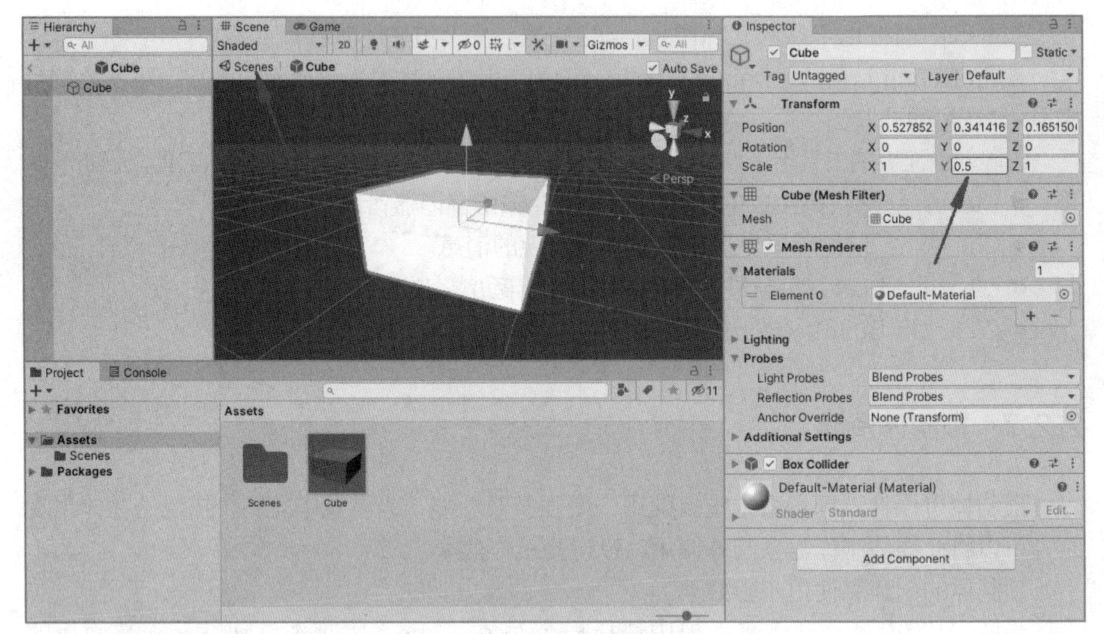

图 2-37　预制体编辑界面

步骤 5　如果在 Hierarchy 面板中给预制体 Cube 增加了一个子对象 Sphere，则可以右击 Sphere，选择 Added GameObject->Apply to Prefab 'Cube'命令，将 Sphere 添加到预制体 Cube 中,如图 2-38 所示。

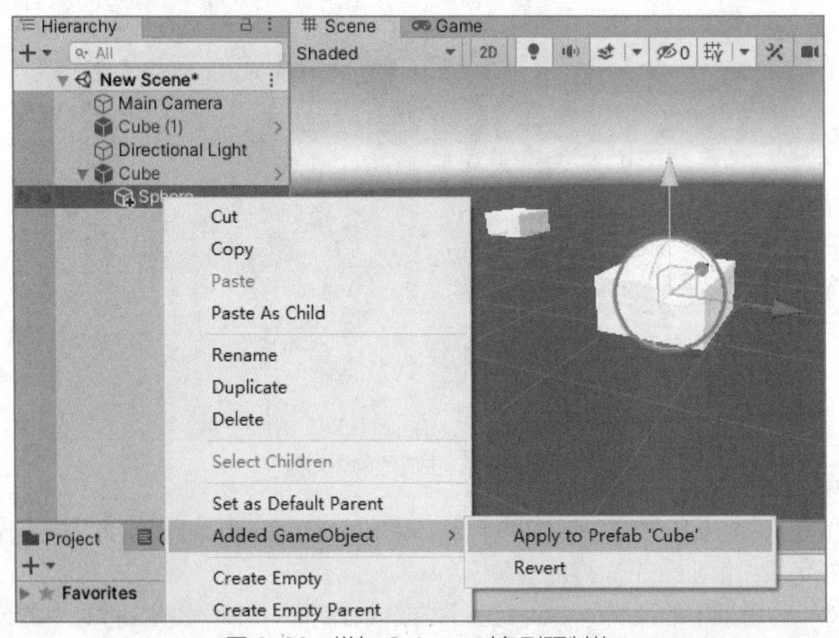

图 2-38　增加 Sphere 对象到预制体

选中 Hierarchy 面板中的 Cube 对象，在 Inspector 面板中选择 Overrides 选项，单击 Apply All 按钮，可以更新预制体，如图 2-39 所示。

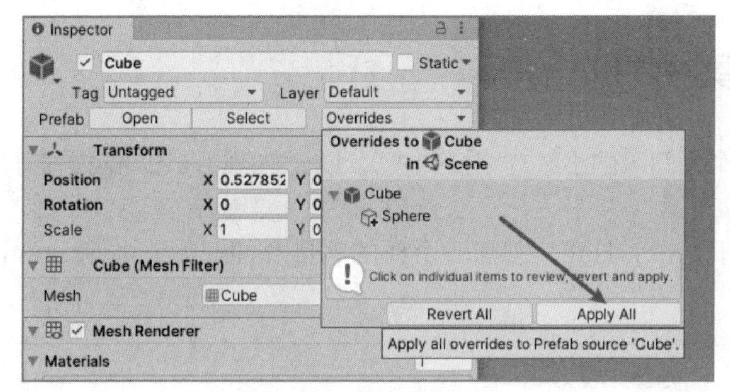

图 2-39 更新预制体

2.2.8 资源包的导入和导出

在 Unity 中可以将项目的资源导出为资源包，以供其他项目使用，也可以导入已有的资源包。

导入资源包：选择 Assets->Import Package->Custom Package 命令，选择要导入的资源包，并单击 Import 按钮，如图 2-40 所示。

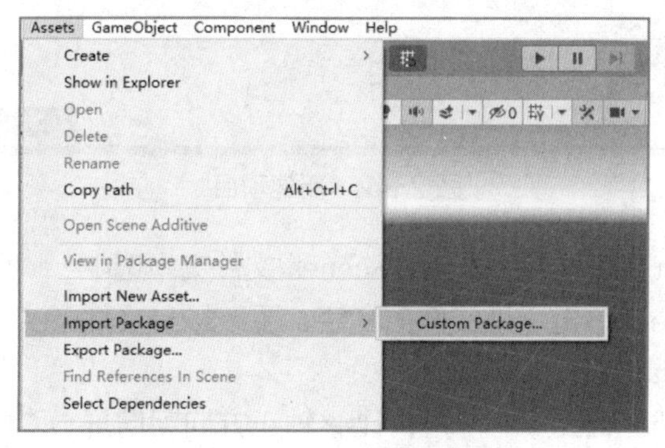

图 2-40 导入资源包

导出资源包：选择 Assets->Export Package 命令，在弹出的对话框中勾选需要导出的内容对应的复选框，单击 Export 按钮，如图 2-41 所示。

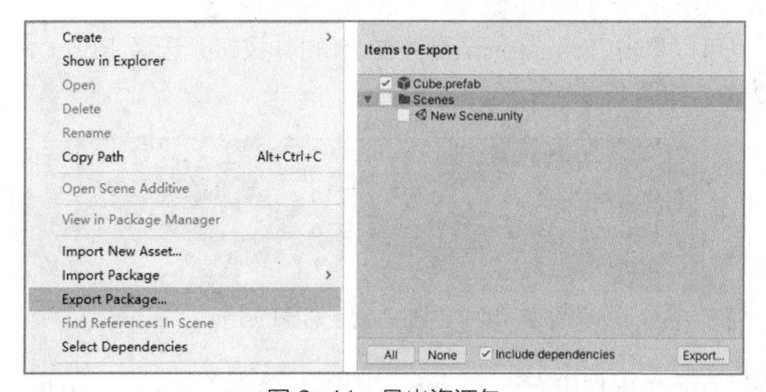

图 2-41 导出资源包

2.3 实操案例

下面开发一个入门级的小游戏“打砖块”，以此熟悉 Unity 的操作环境和项目的开发流程。

步骤 1 打开 Unity Hub，创建一个新的项目 brick breaking game，相关操作如图 2-42 所示。

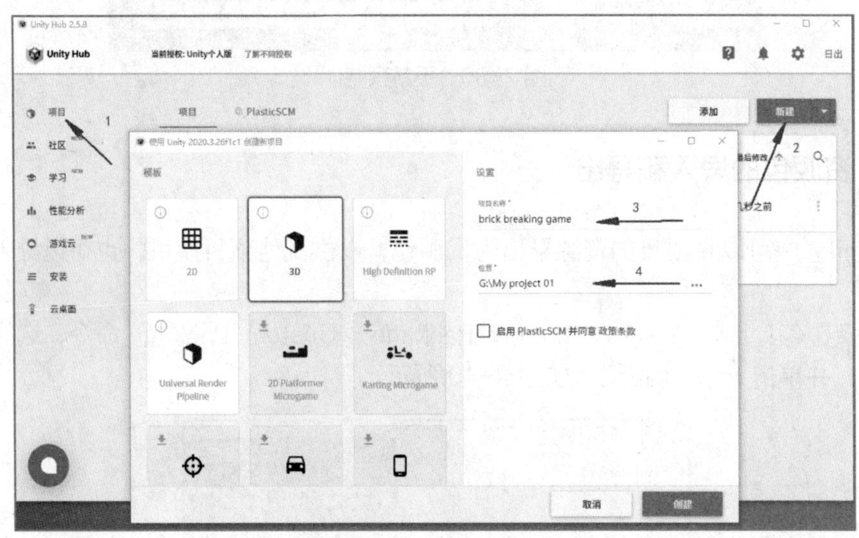

图 2-42 新建项目

步骤 2 在 Project 面板中的 Assets/Scenes 文件夹中选中场景文件 SampleScene，单击场景文件的名字，更改场景文件的名字为 game。双击 game 打开场景。

步骤 3 调整 Scene 面板中的视角，让 *z* 轴正方向朝向屏幕里面，如图 2-43 所示。

图 2-43 调整视角

步骤 4 右击 Hierarchy 面板中的空白位置，选择 3D Object->Plane 命令，新建一个 Plane 对象，作为地面。选中 Plane 对象，在 Inspector 面板中调整 Position 属性的 X、Y、Z 均为 0。也可以单击 Transform 组件右上角的⋮按钮，选择 Reset 命令让 Plane 对象的坐标重置为 0，如图 2-44 所示。

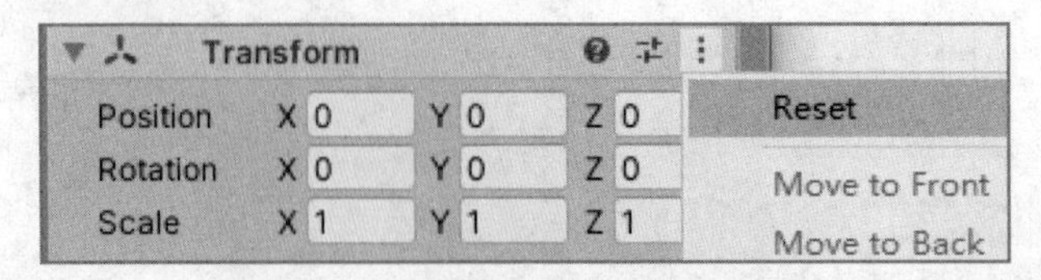

图 2-44 重置 Plane 对象的坐标

步骤 5 在 Project 面板中右击 Assets 文件夹，选择 Create->Folder 命令，新建文

件夹并将其重命名为 Material，如图 2-45 所示。

步骤 6 右击 Material 文件夹，选择 Create->Material 命令，在此文件夹中创建一个材质球，如图 2-46 所示。

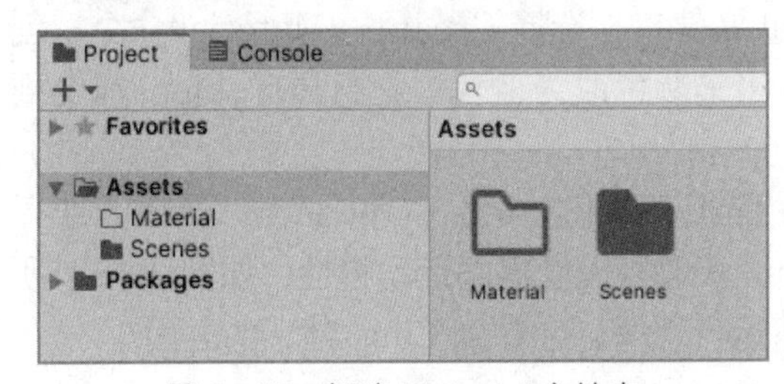

图 2-45 新建 Material 文件夹

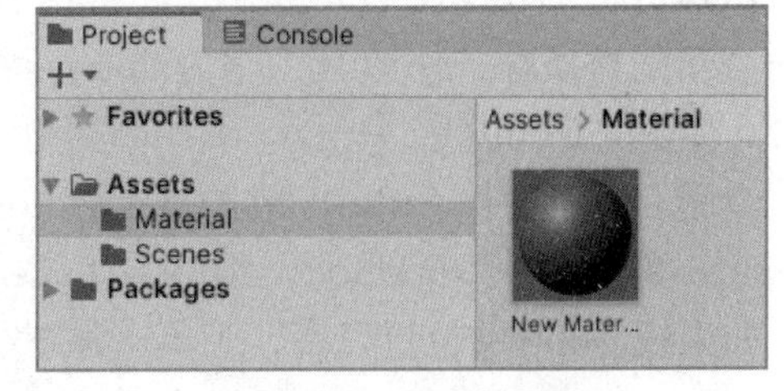

图 2-46 新建材质球

步骤 7 选中材质球，更改材质球的名字为 yellow，并设置其颜色为黄色，如图 2-47 所示。

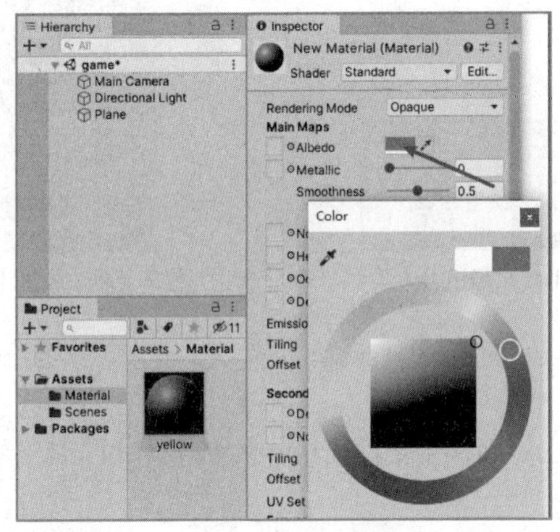

图 2-47 设置材质球的名字和颜色

步骤 8 选中 Plane 对象，拖曳材质球 yellow 到 Scene 视图中的 Plane 对象上，给 Plane 添加材质，如图 2-48 所示。

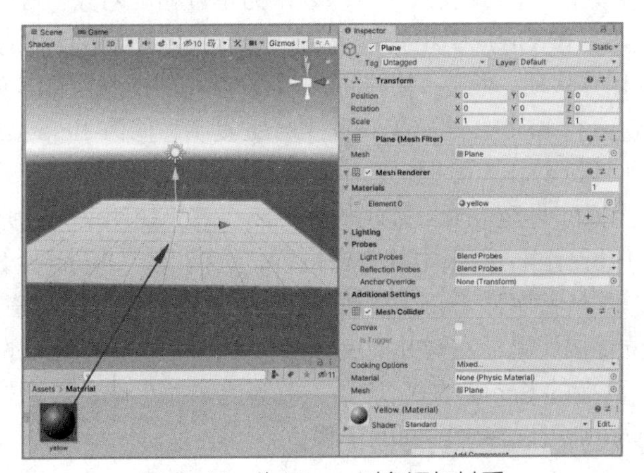
图 2-48 为 Plane 对象添加材质

步骤 9 右击 Hierarchy 面板中的空白位置，选择 3D Object->Cube 命令，新建一个 Cube 对象，默认 Cube 对象边长为 1 米，设置 Cube 的坐标为（0,0.5,0），让 Cube 正好放在地面上，如图 2-49 所示。

步骤 10 右击 Project 面板中的 Material 文件夹，选择 Create->Material 命令，创建一个新的材质球，修改其名字为 blue，并将其颜色改为蓝色。把材质球 blue 拖曳到 Scene 视图的 Cube 上。

步骤 11 选中 Cube，单击 Inspector 面板下面的 Add Component 按钮，选择 Physics 类别中的 Rigidbody 组件，让 Cube 获取物理世界的运动特性，如图 2-50 所示。如果把 Cube 的位置升高，则单击▶按钮运行程序，会看到 Cube 落下的画面。

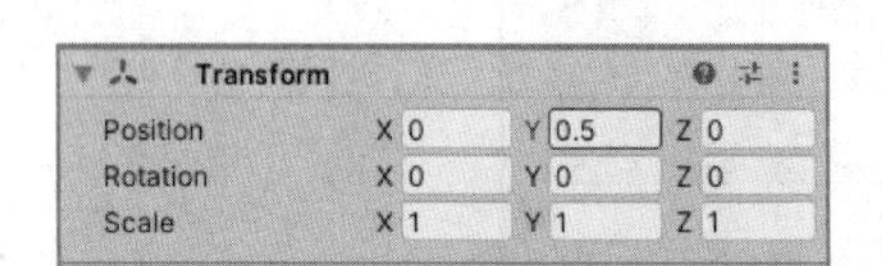

图 2-49 设置 Cube 对象的坐标

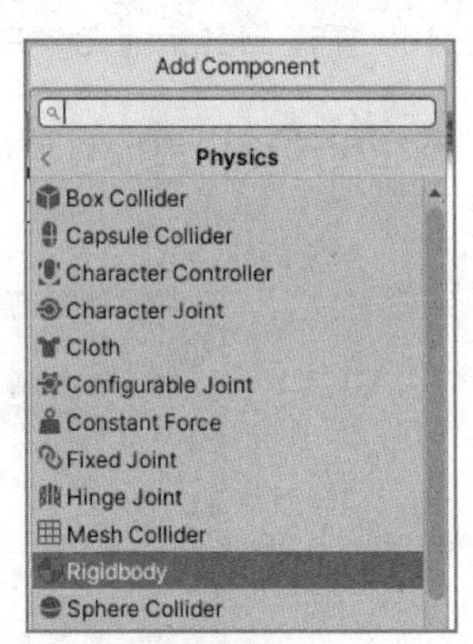

图 2-50 添加 Rigidbody 组件

步骤 12 右击 Project 面板的 Assets 文件夹，选择 Create->Folder 命令，新建文件夹 Prefabs。

步骤 13 在 Hierarchy 面板中更改 Cube 的名字为 brick，并将它拖曳到 Prefabs 文件夹中，生成预制体。

步骤 14 右击 Hierarchy 面板中的空白位置，选择 Create Empty 命令，创建一个空对象，将其改名为 bricks。设置 bricks 的坐标为（0,0,0）。把 brick 拖曳到 bricks 下面成为其子对象，设置 brick 的坐标为（0,0.5,0）。

步骤 15 选中工具栏中的按钮，可以以米为单位移动对象。在 Scene 视图中，将 brick 移动到地面左边。按 Ctrl+D 组合键复制一个 brick，选中复制的 brick 并向右移动 1 米，复制多个 brick 并移动，将它们拼接成一个没有缝隙的长方体，如图 2-51 所示。

步骤 16 选中这一行 brick，按 Ctrl+D 组合键复制，修改 Inspector 面板中 Position 的 Y 值为 1.5；返回 Hierarchy 面板，选中新建的 brick，继续复制，修改其 Position 的 Y 值为 2.5，重复以上操作直至 brick 排成一面砖墙，效果如图 2-52 所示。

步骤 17 右击 Hierarchy 面板中的空白位置，选择 3D Object->Sphere 命令，创建一个 Sphere 对象，改其名字为 ball。移动 ball 的 z 轴，让它在砖墙的前面。单击按钮，在 ball 的中心位置按住鼠标左键并拖曳鼠标，在 3 个轴向同时缩放，使球变小一些。或者修改 Inspector 面板的 Scale 的 X、Y、Z 值等比例缩小球，效果如图 2-53 所示。如果想给小球添加材质，则可以参考前面的步骤。

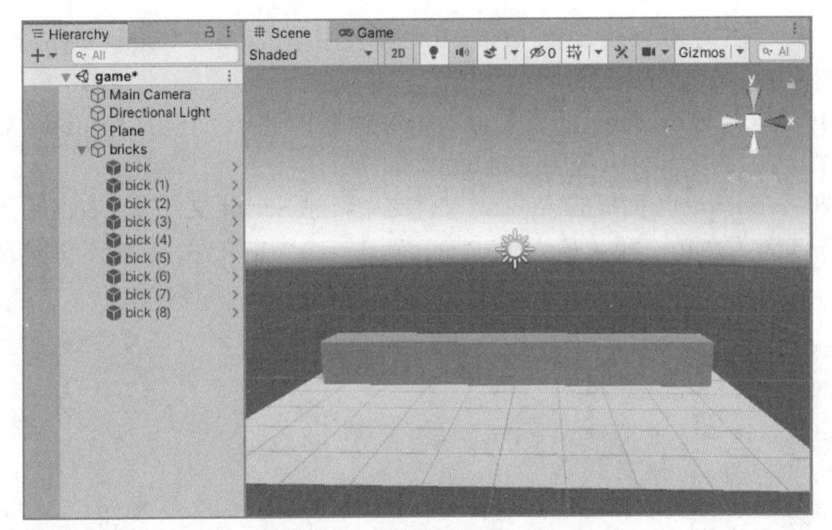

图 2-51　复制并拼接 brick

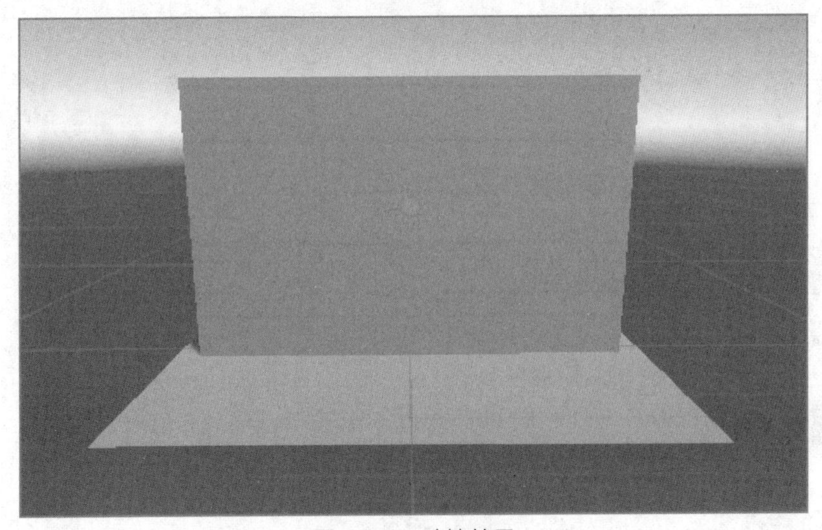

图 2-52　砖墙效果

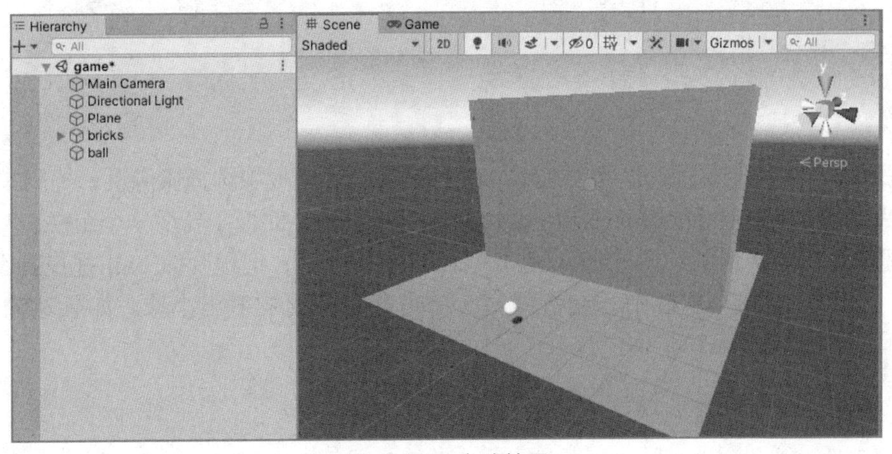

图 2-53　小球效果

步骤 18 选中小球 ball，在 Inspector 面板中单击 Add Component 按钮，添加 Physics 类别中的 Rigidbody 组件。

步骤 19 拖曳 Hierarchy 面板中的 ball 对象到 Project 面板的 Prefabs 文件夹中，生成预制体 ball，删除 Scene 视图中的 ball。

步骤 20 在 Project 面板的 Access 文件夹中新建 Script 文件夹，右击此文件夹中的空白位置，选择 Create->C# Script 命令，新建一个脚本文件，把脚本文件的名字改为 Shoot。双击 Shoot 文件，在 VS 中打开它，输入控制脚本。具体代码如下。

```
代码清单（Shoot.cs）:
using System.Collections;
using System.Collections.Generic;
using UnityEngine;
public class Shoot : MonoBehaviour
{
    public GameObject Ball;                    //游戏中发射的小球
    public float Speed = 20;                   //小球的速度
    void Update()
    {
        if (Input.GetMouseButtonDown(0))   //如果单击
        {
            //复制一个 Ball 存在 b 中
            GameObject b = GameObject.Instantiate(Ball, transform.position,
transform.rotation);
            //获取 b 的 Rigidbody 组件
            Rigidbody rgd = b.GetComponent<Rigidbody>();
            //计算小球发射的向量值
            Vector3 v3 = transform.forward * Speed;
            //把计算好的向量值赋给 velocity
            rgd.velocity = v3;
        }
    }
}
```

步骤 21 保存脚本后，返回 Unity，在 Hierarchy 面板中选择摄像机，把脚本 Shoot 文件拖曳到摄像机的 Inspector 面板中，如图 2-54 所示，面板中新增一个组件。

步骤 22 选中 Main Camera，单击 Prefabs 文件夹，把预制体 ball 拖曳到图 2-55 所示的 Ball 右侧的文本框中。运行程序，单击时会看到发射出小球。如果球的速度太慢，则可以增大图 2-55 所示的 Speed 属性值。

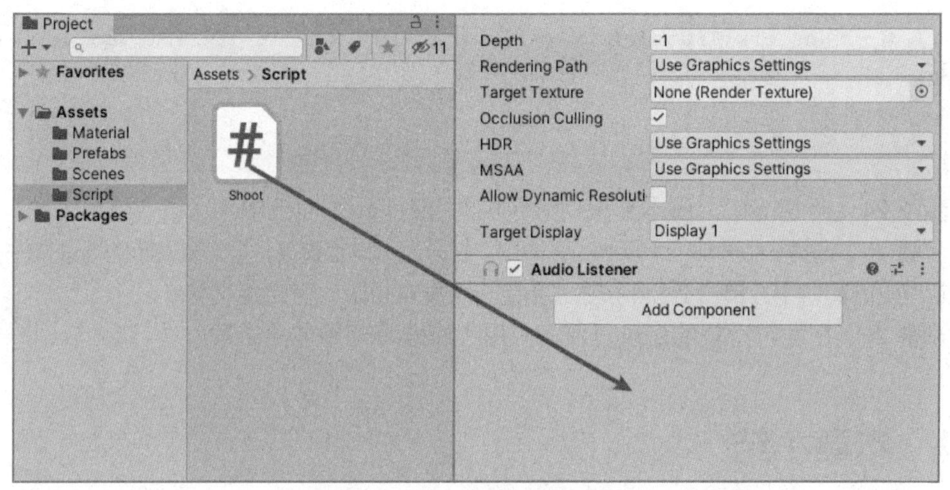

图 2-54 为摄像机挂载脚本

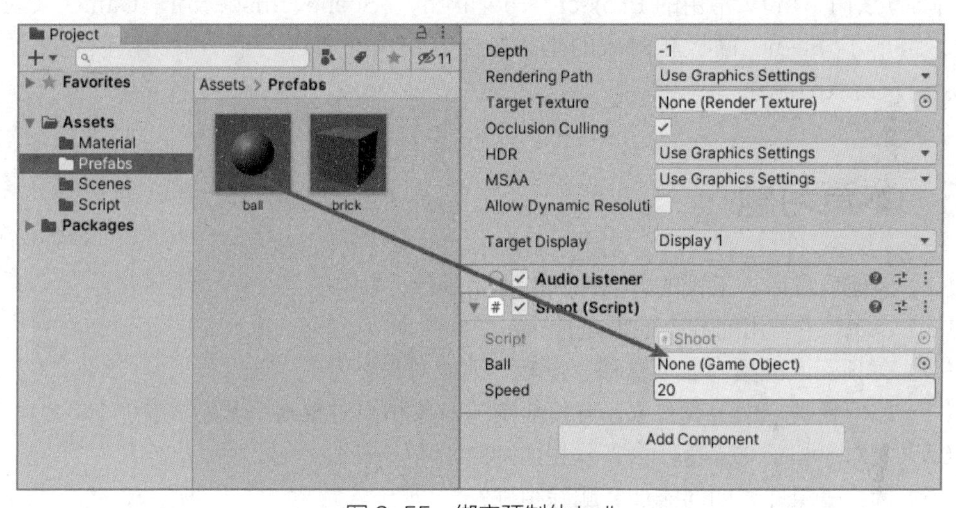

图 2-55 绑定预制体 ball

步骤 23 在 Script 文件夹中新建一个 C#脚本文件，将其命名为 Move。双击打开它，输入通过 W、A、S、D 键或↑、↓、←、→键调整视角的代码并保存。具体代码如下。

```
代码清单（Move.cs）:
using System.Collections;
using System.Collections.Generic;
using UnityEngine;
public class Move : MonoBehaviour
{
    public float Speed = 3;
    void Update()
    {   //获取按键的信息
        float h = Input.GetAxis("Horizontal");
        float v = Input.GetAxis("Vertical");
```

```
        transform.Translate(new  Vector3(h,  v,  0)  *  Time.deltaTime  *
Speed);
    }
}
```

步骤 24 把 Move.cs 脚本拖曳到摄像机的 Inspector 面板中。

步骤 25 选择 File->Build Settings 命令，打开发布设置窗口，把需要发布的场景文件 game 拖曳到左侧的窗口中，单击 Build 按钮，指定一个发布目录，完成游戏发布。

步骤 26 在发布游戏的目录里双击应用程序即可开始体验游戏。

2.4 本章小结

本章介绍了 Unity 常用的 Project、Hierarchy、Scene、Inspector、Game、Console 面板，讲解了 Scene 面板和对象的基本操作方法，并通过一个小案例让读者熟悉使用 Unity 开发游戏的流程。

2.5 本章习题

（1）新建项目后，工程的各文件夹的作用是什么？
（2）Unity 中常用的 6 个面板是什么？
（3）在 Scene 面板中如何平移、旋转、缩放对象？
（4）如何复制一个游戏对象，并将复制的对象和原对象水平紧贴放置？
（5）父对象和子对象有什么关联和区别？
（6）什么是组件，如何添加、删除组件？

第 3 章

Unity 的常用组件

学习目标

- 掌握地形组件、光源组件、音视频组件的基本使用方法。
- 掌握 Camera 组件的基本属性和基本使用方法。
- 完成本章的实操案例练习。

在熟悉了 Unity 的环境和基本操作后，本章将介绍 Unity 中常用的基本组件，基于这些组件，可以构建奇妙多姿的虚拟世界，并初步实现虚拟世界中的漫游。

3.1 地形

Unity 中内置了功能丰富的地形组件，合理使用该组件，可以快速创建出多种地形环境。本节将详细讲解地形的创建、地形的基本操作、地形纹理及花草树木的添加。在学习本节后，可以在场景中创建出合适的地形。

3.1.1 地形的创建

在 Unity 中可以通过两种方式创建地形：一种是直接通过 Unity 内置的地形引擎；另一种是将带有大量地形信息的高度图导入地形引擎中。下面着重讲解如何使用 Unity 内置的地形引擎创建地形。

微课视频

步骤 1 打开 Unity，新建场景，选择 GameObject->3D Object->Terrain 命令，创建一个地形对象 Terrain，如图 3-1 所示。游戏组成对象列表和游戏资源列表中都会出现相应的地形信息与地形文件，如图 3-2 所示。

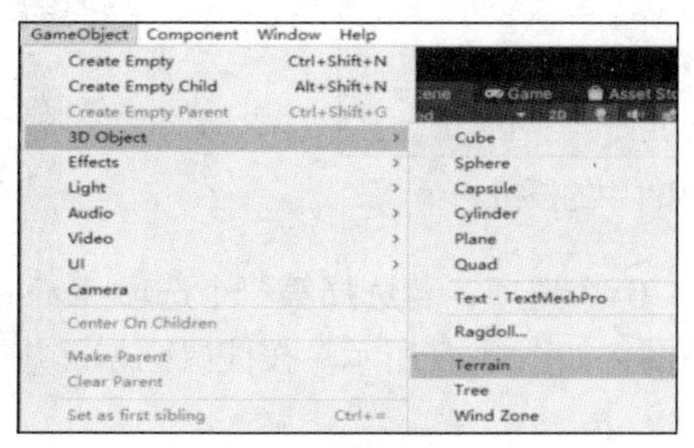

图 3-1 创建 Terrain 对象

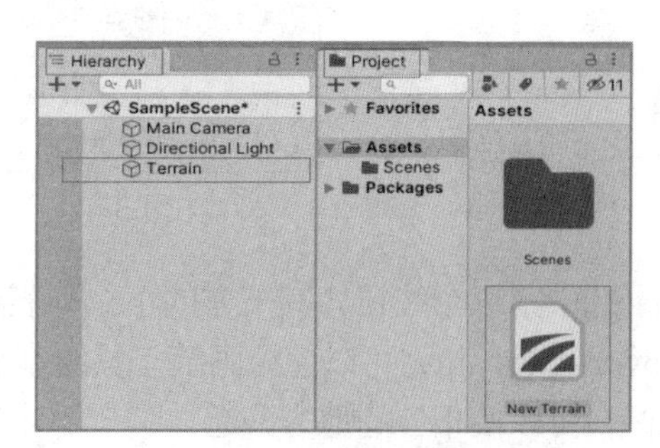

图 3-2 地形信息与地形文件

步骤 2 选中 Terrain 游戏对象，Inspector 面板中会出现 Terrain 组件和 Terrain Collider 组件，如图 3-3 所示。前者用于实现地形的基本功能，后者是地形的物理碰撞体，用于实现地形的物理模拟计算，其相关参数及作用介绍如下。

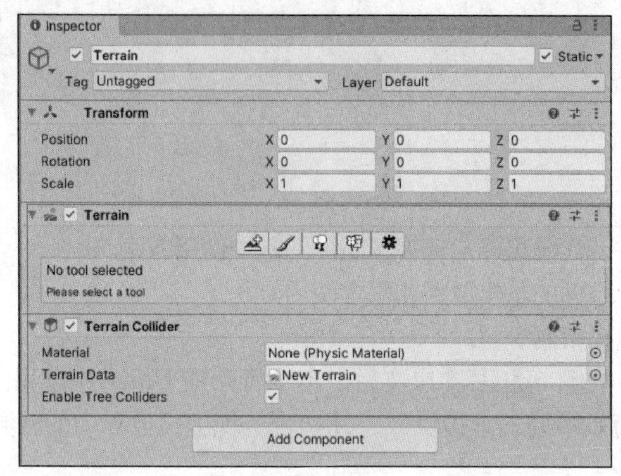

图 3-3 Terrain 组件和 Terrain Collider 组件

- Material：用于设置地形的物理材质。
- Terrain Data：地形数据参数，用于存储地形高度和其他重要的相关信息。
- Enable Tree Colliders：用于设置是否启用树木的碰撞检测。

3.1.2 地形的基本操作

Terrain 组件有一排按钮，用于进行相关的地形操作和设置，下面详细介绍各个按钮的作用及部分相关参数。

Terrain 组件中的第一个按钮用于在地形边缘创建邻近的地形；第二个按钮用于调整地形的凹凸程度，雕刻和绘制地形，以笔刷的方式设置地形的坡度；第三个按钮用于增添树木；第四个按钮用于增添草、花、石头等细节；第五个按钮用于更改所选地形的通用设置，如图 3-4 所示。

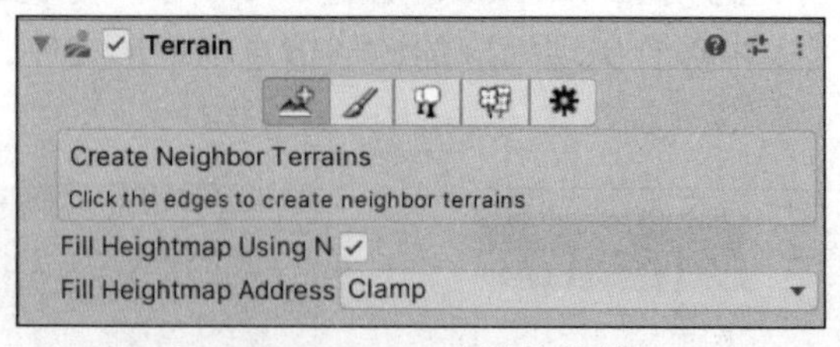

图 3-4 Terrain 组件中的按钮

微课视频

选中第二个按钮，其下方的下拉列表中提供 6 个选项，若选择第一个选项 Raise or Lower Terrain，可以使用画笔工具绘制高度贴图，如图 3-5 所示。按住鼠标左键并拖曳鼠标，可以使相应的地方凸起。

- Brush Size：用于设置笔刷大小，即笔刷的直径，单位为米。

- Opacity：用于设置笔刷的强度大小，其值越大，地形变化的幅度越大，反之越小。

提示

在进行下凹操作时，不能使地形水平面低于地形最小高度。即地形创建时的初始高度是地形的最低高度。

选择 Set Height 选项可以调整地形的高度，将其 Height 参数修改为 30，单位是米。单击 Flatten All 按钮，将整个地形的高度设置为指定的高度。然后选择 Raise or Lower Terrain 选项，按住 Shift 键，同时按住鼠标左键并拖曳鼠标，可实现地形的下凹效果，如图 3-6 所示。

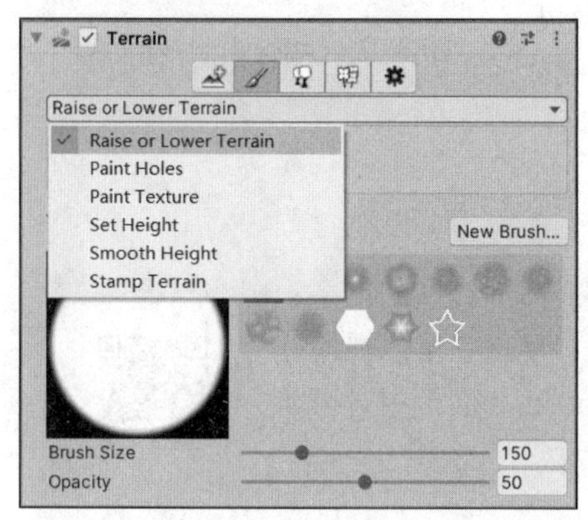

图 3-5 Raise or Lower Terrain 选项

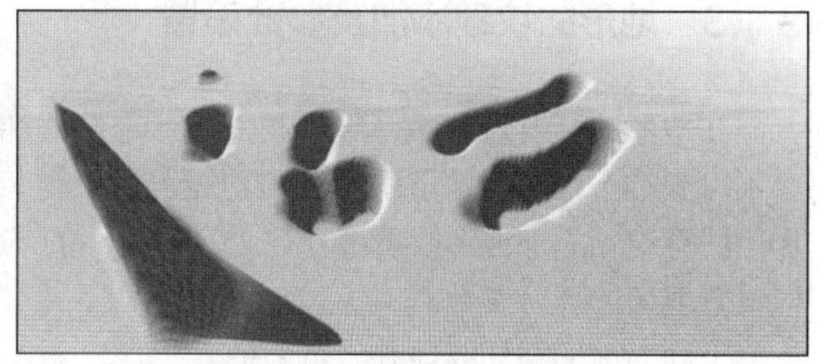

图 3-6 地形下凹效果

除了 Raise or Lower Terrain 选项外，Set Height 选项也可用于调整地形的局部高度。该选项的参数如图 3-7 所示，可用于设置地形高度值，被调整的局部地形高度值不会超过该数值。

通过该选项也可制作特定高度的地形，如图 3-8 所示。

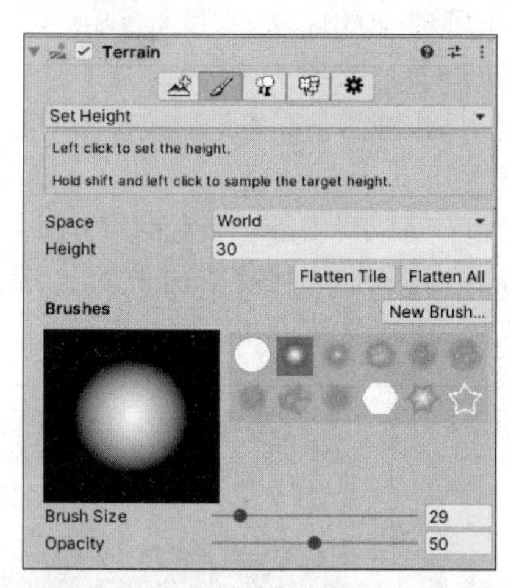

图 3-7 Set Height 选项及其参数

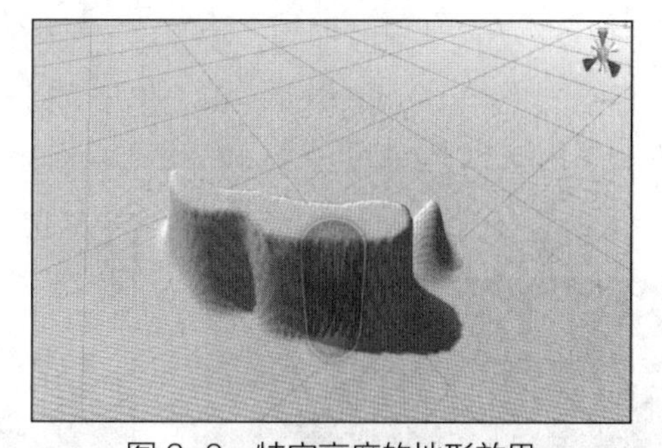

图 3-8 特定高度的地形效果

- Brush Size：用于设置笔刷大小，即笔刷的直径，单位为米。

● Opacity：用于设置笔刷的强度大小，其值越大，地形变化的幅度越大，反之越小。

● Height：用于设置地形高度，可以设定局部地形的最高值。

● Flatten All：用于将整个地形的高度设置为指定值，使得整个地形上凸或者下凹。

当地形的高度差较大导致部分地形特别突兀或者山峰过于尖锐时，需要进行平滑处理，可使用 Smooth Height 选项，如图 3-9 所示。使用该选项可以使地形更加平滑，柔化地形特征。

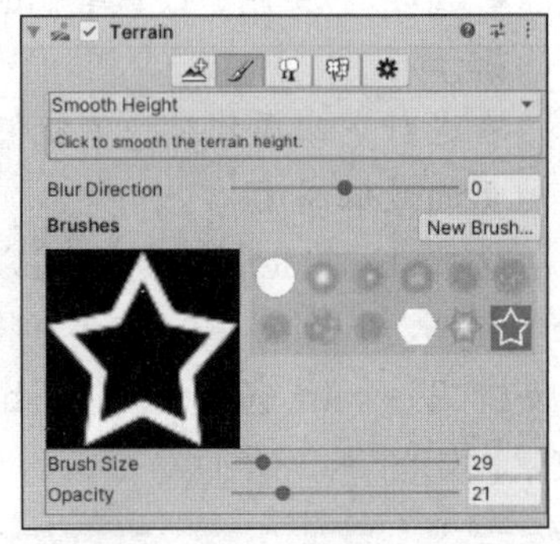

图 3-9 Smooth Height 选项

3.1.3 地形的纹理添加及参数设置

在地形的开发过程中，除了制作地形外，添加合适的纹理图也是必不可少的一部分。地形引擎对此功能进行了封装，使用它可以在地形的任意位置添加地形纹理图。此外在 Terrain Settings 面板中，可以设置地形的部分参数。

下面为地形添加纹理并设置参数。

步骤 1 选中 Terrain 组件的第二个按钮并选择下拉列表中的 Paint Texture 选项，可为地形添加纹理图，绘制表面纹理，如图 3-10 所示。添加纹理以涂画的方式进行，将单元图片赋给画笔，在画笔经过的地方将对应的纹理图贴到地形上。

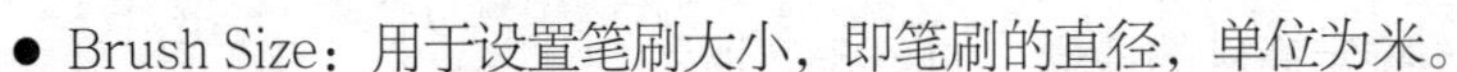
● Brush Size：用于设置笔刷大小，即笔刷的直径，单位为米。

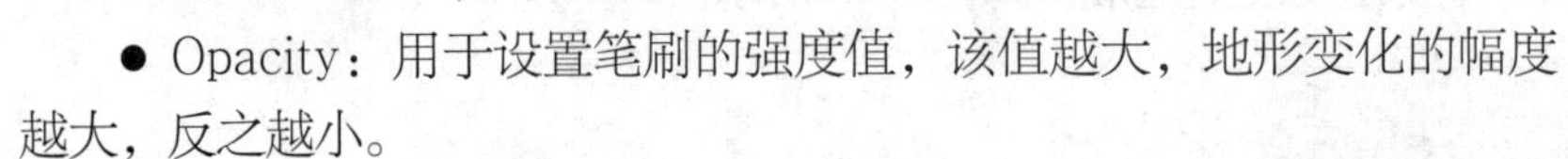
● Opacity：用于设置笔刷的强度值，该值越大，地形变化的幅度越大，反之越小。

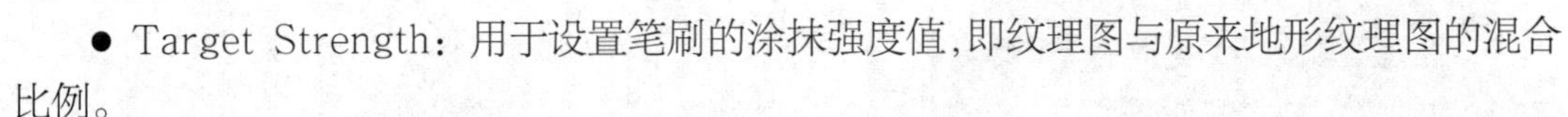
● Target Strength：用于设置笔刷的涂抹强度值，即纹理图与原来地形纹理图的混合比例。

步骤 2 为画笔赋纹理图，需要用到系统标准资源包。可以到 Unity 资源商店官网中搜索标准素材包 standard assets 并下载。右击游戏资源列表中的空白位置，选择 Assets->Import Package->Custom Package 命令导入环境资源包，如图 3-11 所示。

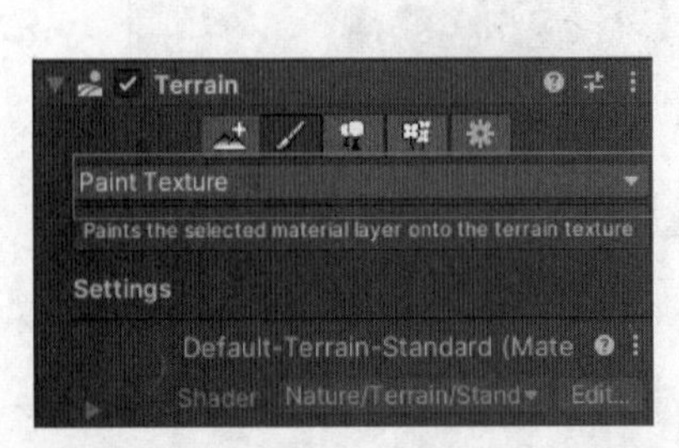

图 3-10 选择 Paint Texture 选项

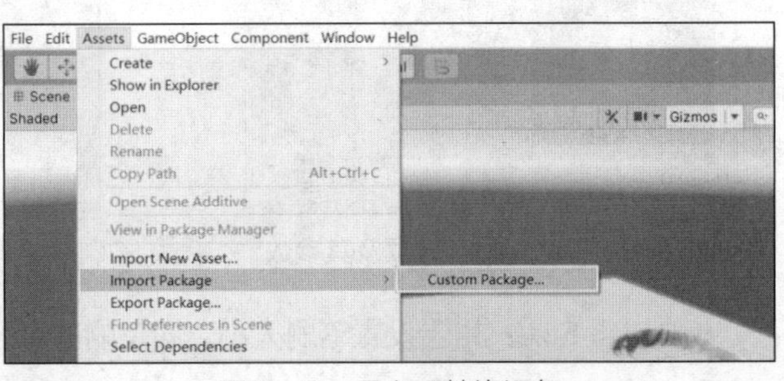

图 3-11 导入环境资源包

步骤 3 环境资源包导入完成后，在 Project 面板中选择 Environment\SpeedTree 文件夹，其中包含大量内置的纹理图，如图 3-12 所示，可以从中选取合适的纹理图。在 Hierarchy 面板中单击 Terrain 对象，在 Inspector 面板中单击 Terrain 按钮，选择 Create Layer 选项添加纹理，如图 3-13 所示。

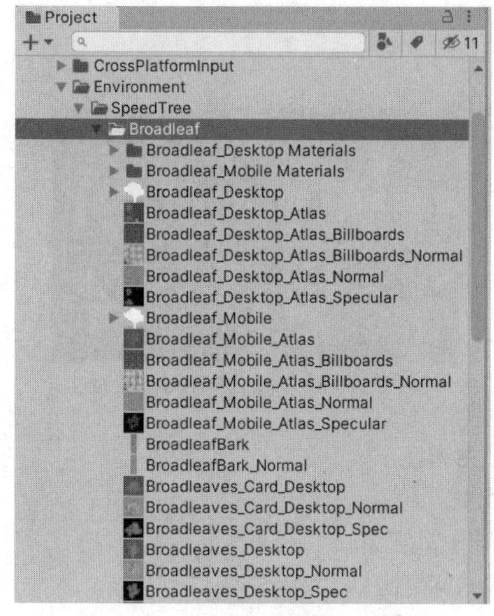

图 3-12 环境资源包中的纹理图

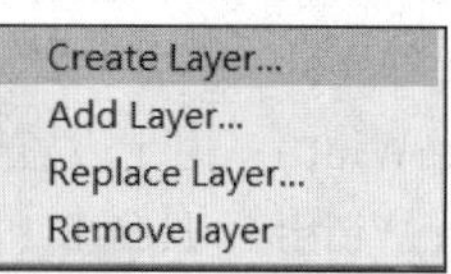

图 3-13 选择 Create Layer 选项

步骤 4 在弹出的 Select Texture2D 面板中，通过单击添加普通贴图和法线贴图，如图 3-14 所示。可以调整 Metallic 的值来调整纹理图的明暗程度。

步骤 5 为地形添加第一幅纹理图时，该纹理图会铺满整个地形，可以单击 Edit Texture Layers 按钮对选中的纹理图进行编辑。地形引擎还支持添加多幅纹理图，可通过笔刷改变地形中某部分的纹理图，效果如图 3-15 所示。

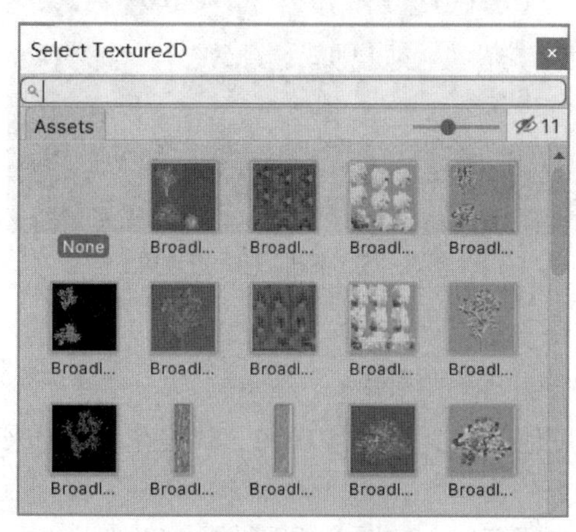

图 3-14 添加纹理图

图 3-15 通过笔刷改变地形中的部分纹理图

步骤 6 使用地形引擎还可以添加花草树木。添加树木的方式与添加纹理图的方式类似，单击 Terrain 组件中的按钮，如图 3-16 所示。以涂画的方式批量进行树木的添加，只需提供单棵树木的预制件资源即可，效果如图 3-17 所示。

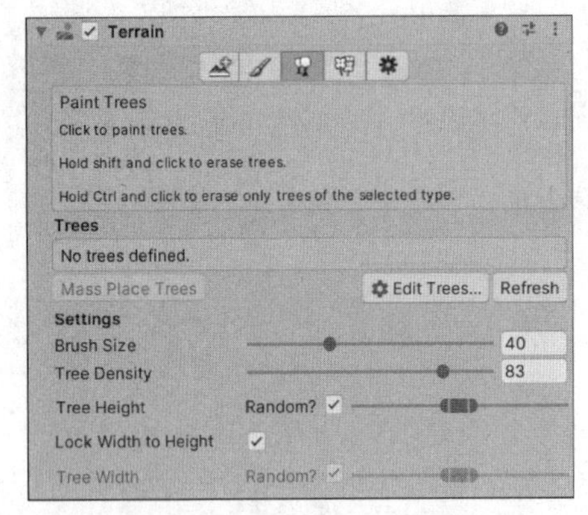

图 3-16 单击需要的按钮

图 3-17 添加树木的效果

- Brush Size：用于设置笔刷直径大小，单位为米。
- Tree Density：用于设置每次绘制树木的棵数。
- Tree Width：用于设置树的宽度，可指定唯一宽度。
- Lock Width to Height：用于设置锁定树木的宽高比。
- Tree Height：用于设置树的高度，可指定唯一高度。

步骤 7 除了树木外，还可以添加花草等修饰物。单击 Terrain 组件中的按钮，如图 3-18 所示。该按钮与按钮类似，主要区别是前者可以使用标志板和网格对象作为资源对象，后者只可以使用预制件作为资源对象。添加花草的效果如图 3-19 所示。

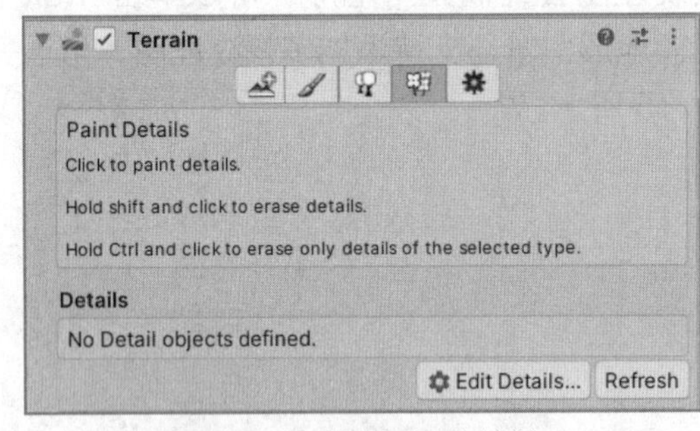

图 3-18 单击需要的按钮

图 3-19 添加花草的效果

- Brush Size：用于设置画笔直径大小，单位为米。
- Opacity：用于设置不透明度，表示画笔涂抹时的不透明度。
- Target Strength：用于设置画笔涂抹强度值，该值范围为 0～1，代表花草与原来花草的混合比例。

步骤 8 选择 Edit 选项可对选中的纹理图进行编辑，如图 3-20 所示。在弹出的 Edit Grass Texture 对话框中可以对铺设的纹理图的宽度、高度及颜色等参数进行重新设置，如图 3-21 所示。

- Detail Texture：用于设置纹理图对象。
- Min Width：用于设置纹理图的最小宽度。
- Max Width：用于设置纹理图的最大宽度。
- Min Height：用于设置纹理图的最小高度。
- Max Height：用于设置纹理图的最大高度。
- Healthy Color：用于设置纹理图中花草健康时的颜色。
- Dry Color：用于设置纹理图中花草干枯时的颜色。

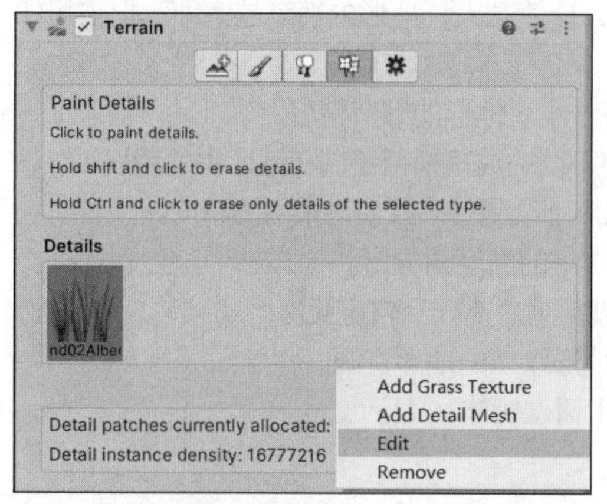

图 3-20 选择 Edit 选项

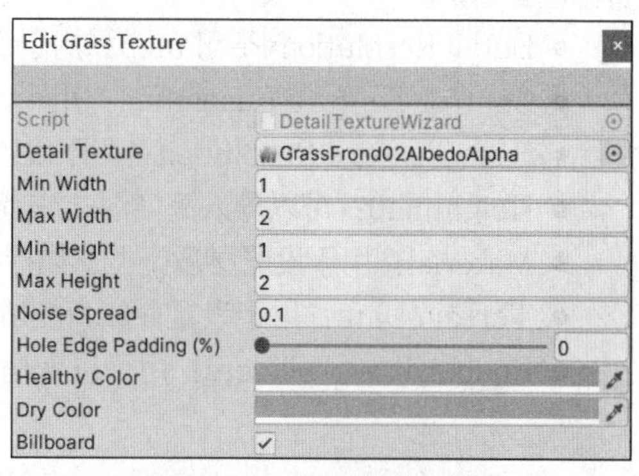

图 3-21 修改纹理图参数

步骤 9 对地形进行一些参数设置，如设置地形的大小及精度等参数，并为地形添加一个模拟风，使地形中的花草树木可随风摆动。单击按钮，如图 3-22 所示。

步骤 10 适当设置这些参数，可以有效减少地形对设备资源的占用，提高游戏的整体性能。

- Cast Shadows：用于设置是否进行阴影投射。
- Bake Light Probes For Trees：用于设置烘焙光照是否烘焙到树上。
- Tree Distance：用于设置树木的可视距离。
- Size：用于设置模拟风可影响的范围大小。
- Grass Tint：用于设置被风吹过时草的色调。
- Terrain Width：用于设置地形的总宽度。
- Terrain Height：用于设置地形的总高度。
- Detail Distance：用于设置细节距离。
- Detail Density：用于设置细节的密集

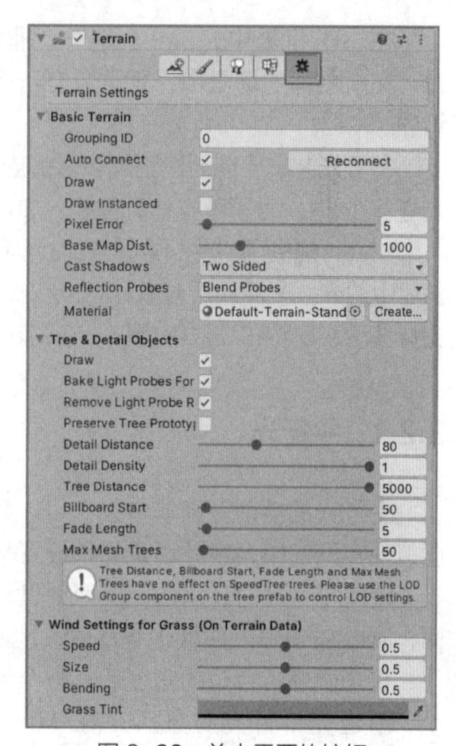

图 3-22 单击需要的按钮

程度。

- Max Mesh Trees：用于设置允许出现的网格类型的树木的最大数量。
- Speed：用于设置吹过草地的风的速度。
- Bending：草被风吹的弯曲程度。
- Resolution：用于设置分辨率。
- Terrain Length：用于设置地形的总长度。
- Heightmap Resolution：用于设置地形灰度的精度。
- Detail Resolution：用于设置细节精度值，该值越大，地形的细节越精细，但占用的资源也会越多。
- Detail Resolution Per Patch：用于设置每一小块地形的细节精度。
- Control Texture Resolution：用于设置将不同的纹理插值绘制在地形上的精度。
- Base Texture Resolution：用于设置在地形上绘制基础纹理时采用的精度。
- Heightmap：可以导入高度图，或者将制作好的高度图导出。
- Material：用于设置材质类型，如标准、漫反射、高光、自定义。
- Terrain Data：用于设置存储高度贴图、地形纹理的地形资源。
- Enable Tree Colliders：用于设置是否启用树碰撞体。

3.2 实时光源

在 3D 世界中，Light 是一个非常具有特色的组件，可用于提升虚拟场景的画面质感。在新创建的场景中，默认只有一个光源对象，场景比较昏暗，可在场景中添加 Light 组件。

有了光源，才能创建更加多彩的虚拟世界，本节将介绍实时光源（平行光、点光源和聚光灯）；同时，为了节省计算性能，加入光照烘焙，通过离线渲染，减少系统性能开销。

Unity 提供了 3 种不同的实时光源——平行光、点光源和聚光灯，使用它们可以模拟自然界中的光。光源属于对象，可以在 Scene 面板中编辑它的位置及相关参数。此外，光源还支持移动、旋转和缩放等操作。在实际开发中，可以根据不同的场景使用不同的光源。

3.2.1 平行光

平行光的照射范围非常大，可以照亮整个虚拟现实世界，就好比自然界的太阳光。在虚拟现实开发中，室外场景必须设置平行光，否则虚拟世界整体会非常昏暗。

使用平行光时，需调整其照射世界的角度。图 3-23 所示的光源的照射方向未朝向地面，所以在 Scene 面板中观察时，地面一片漆黑。

将光源旋转合适的角度后，整个地面都亮了起来，如图 3-24 所示。

创建完平行光对象后，在 Hierarchy 面板中选择该平行光对象，此时在右侧的 Inspector 面板中可以看到这个平行光对象的所有参数信息，如图 3-25 所示。

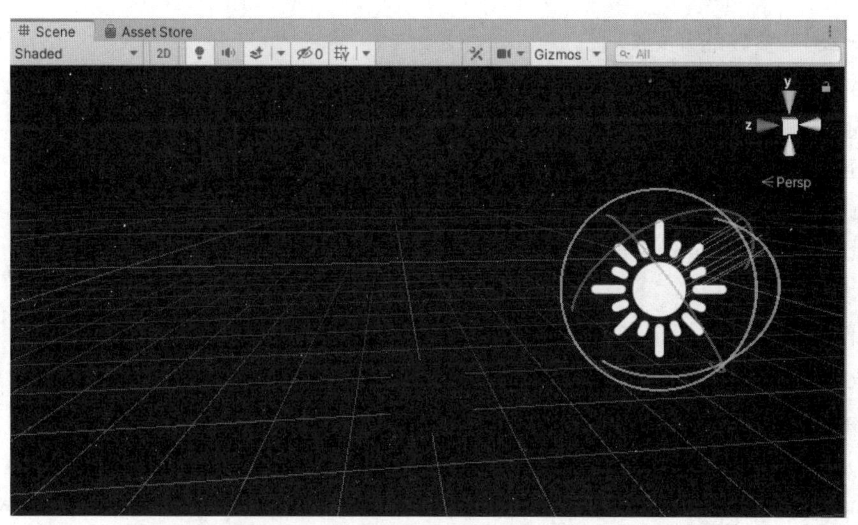

图 3-23　未朝向地面的平行光的效果

图 3-24　旋转后的平行光的效果

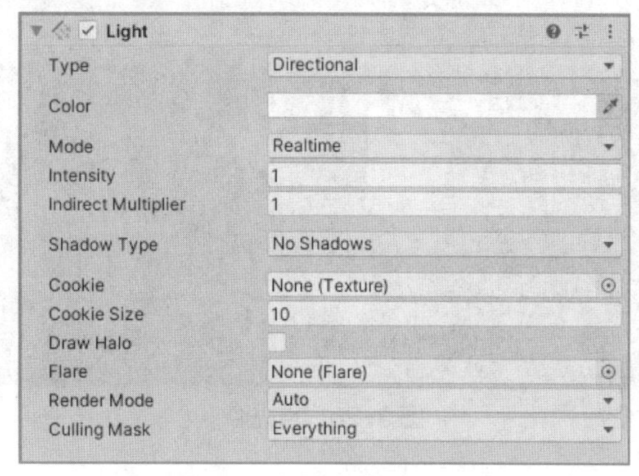

图 3-25　平行光对象的参数

图 3-25 中参数的介绍如下。

- Type：用于指定光源的类型，其下拉列表中包含 Directional（平行光）、Point（点光源）、Spot（聚光灯）和 Area（Baked Only）（区域光）选项。选择其中某一选项后，可切换为相应的光源类型。
- Color：用于指定光照的颜色。
- Mode：用于指定光照模式，其下拉列表中包含 Realtime（实时）、Mixed（混合）和 Baked（烘焙）3 个选项。
- Intensity：用于指定光照的强度。
- Indirect Multiplier：可用来改变间接光的强度；如果该值小于 1，则每次反射后光线会变暗；若该值大于 1，则每次反射后光线会变亮。
- Cookie：用于指定投射阴影的纹理遮罩（例如，为光源创建轮廓或图案光照）。
- Shadow Type：用于指定是否投射阴影，其下拉列表中包含 No Shadows（无阴影）、Hard Shadows（硬阴影）和 Soft Shadows（软阴影）选项。
- Draw Halo：用于指定是否在点光源中使用白雾效果。
- Flare：用于设置光源粒子效果。
- Render Mode：用于指定光源的渲染模式。
- Culling Mask：用于指定某些图层不受光照影响。

3.2.2 点光源

点光源是 3D 世界中从某一个点向周围发散光的光源。图 3-26 所示的点光源好像包围在一个球体中，可以将球体的范围理解为点光源的照射范围，就像家里的电灯泡照亮整个屋子一样。从图 3-26 中可以看出，立方体上靠近点光源的区域较亮，反之较暗。创建点光源的方法：在 Hierarchy 面板中选择 Create ->Light->Point Light 命令。

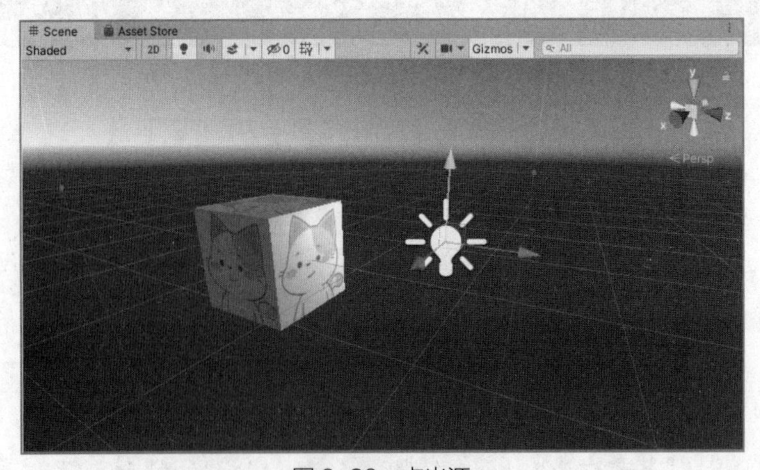

图 3-26　点光源

创建点光源对象后，在 Hierarchy 面板中选择该点光源对象，此时在右侧的 Inspector 面板中可以看到这个点光源对象的所有参数信息，如图 3-27 所示。

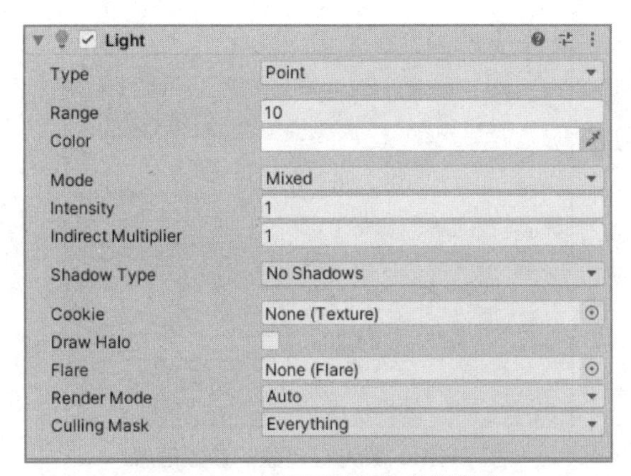

图 3-27　点光源对象的参数信息

点光源的参数与前面介绍的平行光的参数类似，不过这里多了个 Range 参数，该参数用于设置光照的影响范围。

3.2.3 聚光灯

在 3D 世界中聚光灯以某一个点为起点，向以另一个点为圆心的平面发射一组光，它们以射线的形式照射在平面上，这与手电筒的原理相似。图 3-28 所示的聚光灯照射到立方体上，被照射的区域变亮。

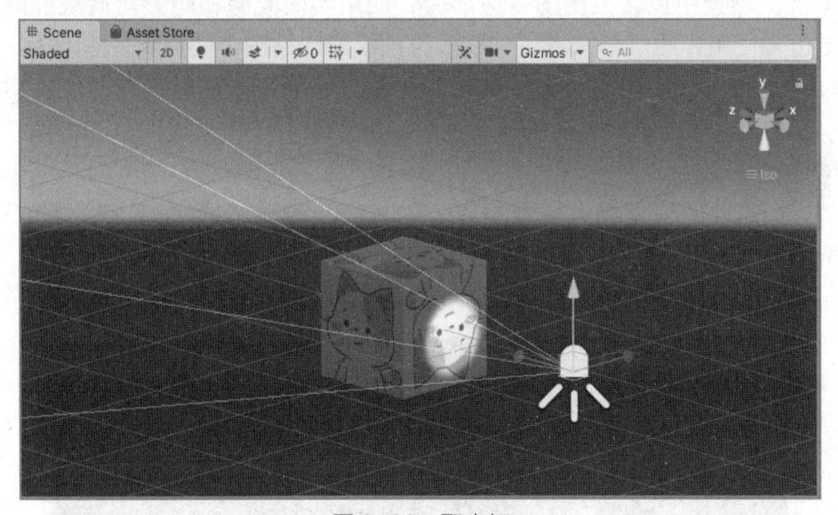

图 3-28　聚光灯

聚光灯在虚拟现实中的应用非常广泛，例如，在城市漫游中，将聚光灯绑定在主角身上，当用户控制主角移动时，该光源也会跟着移动，始终照亮主角前方的路。创建聚光灯的方法：在 Hierarchy 面板中选择 Create->Light->Spot Light 命令。

创建聚光灯对象后，在 Hierarchy 面板中选择该聚光灯对象，此时在右侧的 Inspector 面板中可以看到这个聚光灯对象的所有参数信息，如图 3-29 所示。

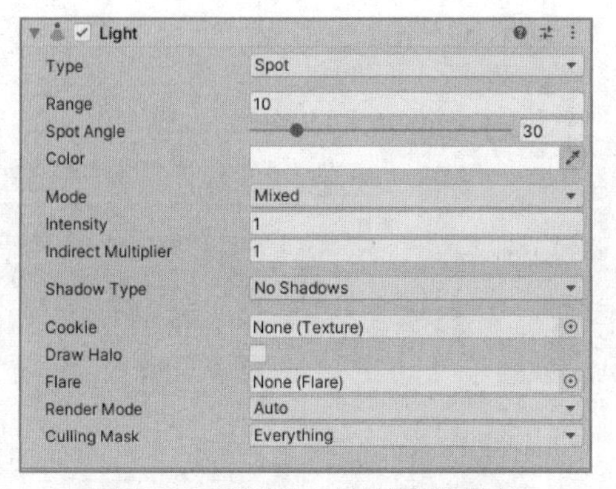

图 3-29 聚光灯对象的参数信息

聚光灯的参数与前面介绍的点光源的参数类似，不过此处多了个 Spot Angle 参数，该参数用于调节射线的照射范围。

3.3 烘焙与贴图

3.3.1 光照烘焙

当虚拟现实场景中包含大量的多边形时，使用实时光源和阴影对游戏性能的影响很大。这时更适合使用光照烘焙技术将光线效果预渲染成贴图，使用到多边形上，以模拟光影效果。使用这种方式不用担心光源数量和阴影对性能带来的影响，即使使用基础版的 Unity，仍然可以使用这种方式获得高质量的光影效果。下面通过简单的示例说明如何使用光照烘焙技术。

步骤 1 把需要的模型导入场景中，在不加载任何光源的情况下，其 Game 面板如图 3-30 所示。

图 3-30 不加载任何光源的 Game 面板中的模型效果

步骤 2 选择场景中的模型，在 Inspector 面板右上方勾选 Static 复选框，这表示该模型是一个静态多边形模型（在场景中不会动的模型），只有勾选了这个复选框，模型才能参与光照烘焙计算，如图 3-31 所示。

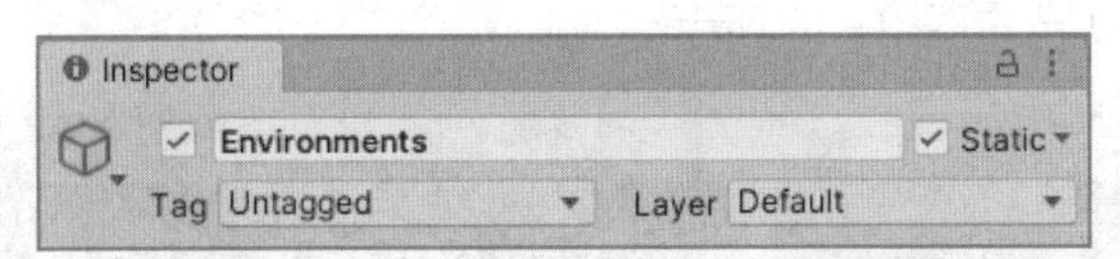

图 3-31 设模型设为静态多边形模型

步骤 3 在 Hierarchy 面板中选择 Create->Light->Area Light 命令，创建一个区域光对象并将其置于场景中，适当调整光源参数使其达到满意的效果，如图 3-32 所示。

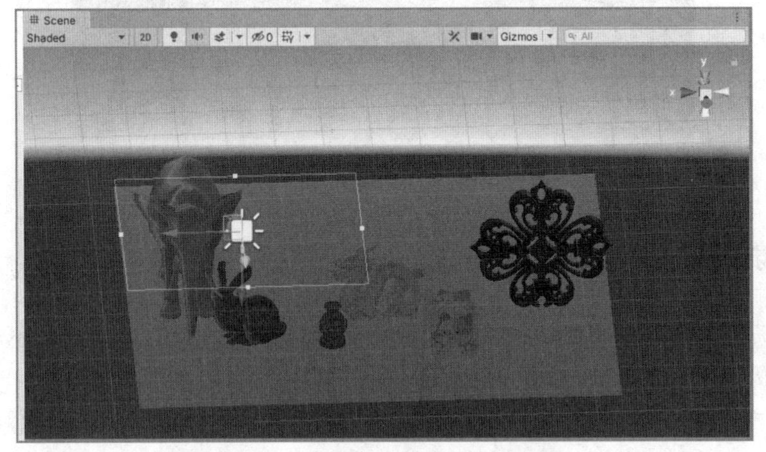

图 3-32 创建区域光并设置其参数

步骤 4 选中区域光，Inspector 面板中的光照参数设置如图 3-33 所示。

步骤 5 在菜单栏中选择 Window->Rendering->Lighting 命令，打开 Lighting 面板，选择 Scene 选项卡进行烘焙设置，如图 3-34 所示。

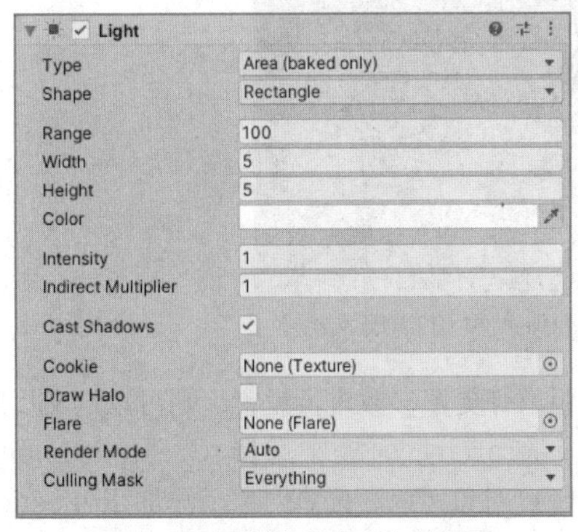

图 3-33 区域光的光照参数设置

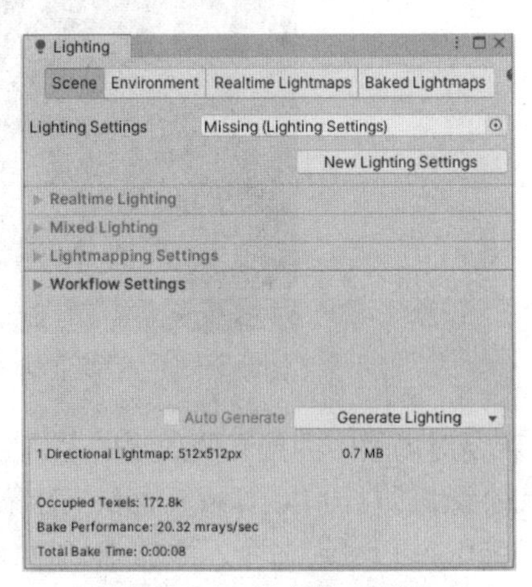

图 3-34 Lighting 面板

步骤 6 在 Lighting 面板右下角的下拉列表中选择 Generate Lighting 选项，即可开始进行烘焙计算，所有光影贴图都会自动存放在当前场景的存放路径中。若想清除烘焙结果，则从下拉列表中选择 Clear Baked Data 选项即可。如果勾选 Auto Generate 复选框，则自动烘焙。但是如果场景中的元素有很多，则可能会造成卡顿，因此不建议勾选此复选框。烘焙之后的效果如图 3-35 所示。

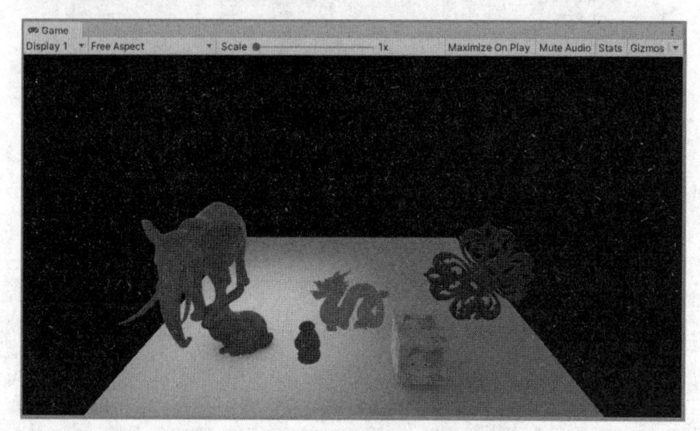

图 3-35　区域光的烘焙效果图

3.3.2　反射探针

虽然在场景中使用光照烘焙技术能构建出绚丽的光影效果，但是它还不够“真实”，即光线在物体上的反射没有体现出来。因此，可在 3.3.1 小节的基础上，对区域光的 Inspector 面板中 Light 组件的 Indirect Multiplier 参数进行修改，将其值由默认的 1 修改为 5，然后从 Lighting 面板的右下角的下拉列表中选择 Generate Lighting 选项，在烘焙完成后，就会看到图 3-36 所示的效果图。

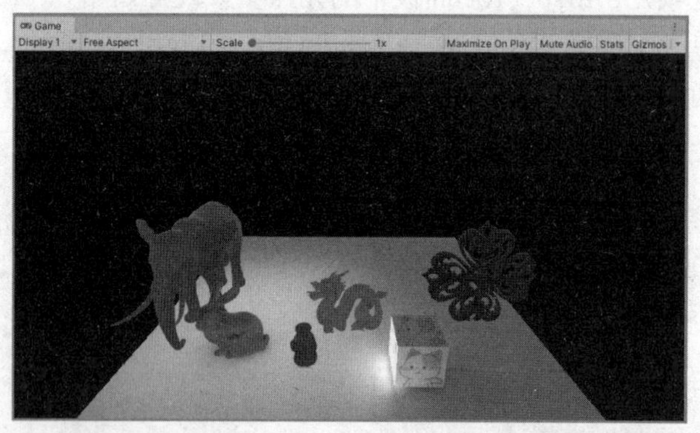

图 3-36　修改 Indirect Multiplier 值后的烘焙效果图

若要对场景中间接光照效果的范围、阴影距离等更多参数进行设置，则可以定义反射探针对象，即 Reflection Probe 对象。在 Hierarchy 面板中选择 Create->Light->Reflection Probe 命令，添加 Reflection Probe 对象（或在任意对象下添加 Reflection Probe 组件），在 Inspector 面板的组件中调节 Reflection Probe 组件中的 Edit Bounding Volume 按钮，确定 Reflection Probe 对象影响的光照范围，然后调整其他参数，并通过

Inspector 面板最下方的 Bake 按钮进行烘焙处理。图 3-37 所示为 Reflection Probe 组件中的 Intensity 参数值为 3 的效果。

图 3-37　Intensity 参数值为 3 的烘焙效果图

3.3.3　光照探针

光照烘焙技术虽然可以使静态场景拥有较好的光影效果，但无法影响场景中动态的模型，这可能会导致场景中的静态模型看起来非常真实，但那些运动的模型（如角色）非常不真实，并且无法与场景中的光线融合在一起。例如，把动态人物模型导入场景中（区域光的 Indirect Multiplier 参数值设为 5），效果如图 3-38 所示，从中可以明显看出人物模型看起来比较昏暗。

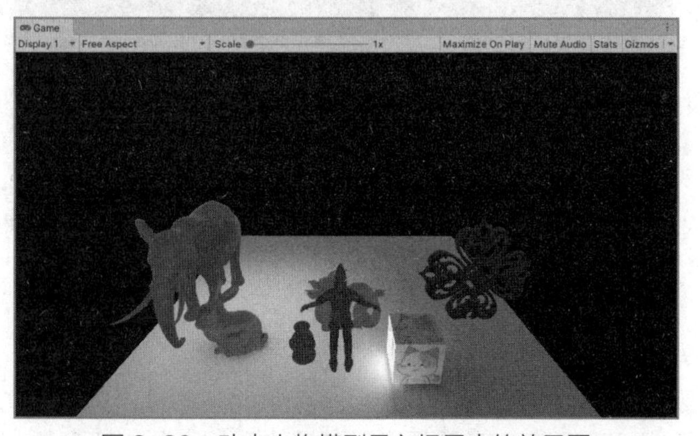

图 3-38　动态人物模型导入场景中的效果图

Unity 提供了一个叫光照探针（Light Probe）的功能，使用它可以很好地解决上述问题。使用光照探针可以将场景中的光影信息存储在不同的探针中，手动摆放这些探针，光影信息越丰富的地方需要的探针越多。它们会对场景中光照烘焙的光影信息进行采样，场景中运动的模型将参考这些探针的位置模拟出与静态场景类似的光影效果。

光照探针的使用步骤如下。

步骤 1　在前面操作的基础上，在 Hierarchy 面板中选择 Create->Light->Light Probe Group 命令，为场景添加一个光照探针组。单击 Inspector 面板 Light Probe

Group 组件中的 Edit Light Probes 按钮，并分别通过 Add Probe、Duplicate Selected 等按钮，使光照探针覆盖整个场景区域（第三人称人物的活动区域），如图 3-39 所示。

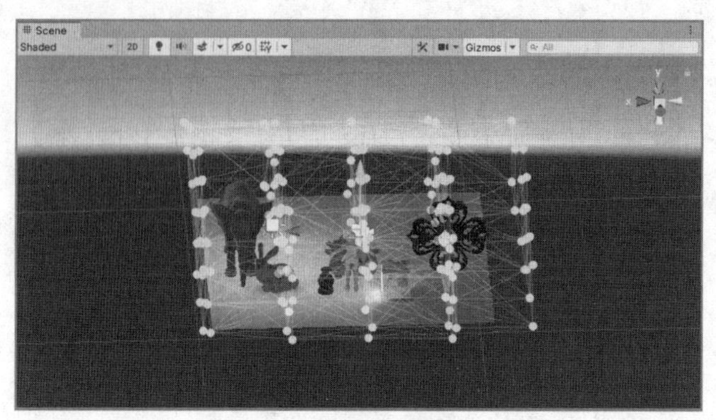

图 3-39 添加光照探针

步骤 2 从 Lighting 面板中的下拉列表中选择 Generate Lighting 选项，对场景进行烘焙，可得到图 3-40 所示的效果。从图 3-40 中可以看出，场景中的人物模型没有受到任何实时光照的影响，且不管它走到哪里，都会产生与实时光照近似的效果。

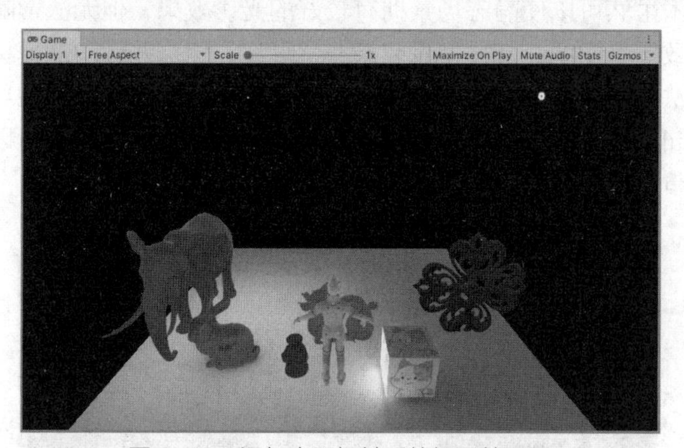

图 3-40 添加光照探针后的场景效果图

3.3.4 贴图

无论是 2D 还是 3D 场景，都需要使用大量的图片资源。Unity 支持 PSD、TIFF、JPG、TGA、PNG、GIF、BMP、IFF、PICT 格式的图片。通常推荐使用 PNG 格式的图片，它的文件小且有不错的品质。

与其他类型的资源一样，只要将图片复制到 Unity 工程文件夹中即可导入，对于作为模型材质的图片，其大小必须是 2 的 n 次方，如 16 像素×16 像素、32 像素×32 像素、128 像素×128 像素等。Unity 会将导入贴图的尺寸默认缩放为 2 的 n 次方进行显示。如果必须使用贴图的原尺寸进行显示，如 UI 贴图、2D 精灵贴图格式等，则需要对贴图的相关参数进行设置。二维贴图的参数如图 3-41 所示，大致介绍如下。

Texture Type：用于指定纹理的类型。

Texture Shape：用于定义纹理的形状。

sRGB（Color Texture）：勾选此复选框，可以指定纹理存储的伽马空间，始终检查 HDR 颜色纹理（如反照率和镜面颜色）。

Alpha Source：用于指定纹理的 Alpha 通道的来源。

Alpha Is Transparency：用于设置 Alpha 通道为透明的。

其中，经常使用 Texture Type 参数，有必要介绍其下拉列表中的选项及作用。

● Default：默认（普通）贴图。

● Normal map：法线贴图，可根据贴图的灰度级别把贴图转化为法线贴图。

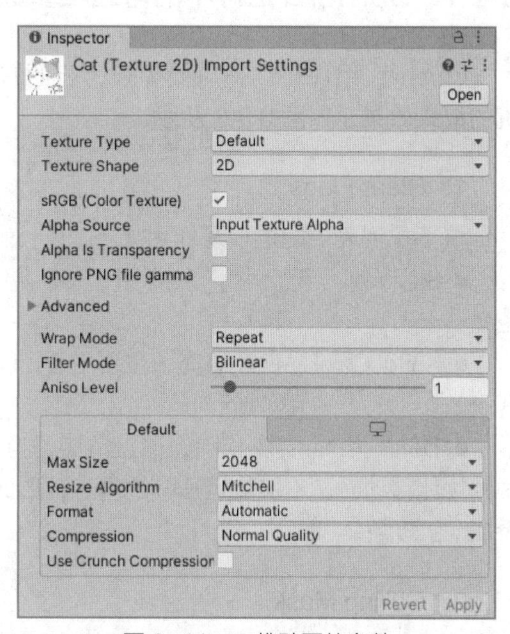

图 3-41 二维贴图的参数

● Editor GUI and Legacy GUI：编辑器 GUI 与 Legacy GUI 贴图。如果导入的贴图用于 UI 或者编辑器中，则建议把贴图定义为 GUI 类型。

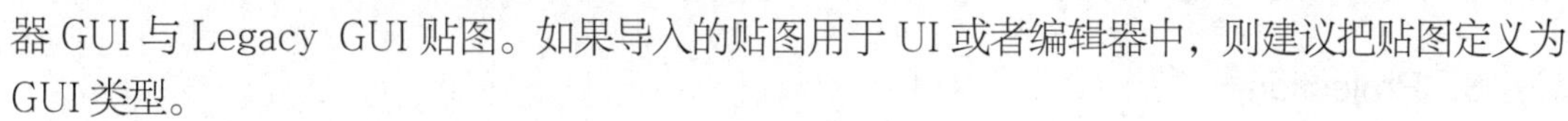

● Sprite（2D and UI）：精灵贴图，Unity 2D 技术增加的一种 2D 贴图类型，一般在 Unity 2D 中作为 Sprite 使用，也在 UGUI 中用于 UI 的显示。

● Cursor：光标贴图，用于自定义鼠标指针效果的显示。

● Cookie：遮罩贴图，用于把贴图转换为用于灯光 Cookie 效果的贴图，一般用于对光线做遮挡处理。

● Lightmap：光照贴图，如果将从第三方建模软件中烘焙得到的光照贴图导入 Unity 3D 中，则最好把该贴图定义为 Lightmap 类型。

● Directional Lightmap：定向光照贴图。

● Shadow mask：阴影蒙皮。

● Single Channel：如果只需要纹理贴图中的一个通道的信息，则选择该类型。

3.4 摄像机

摄像机是用于展示和捕捉虚拟世界的设备，场景中应至少有一个摄像机，用户最终看到的画面都是通过一个或几个摄像机渲染出来的。在一个新建的场景中，默认有一个名为 Main Camera 的游戏对象，其上有一个 Camera 组件，它就是主摄像机。

3.4.1 Camera 组件中的可编辑参数

Camera 组件有很多重要参数，它们共同决定摄像机的渲染效果，如图 3-42 所示。

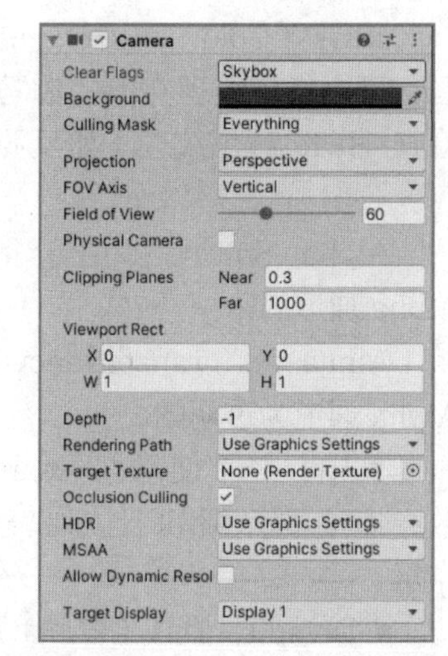

图 3-42 Camera 组件的参数

1．Clear Flags

该下拉列表中的选项及作用如下。

- Skybox：天空盒，主要用于 3D 游戏中显示天空盒。
- Soild Color：颜色填充，主要用于 2D 游戏中设置背景。
- Don't Clear：不移除，覆盖渲染，当 Game 面板中的物体移动时，不擦除上一帧的内容，形成类似"拖尾叠加"的现象。

2．Culling Mask

该下拉列表用于选择性地渲染部分层，可以只渲染对应层的对象。默认为 Everything 选项，即渲染场景中的所有层。

3．Projection

该下拉列表中的选项及作用如下。

- Perspective：透视模式，使摄像机以完整透视角度渲染对象，实现常见的近大远小的效果；常用于 3D 游戏。
- Orthographic：正交模式，使摄像机均匀渲染对象，没有透视感；常用于 2D 游戏。

4．Field of View

当设置 Projection 的值为 Perspective 时，摄像机视角以 FOV Axis 下拉列表中指定的轴和 Field of View 指定的度数为单位改变，其默认值为 60。

5．Size

当设置 Projection 的值为 Orthographic 时，该参数用于设置摄像机视角的大小，其默认值为 5。

6．Clipping Planes

该选项区用于设置开始渲染和停止渲染位置到摄像机的距离，物体只有在此范围内才可被拍摄到。该选项区中的选项及作用如下。

- Near：用于设置相对于摄像机的最近渲染点。
- Far：用于设置相对于摄像机的最远渲染点。

7. Viewport Rect

该选项区用于设置视口范围，屏幕将在特定范围内绘制摄像机视图的内容，主要用于多摄像机视图的内容绘制。其下 4 个参数的取值范围均为 0～1。

- X：用于设置摄像机视图的起始水平位置。
- Y：用于设置摄像机视图的起始垂直位置。
- W：用于设置屏幕上摄像机输出的宽度。
- H：用于设置屏幕上摄像机输出的高度。

8. Depth

该文本框用于设置渲染的顺序。若场景中有多个摄像机，则 Depth 值越大的摄像机渲染顺序越靠后。当 Depth 值大的摄像机的 Clear Flags 值设置为 Depth Only 时，可以将两个摄像机渲染的画面叠加显示。

9. Target Texture

该文本框用于设置渲染纹理，可以把摄像机拍摄的画面渲染到一张后缀名为“.renderTexture”的图片上，主要用于小地图的制作。

10. Occlusion Culling

该复选框用于设置是否启用遮挡剔除功能。遮挡剔除是指让隐藏在目标对象后面的对象不被渲染，以节约计算机性能。

11. Target Display

该下拉列表用于定义要渲染到的外部设备，即用于哪个显示器，主要用于开发有多个屏幕的平台游戏。该参数值的范围为 1～8。

3.4.2 实践练习——小地图的制作

在虚拟现实或游戏项目中，小地图是经常出现的界面元素，它用于提示主角的方位及周围的环境情况。下面模拟主角在场地中漫步时，小地图的实时显示效果，参考效果如图 3-43 所示。

图 3-43 小地图的参考效果

步骤 1 新建项目和场景，在 Hierarchy 面板中创建 Cube 与 Plane 对象，分别代表主角 Player 与地面，场景布局如图 3-44 所示。

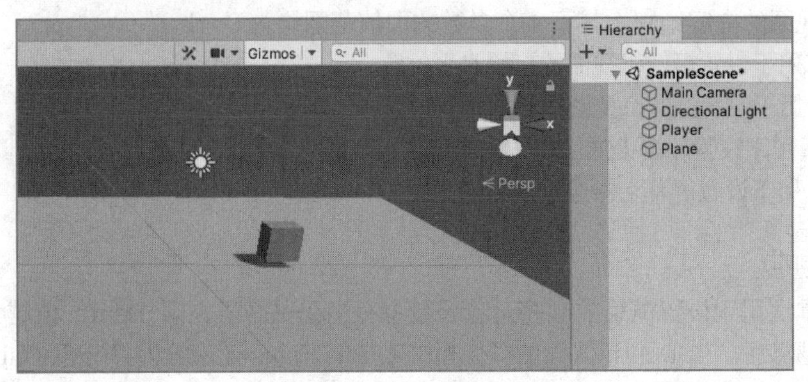

图 3-44 场景布局

步骤 2 创建脚本文件 Move.cs，并将其添加到 Player 上，用于控制 Player 的运动，Move.cs 中的代码如下。

```
代码清单（Move.cs）：
using System.Collections;
using System.Collections.Generic;
using UnityEngine;
public class Move : MonoBehaviour{
    public float moveSpeed = 5;      //Player 的运动速度
    public float roundSpeed = 120;   //Player 的旋转速度
    void Update()    {
        //利用 W、S 键控制 Player 的前进、后退
        this.transform.Translate(Input.GetAxis("Vertical") * Vector3.forward
* moveSpeed * Time.deltaTime);
        //利用 A、D 键控制 Player 的旋转
        this.transform.Rotate(Input.GetAxis("Horizontal") * Vector3.up *
roundSpeed * Time.deltaTime);
    }
}
```

步骤 3 在 Hierarchy 面板中新建一个 Camera 对象，并将此 Camera 对象设置为 Player 的子对象，用于显示小地图。调整此 Camera 对象的角度，使其在 Player 上方并且视口向下，将 Player 置于其视野范围内，效果如图 3-45 所示。

步骤 4 在 Project 面板中新建 Render Texture 类型的文件 MapTextuire。设置 Camera 对象的 Target Texture 参数值为 MapTextuire。此步骤的作用是将新添加的 Camera 拍摄的画面渲染到新建的 Render Texture 类型的文件中。

步骤 5 在 Hierarchy 面板中右击，选择 UI->Raw Image 命令，新建一个 Raw Image 对象，将 Scene 面板切换到 2D 模式，调整该图片在面板中的位置，设置图片的

Texture 参数值为 MapTextuire。

此时，小地图已制作成功，运行游戏，可以在屏幕上看到小地图的实时显示内容。

步骤 6 此时小地图呈矩形且无边框，可以利用 UGUI 对其进行优化。在 Hierarchy 面板中新建一个 Image 对象，设置其 Source Image 参数值为一个圆形且其余部分为透明的图形，同时在其上添加 Mask 组件，如图 3-46 所示。

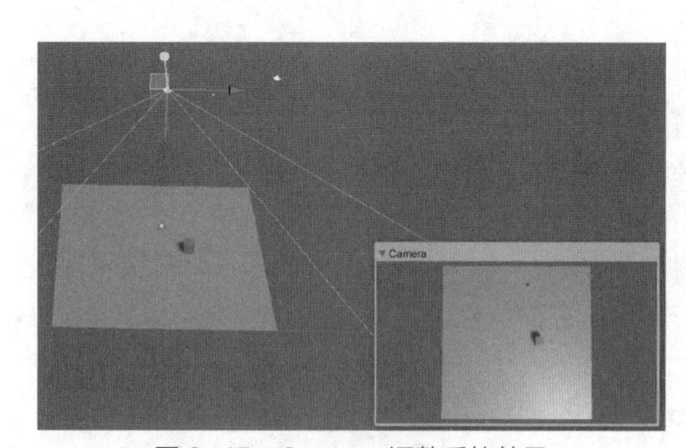

图 3-45 Camera 调整后的效果

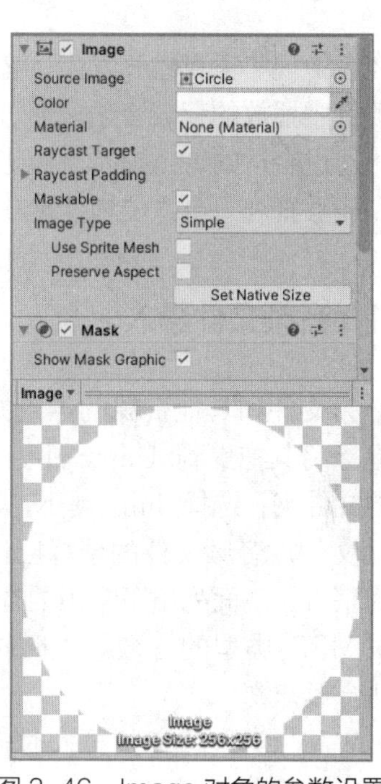

图 3-46 Image 对象的参数设置

将 Image 对象作为 Raw Image 对象的父对象，调整两者的位置及大小，使其重合，可得到圆形的小地图。

在 Canvas 中新建一个 Image 对象，并赋予其合适的图片，作为小地图的底图，起到装饰作用，如图 3-47 所示。

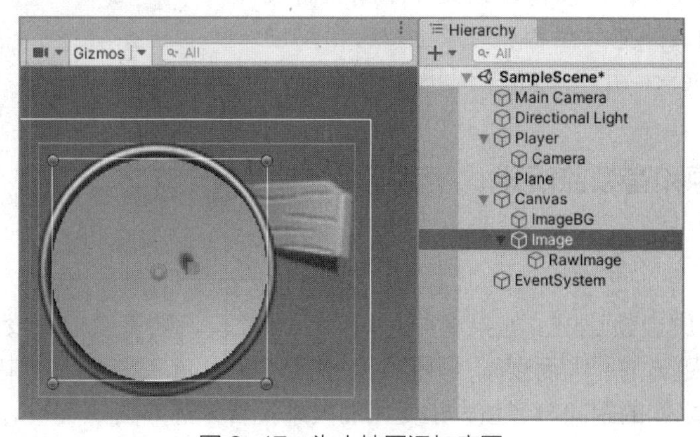

图 3-47 为小地图添加底图

至此，小地图制作完毕，当 Player 在场景中运动时，可以通过小地图清晰地查看其相对位置。

3.5 音频和视频

在虚拟现实项目的开发中，音频和视频是不可或缺的部分。其中音频主要分为两种：一是项目中播放的背景音乐，通过听觉引导玩家融入游戏；二是在项目运行交互时播放的音效，通过合适的音效提示玩家进行不同交互并形成听觉记忆。视频用于增强项目的可观赏性，能够直观、全方位地体现项目想要展示的环节，如新手引导介绍视频。

3.5.1 音频文件导入

音频文件和其他资源的导入方式相同，可以直接用鼠标将其拖曳到 Unity 中，亦可右击 Project 面板的文件夹，选择 Import New Asset 命令，加载音频文件。音频文件的选择应该以无故障地流畅运行为宗旨。下面列出了常用的音频文件类型。

- AIFF 类型的音频导入时转换为未压缩的音频，适合短音效。
- WAV 类型的音频导入时转换为未压缩的音频，适合短音效。
- MP3 类型的音频导入时转换为 Ogg Vorbis，适合较长的音乐曲目。
- OGG 为压缩的音频格式，适合较长的音乐曲目。

导入音频文件后，可以将音频文件添加至游戏对象中。将音频文件拖曳至游戏对象上，将自动创建一个 Audio Source 组件，如图 3-48 所示。

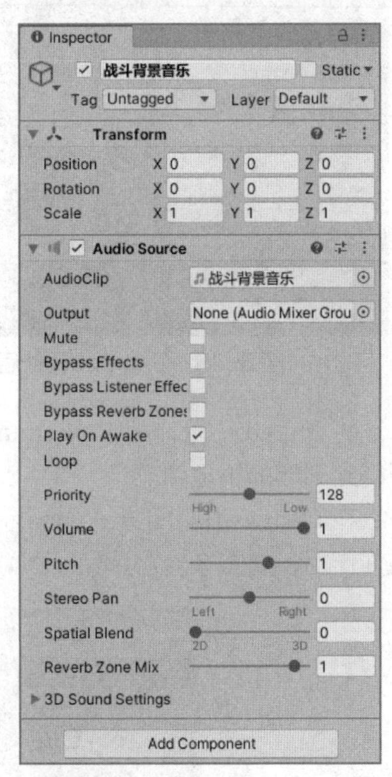

图 3-48 Audio Source 组件

3.5.2 音频源和音频监听器

1. 音频源

在场景中播放音频片段。如果音频片段为三维片段，则该音频片段在给定位置播放时，音量会随着距离的增大而衰减，并且可以使用 3D Sound Settings 中的曲线控制音频源与音频监听器之间的距离与音量大小变化的关系。音频源如图 3-49 所示。

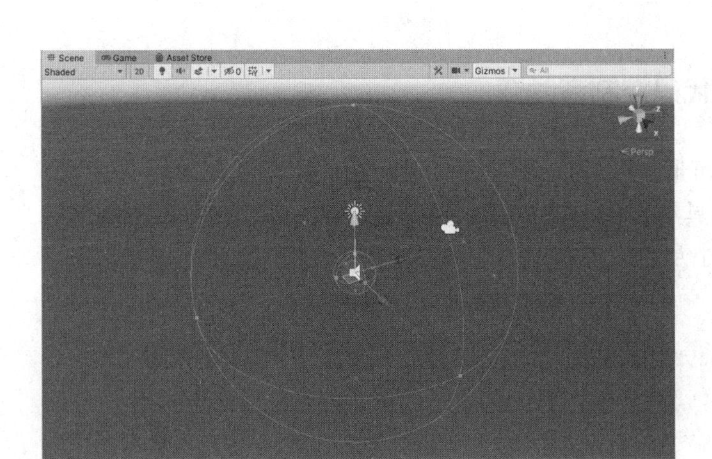

图 3-49 音频源

下面描述了与音频源相关的部分参数及含义。

- Audio Clip：引用的声音片段文件。
- Mute：是否静音。
- Bypass Effects：是否应用过滤器效果。
- Play On Awake：场景启动时声音是否开始播放。
- Loop：是否循环播放音频片段。
- Priority：确定某音频源在场景中共存的所有音频源中的优先级（优先级：0 表示最重要；256 表示最不重要；默认值为 128）。
- Volume：与音频监听器相距一个世界坐标单位（1 米）处的声音大小。
- Pitch（音调）：由于音频片段减慢或加快而形成的音调变化量。当该值为 1 时为正常播放速度。
- 3D Sound Settings：当音频片段为 3D 声音时应用于音频源的设置。

2. 音频监听器

音频监听器类似于麦克风。它从场景中的任何给定音频源中接收输入内容，并通过设备扬声器播放声音。对于大多数项目来说，通常将音频监听器附加到摄像机。

3. 音频片段

音频片段必须和音频监听器配合使用才可生成声音。将音频片段添加至游戏中的对象时，会将音频源组件添加至含有音量、音调等许多参数的对象上。播放音频片段时，音频监听器可“听到”一定范围内的所有音频片段，再将这些音频片段组合起来，声音即可通过扬声器发出。音频片段的参数如图 3-50 所示。

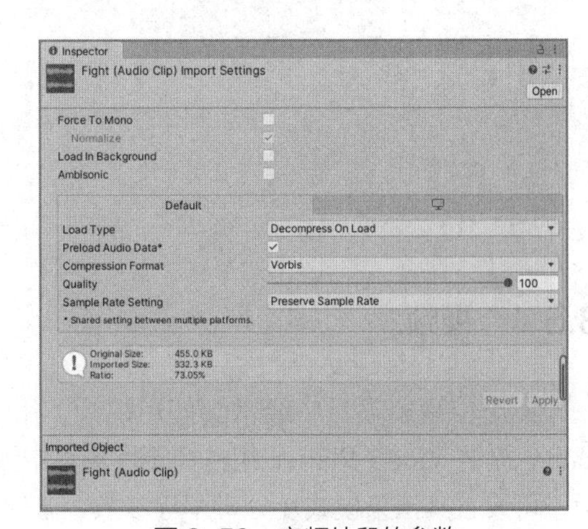

图 3-50 音频片段的参数

3.5.3 使用代码控制音频源

微课视频

音频源还可通过代码实现交互使用。在虚拟现实项目中，通常使用 UGUI 工具结合代码的方式来控制音频源。编写代码，实现对音频源音量大小及静音的控制。具体代码如下。

```
代码清单（Control Audio.cs）:
using UnityEngine;
using UnityEngine.UI;
using UnityEngine.Audio;
public class Control Audio: MonoBehaviour
{
    public AudioSource audio;
    public Slider s;
    void Start()
    {
        s.value = audio.volume;   //将音量值作为滑块初始值
        s.minValue = 0;
        s.maxValue =audio.volume; //设置滑块最大值
        s.onValueChanged.AddListener(delegate (float value)
            {
                audio.volume = s.value;   //当滑块数值改变时，将该值作为音量值
            });
    }
    public void Mute_On()
    {
    audio.mute=true;          //静音控制
    }
    public void Mute_Off()
    {
        audio.mute = false;   //静音控制
    }
}
```

3.5.4 视频

微课视频

在虚拟现实项目中经常会使用视频，用于介绍项目内容等信息。Unity 提供 Video Player 组件用于在场景中播放视频。在 Inspector 面板中可设置其渲染模式及分辨率等参数，方便使用者操作。通常将事先准备好的视频导入 Unity 中，然后将该视频文件拖入 Project 面板中，

即可完成 Video Player 组件的创建。Video Player 组件的参数如图 3-51 所示。

Video Player 组件的 Source 下拉列表中有两个选项，如下所示。

- Video Clip：以资源导入工程方式播放视频。
- URL：以链接本地视频路径方式播放视频。

可根据项目需要，在“Render Mode”下拉列表中选择不同渲染方式。

- Camera Far Plane：视频渲染层级置于底层，视频会被场景中的 3D 物体遮挡。
- Camera Near Plane：视频渲染层级置于顶层，视频会遮挡场景中的 3D 物体。
- Render Texture：将视频渲染在一张纹理图上。
- Material Override：将视频渲染在指定材质上。
- API Only：使用脚本设置视频的渲染方式。

当需要在 UI 中显示介绍视频时，通常会创建 Raw Image 组件用来承接视频画面。在 Raw Image Inspector 面板中加入 Video Player 组件，链接 Video Clip。同时在 Project 面板中创建并设置 Render Texture，放入 Raw Image 中的 Texture 及 Video Player 中的 Target Texture，如图 3-52 所示。此时就可以控制视频画布的大小。

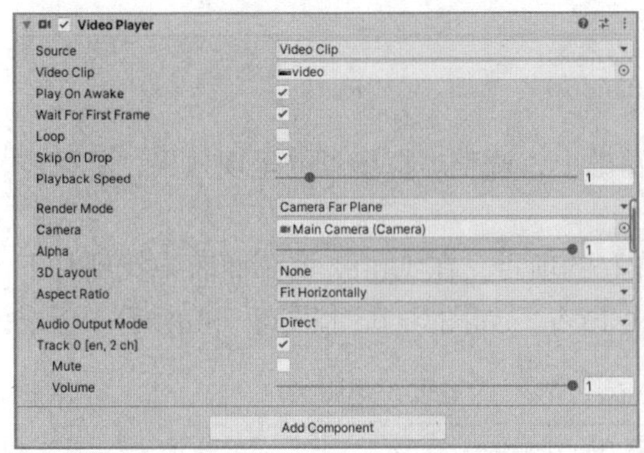

图 3-51 Video Player 组件的参数

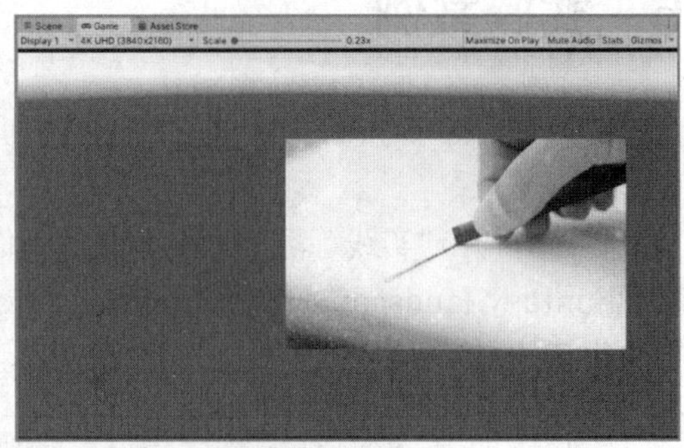

图 3-52 Video Player

如果想要控制视频的播放、暂停、进度等，则需要编写相应脚本来实现。具体代码如下。

```
代码清单（Control Video.cs）:
using UnityEngine;
using UnityEngine.UI;
using UnityEngine.Video;
public class Control Video: MonoBehaviour
{
    public VideoPlayer video;
    public Slider s;
    void Start()
    {
        s.minValue = 0;
        s.maxValue = (float)video.clip.length;     //设置滑块最大值为视频长度
```

```
        s.onValueChanged.AddListener(delegate (float value)
            {
                video.time = s.value;  //当滑块数值改变时，将该值作为视频播放进度
            });
    }
    public void OnClick_Play()
    {
        video.Play();        //播放视频
    }
    public void OnClick_Stop()
    {
        video.Stop();       //暂停播放视频
    }
}
```

3.6 实操案例

在本章“实践练习——小地图的制作”的基础上，调整虚拟场景的呈现效果，具体步骤如下。

步骤 1 打开“实践练习——小地图的制作”的项目，在 Unity 资源商店中找到并下载资源 Fantasy landscape 和 8K Skybox Pack Free，如图 3-53 和图 3-54 所示。下载完成后将它们导入项目中。

图 3-53 Fantasy landscape 资源

图 3-54 8K Skybox Pack Free 资源

步骤 2 导入资源后 Project 面板如图 3-55 所示。双击 DemoScene 场景文件，可以看到打开的示例场景，它是一个创作完毕的自然场景。将 Hierarchy 面板中的 Environments 对象制作成预制体待用。

步骤 3 打开原项目中的 SampleScene 场景文件，将制作好的 Environments 预制体拖曳至场景中。若对其中的地形不满意，则可以对其进行编辑。删除场景中原有的 Plane 对象，用该自然场景代替，然后将 Player 对象拖曳至场景中的合适位置。

至此，一个非常漂亮的场景就布置完毕了，效果如图 3-56 所示。

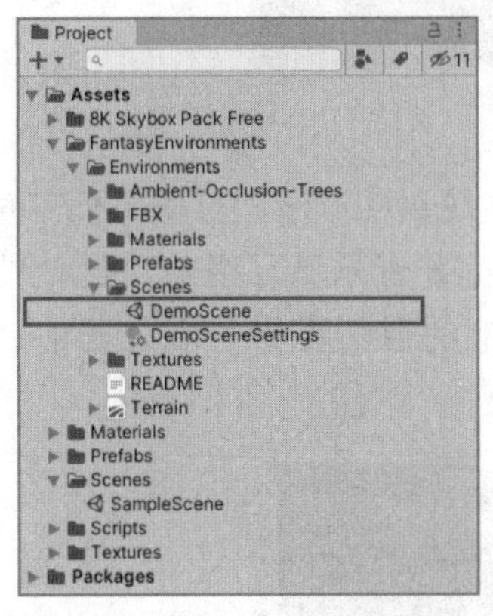

图 3-55 Project 面板

图 3-56 编辑好的场景

步骤 4 将 Hierarchy 面板中的 Main Camera 调至合适角度，使其能够清晰拍摄到 Player 对象。然后将 Main Camera 拖曳至 Player 对象下，作为其子对象，使 Main Camera 能自动跟随 Player 对象移动。

步骤 5 为 Player 对象添加 Rigidbody 组件，使其具有重力，从而更好地模拟物体的运动。Rigidbody 组件的参数设置如图 3-57 所示。

步骤 6 导入一个音频片段作为场景的背景音乐。为 Player 对象添加 Audio Source 组件，同时设置其 AudioClip 参数值为导入的音频片段。勾选 Play On Awake 和 Loop 复选框，使背景音乐在 Player 对象运行时播放，且循环播放。Audio Source 组件的参数设置如图 3-58 所示。

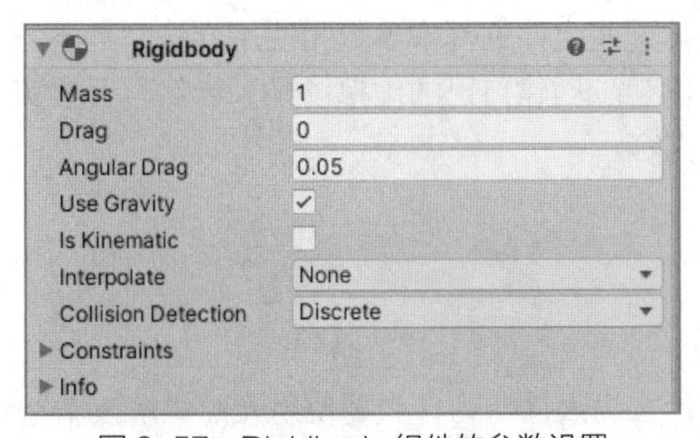

图 3-57 Rigidbody 组件的参数设置

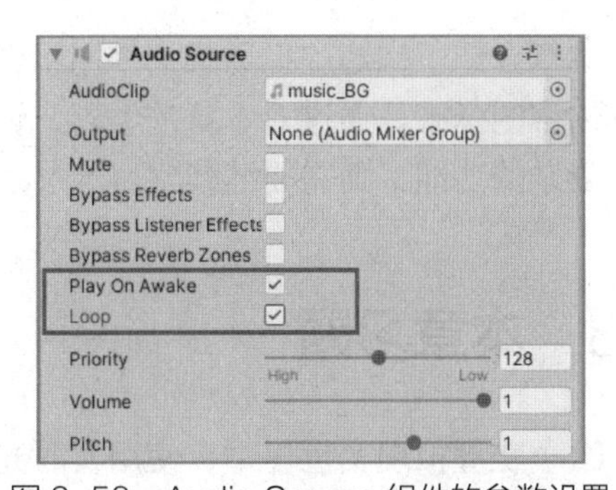

图 3-58 Audio Source 组件的参数设置

步骤 7 在导入的 8K Skybox Pack Free 资源中选中不同的材质文件，如图 3-59 所示。将其拖曳到 Scene 面板的天空位置，替换当前默认的天空材质。

图 3-59 选择材质文件

步骤 8 运行程序，可以通过键盘按键控制 Player 在场景中漫游，且摄像机实时跟随，Player 的位置实时显示在屏幕右上方的小地图中，背景音乐循环播放，远处的天空已设置为指定的材质，近处的花草清晰可见，一个虚拟的自然世界呈现在眼前，如图 3-60 所示。

图 3-60 最终的场景效果

3.7 本章小结

本章介绍了构建虚拟场景的常用组件，掌握这些组件的基本参数和使用方法，是学习后文内容的基础。通过对本章的学习，读者可以初步创建自己的虚拟场景，当然，若要实现更复杂的功能，则需要继续学习本书的其他内容。

3.8 本章习题

（1）在虚拟现实世界中，使用实时光源有什么局限性？为什么要使用光照烘焙技术？
（2）摄像机像是玩家的眼睛，在场景中添加多台摄像机时，需要注意哪些问题？
（3）当场景中需要频繁播放多个音频片段时，如何优化音频的播放性能？
（4）若场景中需要分别出现白天和夜晚，应该如何用代码实现？

第 4 章

脚本基础

学习目标

- 掌握脚本编辑器的使用方法。
- 学会设计项目工程脚本。
- 掌握脚本常用核心类。
- 掌握脚本生命周期。
- 学会使用协同程序。
- 了解多脚本管理机制。

在虚拟现实开发中，通常需要利用大量的脚本控制人物角色、物品等的各种变化。本章我们就开始研究脚本的开发，通过学习 Unity 的脚本类库，掌握程序设计在虚拟现实、游戏开发、增强现实等项目中的应用。

4.1 Unity 脚本编辑器

脚本是虚拟现实开发的核心组件，使用它可以创建对象、控制对象的移动、处理用户输入事件等。常用的 Unity 脚本编辑器是 VS，Unity 使用 C#作为脚本的开发语言。使用脚本编辑器可以提升代码编译后的执行效率，让前后端开发变得简单。

VS 是一个基本完整的开发工具集，包括整个软件生命周期中需要的大部分工具，如统一建模语言工具、代码管控工具、集成开发环境等。

在 Unity 中切换默认脚本编辑器的步骤如下。

步骤 1 选择 Edit->Preferences 命令，打开 Unity 设置面板。

步骤 2 在 Preferences->External Tools->External Script Editor 下拉列表中选择默认脚本编辑器，如图 4-1 所示。

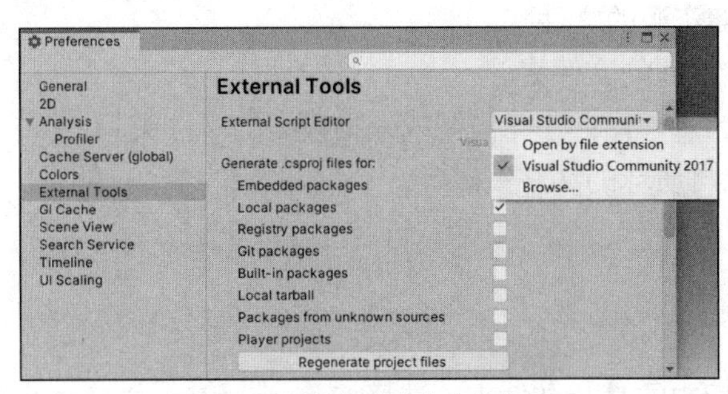

图 4-1 修改默认脚本编辑器

4.2 脚本的基础

4.2.1 创建脚本时的注意事项与项目工程设计

1. 在 Unity 中创建脚本的注意事项

（1）类名必须匹配脚本文件名。脚本文件名应为有意义的英文名称，不要使用中文，否则会报错。

（2）脚本只有挂载在游戏对象上才能运行。将脚本文件拖曳到对象上，运行项目后脚本才会执行。

（3）脚本也可以由其他脚本调用。

（4）在项目运行过程中，脚本和组件的任何修改都不会保存，只有在编辑状态下的修改才会保存。

（5）使用 Awake()或 Start()函数进行初始化。

（6）尽量避免使用构造函数。不要在构造函数中初始化任何变量，否则会出现程序异常。

2. 项目工程设计

为了使项目易读、可理解、易维护、更适合团队协作开发，建议将脚本、场景文件、贴图资源、材质资源、音频、模型资源等放在特定的文件夹中，项目工程设计图如图 4-2 所示。

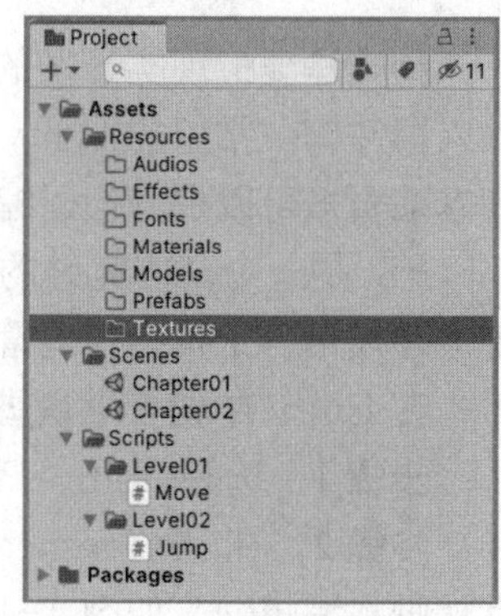

图 4-2　项目工程设计图

其中部分文件夹的介绍如下。

Audios：存储声音文件的文件夹。

Fonts：存储文字文件的文件夹。

Prefabs：存储预制体的文件夹。

Scenes：存储场景的文件夹。

Scripts：存储脚本的文件夹。

Sprites：存储精灵贴图的文件夹。

Effects：存储粒子特效的文件夹。

Resources：存储资源的文件夹。

Textures：存储纹理的文件夹。

Models 或者 Characters：存储模型或人物模型的文件夹。

Materials：存储材质球的文件夹。

4.2.2 创建脚本

右击 Project 面板中的某一文件夹，选择 Create->C# Script 命令，便可创建一个脚本，如图 4-3 所示。脚本可放在除 Editor 以外的文件夹中，因为 Editor 文件夹中的代码会被当作编辑模式代码，在项目打包时自动剥离。

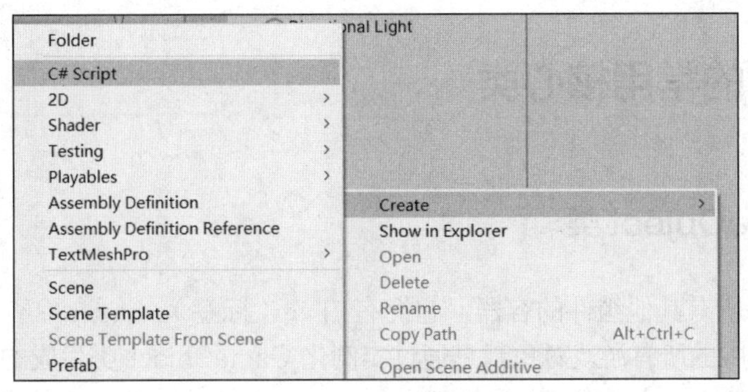

图 4-3 创建脚本

4.2.3 更改脚本模板

在使用 Unity 编辑脚本时，可以通过修改脚本模板来提高开发效率，并对脚本进行版本化管理。

更改脚本模板的步骤如下。

步骤 1 找到 Unity 的安装路径：Editor/Data/Resources/ScriptTemplates。

步骤 2 打开 81-C# Script-NewBehaviourScript.cs 文件。

步骤 3 修改代码后保存，具体代码参考代码清单 Script-NewBehaviourScript.cs。

```
代码清单（Script-NewBehaviourScript.cs）:
/**
*Title: 碰撞
*Author: 名字
*Date: 时间
*remarks: 备注
*/
using System.Collections;
using System.Collections.Generic;
using UnityEngine;

public class #SCRIPTNAME# : MonoBehaviour
{
    void Start()
    {
    }
    void Update()
    {
```

```
        }
    }
```

4.3 脚本的常用核心类

4.3.1 GameObject 类

游戏对象是所有其他组件的容器。它拥有 Tag（标签）、Layer（层）和 Name（名字）参数。场景中的所有游戏对象都是通过实例化 GameObject 类生成的。当把一个资源放入场景中后，Unity 会（自动）通过 GameObject 类来生成对应的游戏对象。游戏对象常用的参数如图 4-4 所示。

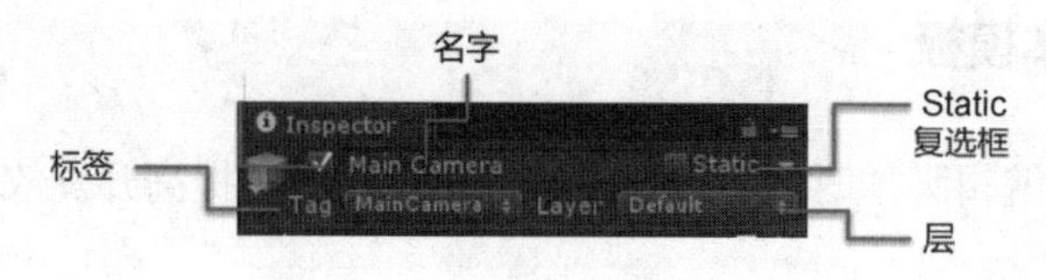

图 4-4 游戏对象常用的参数

GameObject 类是 Unity 场景中所有实体的基类。它继承 Object 类，其中常用的变量如下。

- isStatic：用于指定一个游戏对象是静态时可编辑。
- transform：是指附属于游戏对象的变换。
- rigidbody：是指附属于游戏对象的刚体。
- animation：是指附属于游戏对象的动画。
- constantForce：是指附属于游戏对象的恒定的力。
- renderer：是指附属于游戏对象的渲染器。
- collider：是指附属于游戏对象的碰撞体。
- particleEmitter：是指附属于游戏对象的粒子发射器。
- layer：是指游戏对象所在的层，范围是 0～32。
- active：用于标识游戏对象是否是活动的。
- tag：游戏对象的标签。

GameObject 类常用的函数如下。

- GetComponent()：用于获得组件。
- AddComponent()：用于添加组件。
- CreatePrimitive()：用于创建游戏对象。
- FindWithTag()：用于返回一个用标签作标识的活动的游戏对象。
- FindGameObjectsWithTag()：用于返回一个用标签作标识的活动的游戏对象列表。
- Find()：用于找到并返回一个指定名字的游戏对象。

● Name()：用于获取游戏对象的名字。
● Destroy()：用于删除一个游戏对象、组件或资源。
● Instantiate()：用于复制原始游戏对象，并返回复制的游戏对象。

下面对 GameObject 类的部分函数的使用方法进行说明。

● 访问组件。

例如：Rigidbody rb = GetComponent<Rigidbody>();

● 创建游戏对象。

例如：GameObject CreatObj=GameObject.CreatePrimitive(Type.Cube);

● 复制游戏对象。

例如：CloneObj=(GameObject)GameObject.Instantiate(goCreatObj);

● 删除游戏对象。

例如：GameObject.Destroy(goCloneObj);

● 添加脚本组件。

例如：This.gameObject.AddComponent<脚本名>();

● 按指定名称查找游戏对象。

例如：GameObject.Find("游戏对象名称");

● 按照指定标签查找游戏对象。

例如：GameObject.FindWithTag("标签名");

● 按照指定标签查找游戏对象列表。

例如：GameObject.FindGameObjectsWithTag("标签名");

在游戏视图中添加两个按钮，分别是“创建立方体”按钮和“创建球体”按钮，其运行效果如图 4-5 所示。单击其中一个按钮，可动态添加立方体对象或球体对象。为了让创建的立方体对象与球体对象能实现物理碰撞，需要为两个对象都添加刚体组件。具体步骤如下。

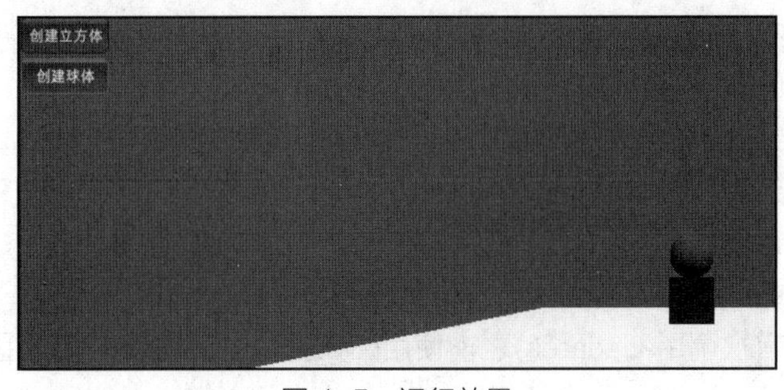

图 4-5 运行效果

步骤 1 在场景中创建 Plane 对象。

步骤 2 具体代码参考代码清单 CreateObject.cs。

```
代码清单（CreateObject.cs）：
void OnGUI()
    {
        if(GUILayout.Button("创建立方体",GUILayout.Height(30)))
```

```
        {
            GameObject objcube = GameObject.CreatePrimitive(PrimitiveType.Cube);
            objcube.AddComponent<Rigidbody>();
            objcube.name = "Cube";
            objcube.GetComponent<Renderer>().material.color = Color.blue;
            objcube.transform.position = new Vector3(0.0f, 9.5f, 0.0f);
        }
        if(GUILayout.Button("创建球体",GUILayout.Height(30)))
        {
            GameObject objcube = GameObject.CreatePrimitive(PrimitiveType.Sphere);
            objcube.AddComponent<Rigidbody>();
            objcube.name = "Sphere";
            objcube.GetComponent<Renderer>().material.color = Color.red;
            objcube.transform.position = new Vector3(0.0f, 9.5f, 0.0f);
        }
    }
```

4.3.2 MonoBehaviour 类

MonoBehaviour 是 C#脚本的基类，继承自 Behaviour 类，所有 Unity 脚本都派生自该类。MonoBehaviour 类是 Unity 开发中最常用、最重要的类之一，其中常用的函数如下。

- Invoke()：调用函数。
- InvokeRepeating()：重复调用函数。
- CancelInvoke()：取消 MonoBehaviour 类的所有调用。
- IsInvoking()：判断指定的函数是否在等候调用。
- StartCoroutine()：启动协同程序。
- StopAllCoroutines()：停止在某行为上运行的所有协同程序。
- StopCoroutine()：停止协同程序。
- Print()：输出信息。
- Reset()：重置为默认值。
- Start()：在首次调用 Update()之前使用，在脚本生命周期中仅调用一次，一般用于给脚本的字段赋初始值。
- OnEnable()：脚本生命周期中的事件函数，在启用脚本时调用。
- Awake()：唤醒函数，在加载脚本实例时调用。
- FixedUpdate()：以固定周期（默认为 0.02 秒）进行周期性循环输出的函数。
- Update()：周期性循环输出函数，每一帧执行时，都会调用此函数。
- LateUpdate()：周期性循环输出函数，Update()执行时，都会调用此函数。
- OnGUI()：周期性循环输出函数，用于界面绘制。
- OnDisable()：脚本生命周期事件函数，在禁用脚本时调用。

- OnDestroy()：脚本生命周期事件函数，在脚本所属游戏对象被销毁时调用。
- OnMouseEnter()：当鼠标指针进入碰撞体时调用。
- OnMouseOver()：当鼠标指针悬停在碰撞体上时，每帧调用一次。
- OnMouseExit()：当鼠标指针不再处于碰撞体上时调用。
- OnMouseDown()：当在碰撞体上单击鼠标左键时调用。
- OnMouseUp()：当松开鼠标左键时调用。
- OnMouseDrag()：当单击碰撞体后仍然按住鼠标左键时调用。
- OnTriggerEnter()：当某一个游戏对象与另一个游戏对象碰撞时调用。
- OnTriggerStay()：触发停留，对于接触触发器的每一个碰撞体，每帧调用一次。
- OnTriggerExit()：触发退出，当碰撞体停止接触该触发器时调用。
- OnCollisionEnter()：当某一个碰撞体/刚体已开始接触另一个碰撞体/刚体时调用。
- OnCollisionStay( )：当某一个刚体/碰撞体正在接触另一个刚体/碰撞体时，每帧调用一次。
- OnCollisionExit()：当某一个碰撞体/刚体停止接触另一个碰撞体/刚体时调用。

4.3.3 Application 类

所有与应用程序相关的函数都写在 Application 类中。用户访问应用程序的运行时数据，以获取或设置当前应用程序的属性，如加载游戏关卡、获取资源文件路径、退出当前游戏程序、获取当前游戏平台等。Application 类中常用的变量和函数如下。

- CancelQuit()：取消退出应用程序。
- dataPath：表示设备上的游戏数据文件夹路径（只读）。
- levelCount：表示可用关卡的总数（只读）。
- loadedLevelName：表示上次加载的关卡的名称（只读）。
- LoadLevelAdditive()：加载另一个关卡。
- OpenURL()：在当前设备中调用浏览器打开网页。
- Quit()：退出播放器应用程序。
- UnloadLevel()：卸载与给定场景关联的所有游戏对象。

提示

旧版本的 Unity 跳转场景使用“Application.loadlevel("场景名");”，新版本的 Unity 则使用场景管理器实现。

使用 Application 类实现两个场景之间的跳转，效果如图 4-6 所示。在第一个场景中按 A 键跳转到第二个场景，按 S 键打开搜索引擎，按 Esc 键退出应用程序。具体步骤如下。

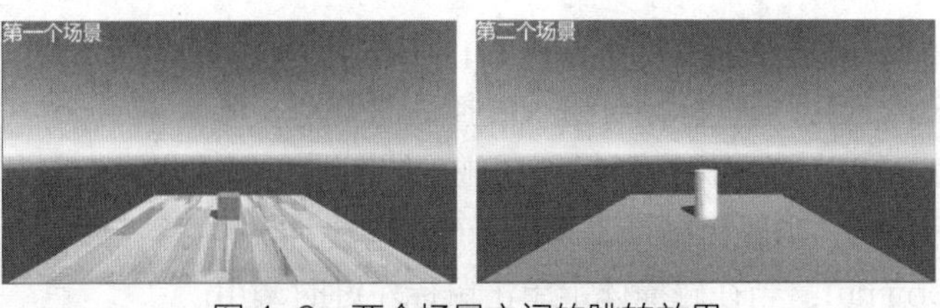

图 4-6 两个场景之间的跳转效果

微课视频

步骤 1 新建场景 Scenes04_01，在场景中创建一个 Plane 和 Cube 对象，并添加材质，代码如下。

```
代码清单（ScreenChange.cs）:
using UnityEngine;
using UnityEngine.SceneManagement;//使用场景管理器
public class ScreenChange: MonoBehaviour
{
    void Update()
    {
        if (Input.GetKeyDown(KeyCode.A))
        {
            SceneManager.LoadScene("Scenes04_03"); //使用场景名字实现跳转
        }
        if (Input.GetKeyDown(KeyCode.S))
        {
            Application.OpenURL("http://www.***.com");   //打开搜索引擎
        }
        if (Input.GetKeyDown(KeyCode.Escape))
        {
            Application.Quit(); //退出应用程序，需打包后测试
        }
    }
    private void OnGUI()
    {
        GUIStyle fontStyle = new GUIStyle();
        fontStyle.normal.textColor = new Color(1, 1, 1);
        fontStyle.fontSize = 50;
        GUI.Label(new Rect(0, 0, 200, 200), "第一个场景", fontStyle);
    }
}
```

步骤 2 新建场景 Scenes04_02，在场景中创建一个 Plane 和 Cylinder 对象，并添加

材质，代码如下。

```
代码清单(Screen Style.cs):
public class Screen Style: MonoBehaviour
{
    private void OnGUI()
    {
        GUIStyle fontStyle = new GUIStyle();
        fontStyle.normal.textColor = new Color(1, 1, 1);
        fontStyle.fontSize = 50;
        GUI.Label(new Rect(0, 0, 200, 200), "第二个场景", fontStyle);
    }
}
```

4.3.4 Transform 类

场景中的每个对象都有一个 Transform 组件，它就是 Transform 类实例化的对象，用于存储并操控位置、旋转和缩放。每个 Transform 组件可以有一个父级，允许分层次进行位置调整、旋转和缩放。可以在 Hierarchy 面板中查看其层次关系，如图 4-7 所示。Transform 类中常用的变量和函数如下。

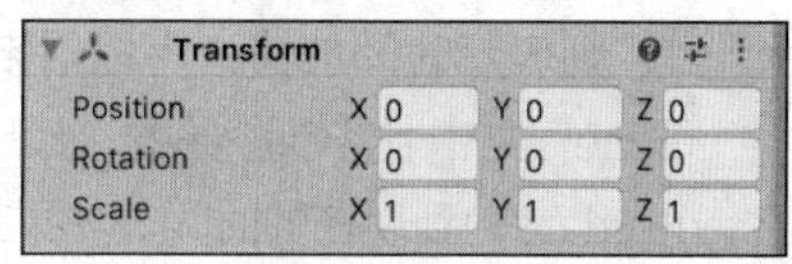

图 4-7 Hierarchy 面板（部分）

- Position：表示在全局坐标系中的位置。
- localPosition：表示相对于父级变换的位置。
- eulerAngles：表示以欧拉角表示的旋转角度（以度为单位）。
- localEulerAngles：表示以欧拉角表示的相对于父级变换的旋转角度（以度为单位）。
- localScale：表示相对于父级变换的缩放值。
- localRotation：表示对象的旋转角度相对于父级变换的旋转角度（以度为单位）。
- right：全局坐标系的红色轴，也就是 x 轴。
- up：全局坐标系的绿色轴，也就是 y 轴。
- forward：全局坐标系的蓝色轴，也就是 z 轴。
- Rotate()：用于旋转游戏对象。
- RotateAround()：用于环绕某一对象旋转游戏对象。
- Translate()：使游戏对象产生位移。
- LookAt()：用于旋转对象。
- TransformDirection()：将对象方向从局部坐标系变换到全局坐标系。
- TransformPoint()：将对象位置从局部坐标系变换到全局坐标系。
- DetachChildren()：所有子对象解除父子关系。
- IsChildOf()：判断这个对象是哪个父级的子对象。

- SendMessage( )：发送消息。
- BroadcastMessage( )：用于向下广播。
- SendMessageUpwards( )：用于向上广播。

提示

- 可以在 Unity 的 Hierarchy 面板中，拖曳某一对象到另一对象上，使两者形成父子关系。
- 局部坐标系、全局坐标系对于父对象来讲，两者相同。
- 对于子对象来讲，局部坐标系在 Hierarchy 面板中显示的是自身的具体方向。
- transform 和 Transform 的区别：前者是变量（小写），后者是类或者脚本（大写）。

4.3.5 Time 类

Unity 可以通过 Time 类获取和时间有关的信息，该类中常用的变量如下。

- time：表示从游戏开始到现在的时间，该值会随着游戏的暂停而停止计算。
- deltaTime：表示从上一帧到当前帧的时间，以秒为单位。
- fixedDeltaTime：执行物理和其他固定帧率更新的时间间隔，在 Edit->Project Settings->Time 的 Fixed Timestep 中可以自行设置该值。
- frameCount：表示总帧数。
- timeScale：表示时间缩放值，默认值为 1；若设置小于 1，则表示时间减慢，若设置大于 1，则表示时间加快；可以用来加速和减速。

Time 类中比较重要的变量为 deltaTime，是指从最近一次调用 Update( )或者 FixedUpdate( )到现在的时间。如果想均匀地旋转一个对象，则可以用速度乘以 Time.deltaTime 来实现。

例如，使用 deltaTime 控制对象移动，代码如下。

```
Void Update()
{
    Cube.transform.Translate(Vector3.forward*Time.deltaTime*Speed);
}
```

提示

系统在绘制每一帧时，都会回调一次 Update( )。如果想让系统在绘制每一帧时都做同样的工作，则可以把代码写在 Update()中。

4.4 脚本的生命周期

Unity 脚本有完整的生命周期，需要挂载在任意游戏对象上，并且同一个游戏对象可以挂载不同的脚本。各脚本执行自己的生命周期，它们可以相互组合并且互不干预。

4.4.1 生命周期图和调用顺序

生命周期中的所有函数都是 Unity 自己回调的，不需要手动调用。生命周期主要有编辑脚本、初始化、物理碰撞事件、更新、渲染和销毁等几部分。生命周期图如图 4-8 所示。

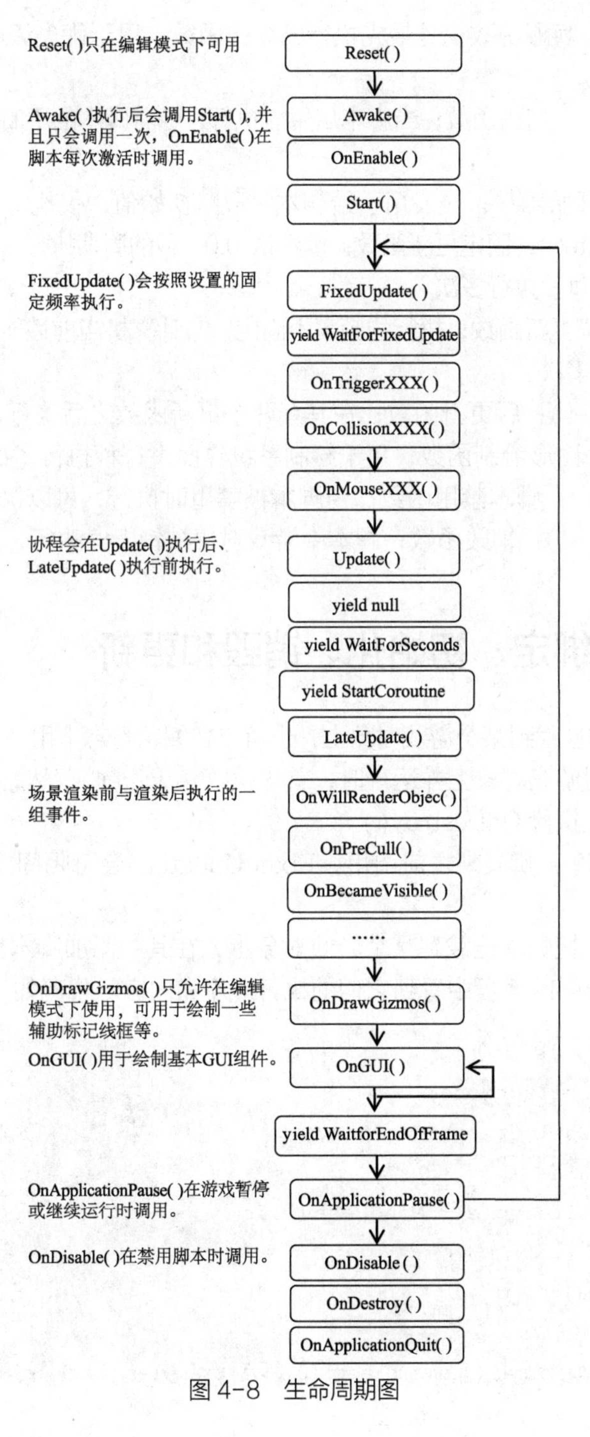
Reset( )只在编辑模式下可用
Reset( )
Awake( )执行后会调用Start( ), 并且只会调用一次，OnEnable( )在脚本每次激活时调用。
Awake( )
OnEnable( )
Start( )
FixedUpdate( )会按照设置的固定频率执行。
FixedUpdate( )
yield WaitForFixedUpdate
OnTriggerXXX( )
OnCollisionXXX( )
OnMouseXXX( )
协程会在Update( )执行后、LateUpdate( )执行前执行。
Update( )
yield null
yield WaitForSeconds
yield StartCoroutine
LateUpdate( )
场景渲染前与渲染后执行的一组事件。
OnWillRenderObjec( )
OnPreCull( )
OnBecameVisible( )
……
OnDrawGizmos( )只允许在编辑模式下使用，可用于绘制一些辅助标记线框等。
OnDrawGizmos( )
OnGUI( )用于绘制基本GUI组件。
OnGUI( )
yield WaitforEndOfFrame
OnApplicationPause( )在游戏暂停或继续运行时调用。
OnApplicationPause( )
OnDisable( )在禁用脚本时调用。
OnDisable( )
OnDestroy( )
OnApplicationQuit( )

图 4-8 生命周期图

4.4.2 Unity 事件函数

Unity 中常用的事件函数如下。

（1）Reset( )：重置函数；当脚本赋给游戏对象时执行，在非运行模式下才会生效，仅执行一次。

（2）Awake( )：唤醒函数；是最先执行的事件函数，用于优先级最高的事件的处理，仅执行一次。

（3）OnEnable( )：启用函数；当脚本启用时执行；随着脚本的不断启用与禁用可以执行多次。

（4）Start( )：开始函数；一般用于给脚本字段赋初始值，仅执行一次。

（5）FixedUpdate( )：固定更新函数；以默认 0.02 秒的周期执行，常用于处理物理学模拟中刚体的移动等，每秒执行多次。

（6）Update( )：更新函数；执行的频率不固定，与计算机当前性能消耗成反比，常用于逻辑计算，每秒执行多次。

（7）LateUpdate( )：后更新函数；在其余两个更新函数之后执行，每秒执行多次。

（8）OnGUI( )：图形绘制函数；用于绘制系统界面，每秒执行多次。

（9）OnDisable( )：脚本禁用函数；当脚本被禁用时执行，可以执行多次。

（10）OnDestroy( )：销毁函数；脚本中游戏对象被销毁时执行，仅执行一次。

4.5 脚本的绑定、初始化、销毁和更新

可以手动把脚本挂载到某个游戏对象上，也可以在编辑状态下用 Reset( )监听绑定脚本事件。当脚本挂载到游戏对象上并运行时，首先执行 Awake( )，然后执行 Start( )。如果游戏对象被删除，就执行 OnDestroy( )。

Update( )会在每一帧渲染之前调用，FixedUpdate( )会每隔固定的时间由系统自动调用。

在编辑模式下，把脚本挂载到某个游戏对象上，在其中添加脚本生命周期的函数，运行程序，即可在 Console 面板中看到它们的执行顺序和内容。代码如下。

微课视频

```
代码清单（LifeCycle.cs）:
using System.Collections;
using System.Collections.Generic;
using UnityEngine;
public class LifeCycle : MonoBehaviour
{
    void Reset()
    {
        Debug.LogFormat("GameObject:{0}绑定 Examples_04_04.cs 脚本", gameObject.
```

```
name);
        }
        void Awake()
        {
            Debug.Log("Awake()用于初始化并且永远只会执行一次");
        }
        void OnEnable()
        {
            Debug.Log("OnEnable()在脚本每次启用时执行一次");
        }
        void Start()
        {
            Debug.Log("Start()永远只会执行一次");
        }
        void OnDisable()
        {
            Debug.Log("OnDisable()在脚本每次被禁用时执行一次");
        }
        void OnDestroy()
        {
            Debug.Log("OnDestroy()在游戏对象被销毁时执行一次");
        }
        void OnApplicationQuit()
        {
            Debug.Log("应用程序退出时执行一次");
        }
    }
```

具体步骤如下。

步骤 1 将 LifeCycle.cs 脚本挂载到主摄像机对象上，在编辑模式下，右击已经挂载脚本的对象，从快捷菜单中选择 Reset 命令，如图 4-9 所示，脚本运行结果如图 4-10 所示。

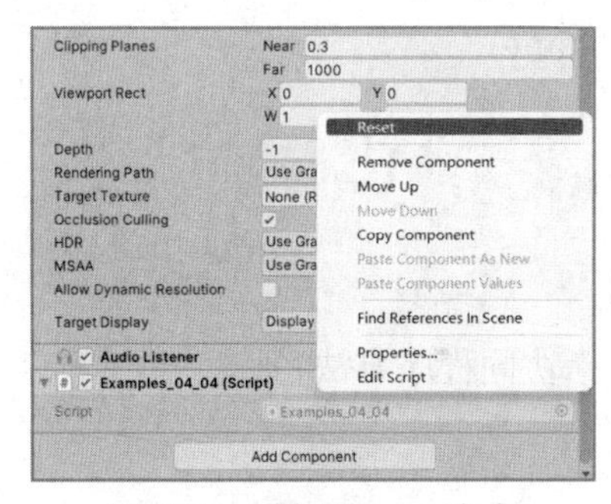

图 4-9 选择 Reset 命令

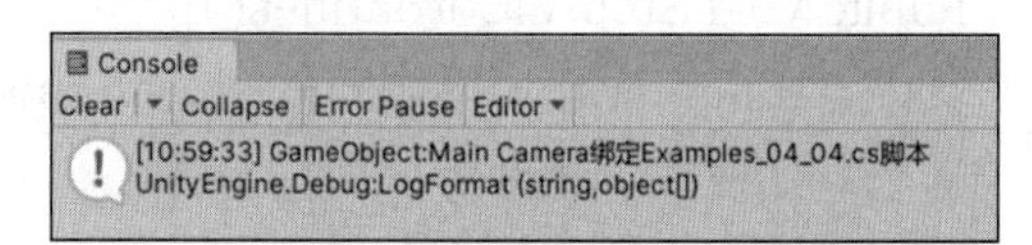

图 4-10 脚本运行结果

步骤 2 运行代码即可查看脚本生命周期函数的执行顺序，结果如图 4-11 所示。中断执行后的结果如图 4-12 所示。

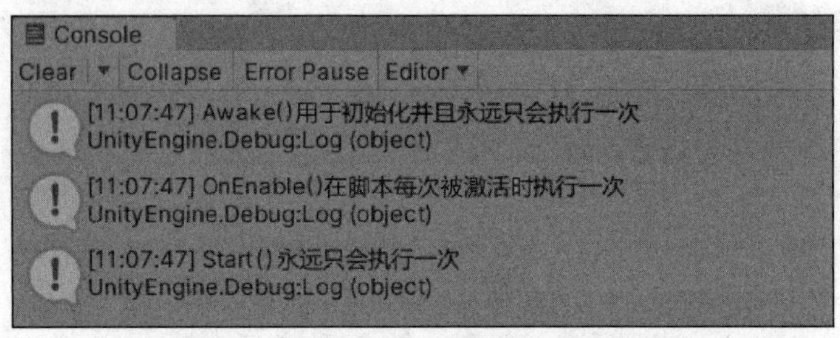

图 4-11 脚本生命周期函数的执行结果

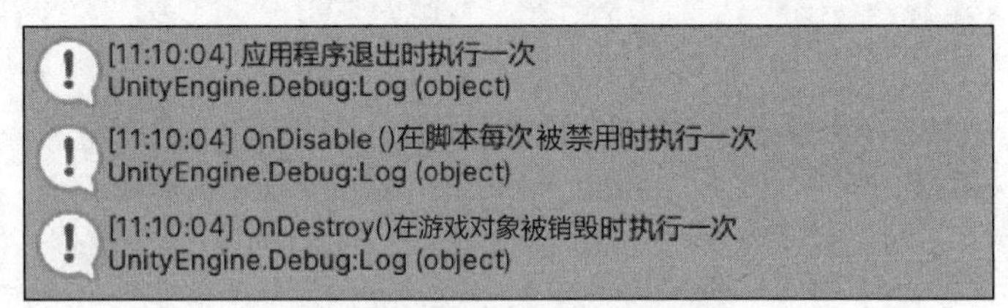

图 4-12 中断执行后的结果

4.6 协同程序

4.6.1 协同程序的定义与功能

协同程序，即在主程序运行时进行另一段逻辑处理，以协同当前程序执行。但与多线程程序不同，所有协同程序都是在主线程中运行的。它是一个单线程程序。在 Unity 中可以通过 StartCoroutine( )启动一个协同程序。

终止一个协同程序可以用 StopCoroutine( )，而 StopAllCoroutines( )用来终止所有可以终止的协同程序，但这两个函数都只能用于终止 MonoBehaviour 类的协同程序。

以上函数的语法定义如下。

（1）两种启动协同程序的函数的语法定义如下。

Public Coroutine StartCoroutine(IEnumerator routine);

Public Coroutine StartCoroutine(string methodName);

（2）终止协同程序的函数的语法定义如下。

Public void StopCoroutine(string methodName);

（3）终止所有协同程序的函数的语法定义如下。

Public void StopAllCoroutines( );

其中，IEnumerator 指协同程序，methodName 指协同程序方法名称。

4.6.2 协同程序任务与停止协同程序

Unity 的脚本只支持单线程，不过它引入了 C#中协同程序的概念，可以模拟多线程，但并非真正的多线程。例如，每秒创建一个游戏对象，这在 Update( )中实现会比较复杂，但是引入协同程序的概念后，可以直接用 for 或者 while 循环来实现。使用 StartCoroutine( )函数启动一个协同程序。在 for 或者 while 循环语句中，使用 yield return 语句告诉脚本编辑器需要等待多久才执行下一次循环。

使用 yield 语句来中断协同，使用 WaitForSeconds 类的实例化对象让协同程序休眠，下面介绍启动一个协同程序的函数。

1．StartCoroutine(string methodName)

使用字符串作为参数可以启动线程，可在线程自动结束前终止线程。

2．StartCoroutine(IEnumerator routine)

用迭代器作为参数只能等待线程结束而不能随时终止线程，除非使用 StopAllCoroutines( )。

提示

使用字符串作为参数时，启动的线程最多只能传递一个参数。而迭代器作为参数时没有这个限制。

程序运行后循环输出“Work 正在进行”的提示信息，然后在 3 秒后中断协同程序并停止输出，结果如图 4-13 所示。

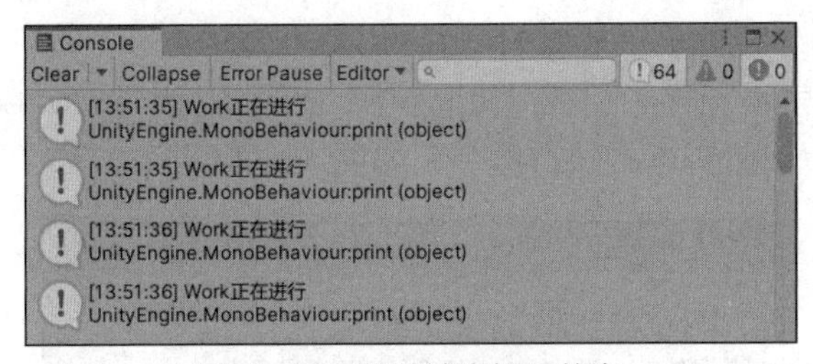

图 4-13 循环输出提示信息

具体步骤如下。

创建一个 C#脚本，将脚本挂载到摄像机或其他游戏对象上，具体代码如下。

```
代码清单(PaintCoroutine.cs):
public class PaintCoroutine : MonoBehaviour
{
    IEnumerator Start()                          //重写 Start()
    {
        StartCoroutine("Work", 3.0F);            //启动协同程序
        yield return new WaitForSeconds(1);      //等待 1 秒
        StopCoroutine("Work");                   //中断协同程序
```

微课视频

```
        }
        IEnumerator Work()                          //声明 Work()
        {
            while (true)
            {
                print("Work 正在进行");
                yield return null;
            }
        }
    }
```

4.7 多脚本管理

Unity 脚本可以灵活地挂载在多个游戏对象上。脚本多了如何管理？如何控制不同脚本执行的先后顺序？启动游戏程序后，Unity 会同时处理所有脚本。例如，执行脚本中的 Awake( ) 时，Unity 先找到此时需要初始化的所有脚本，然后同时执行这些脚本的 Awake( )。计算机处理是没有“同时”这个概念的，脚本的执行还是有先后顺序的，也就是说，排在前面的脚本会优先执行。

4.7.1 脚本的执行顺序

动态添加的脚本按添加的先后顺序执行。但是因为静态脚本提前挂载在游戏对象上，所以其初始化的顺序就不一样了。在 Unity 中，使用 Edit->Project Settings->Script Execution Order 可以设置脚本的执行顺序，如图 4-14 所示。

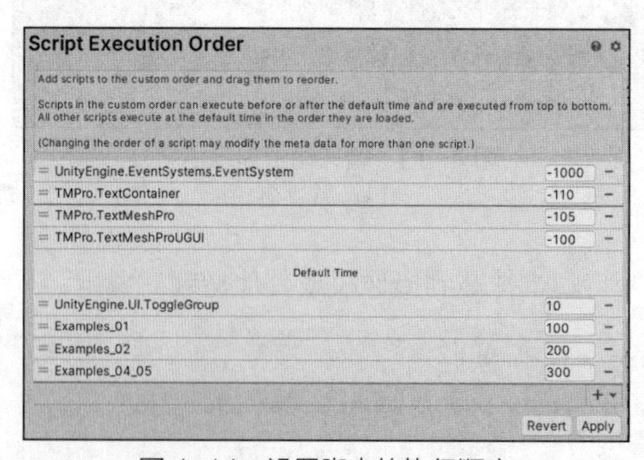

图 4-14　设置脚本的执行顺序

4.7.2 多脚本优化

挂载的脚本越多，程序的执行效率就越低。由于脚本都需要执行生命周期的函数，

Unity 需要遍历它们，然后调用相应脚本的函数，这样大大降低了程序执行的效率。在编程时，尽量把能集中的代码放在一个脚本中。也要尽量避免挂载太多的脚本，以及避免脚本中出现空函数，不需要的代码一定要删除。

4.7.3 单例

单例是指一个类中有且仅有一个实例，该类自行实例化并向整个系统提供这个实例。例如，编写一个脚本，将这个脚本拖曳到场景中的某个游戏对象上，此时脚本变成脚本组件，这个类的实例在场景中有且只有一个，那么该脚本组件也是单例的。

有些功能比较单一且需要用到脚本生命周期函数的类，就比较适用于单例脚本。单例脚本的特点是必须依赖游戏对象，并且必须保证游戏对象不能被卸载。

单例模式的优点：单例类在系统中同时只存在唯一一个实例，并且该实例容易被外界访问；内存中只存在一个实例，减少了内存开销。

单例模式的应用：资源管理器，资源对象数据的加载和卸载；单一客户端连接服务器；在游戏中永不销毁的对象等。

在 Global 脚本的静态构造方法中创建对象并且使用 DontDestroyOnLoad( )，这样就能保证 Global 脚本不被主动卸载，且构造方法只执行一次。在 Examples_04_06.cs 脚本中可直接调用 Global 脚本的单例模式，执行结果如图 4-15 所示。

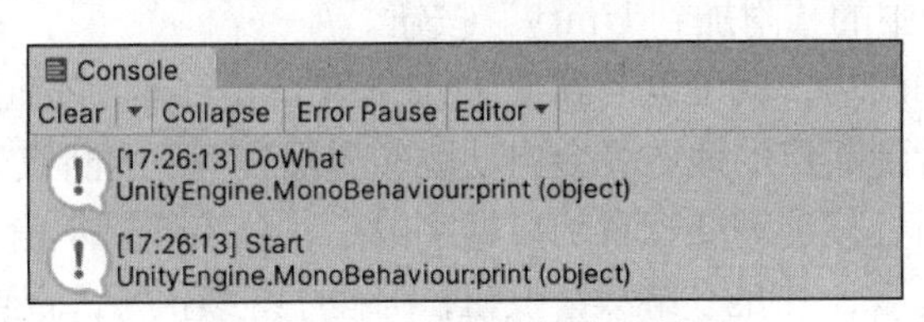

图 4-15 调用单例脚本的结果

具体代码如下。

```
代码清单（Global.cs）:
public class Global : MonoBehaviour
{
    public static Global instance;
    static Global()
    {
        GameObject obj = new GameObject("#Global#");
        DontDestroyOnLoad(obj);
        instance = obj.AddComponent<Global>();
    }
    public void DoWhat()
    {
        print("DoWhat");
    }
```

```
    void Start()
    {
        print("Start");
    }
}
```

```
代码清单(Dispatch.cs):
public class Dispatch : MonoBehaviour
{
    void Start()
    {
        Global.instance.DoWhat();     //调用单例脚本的方法
    }
}
```

微课视频

4.7.4 脚本的调试

Unity 中的脚本编辑器目前广泛使用 VS，下面介绍断点调试的参考步骤。

步骤 1 在 VS 中打开脚本，右击需要添加断点的语句，选择“断点->插入断点”命令。

步骤 2 单击 VS 中的“附加到 Unity”按钮。

步骤 3 如果附加成功，就可以回到 Unity 中单击运行项目按钮进行调试。

步骤 4 程序运行到断点的地方，会自动跳转界面到 VS 的断点处。

步骤 5 将鼠标指针移到需要查看的数据字段上，会出现提示信息。

步骤 6 如果单击 VS 中的“继续”按钮，则程序继续执行，直到执行到下一个断点处停止。

4.8 Unity 的其他常用类与输入管理器

4.8.1 Unity 的其他常用类

4.3 节中介绍了 Unity 的常用核心类，除此之外还有一些其他常用类，如 Debug 类和 Input 类。

Debug 类的函数如下。

- Log()：输出调试信息。
- LogWarning()：输出警告信息。
- LogError()：输出错误信息。

Input 类的变量和函数如下。

- touchCount：手指触控中的触控次数。

- GetAxis()：获取相关按键的数值信息。
- GetButton()：用户按住相应的虚拟按钮时，返回 true。
- GetButtonDown()：获取按钮按下时的信息。
- GetButtonUp()：获取按钮抬起时的信息。
- GetKeyDown()：获取按键按下时的信息。
- GetKeyUp()：获取按键抬起时的信息。
- GetMouseButton()：获取鼠标按键；0 为鼠标左键，1 为鼠标右键，2 为鼠标中键。
- GetMouseButtonDown()：获取鼠标按键按下时的触发信息。
- GetMouseButtonUp()：获取鼠标按键抬起时的触发信息。
- GetTouch()：获取 Touch 结构的枚举信息。

另外，项目开发中常用的类还有 Mathf 类、Vector3 类、Random 类。

4.8.2 Unity 输入管理器

利用 Unity 输入管理器可以设置项目的各种输入操作，其主要目的如下。

（1）在脚本中通过“轴”设置的名称使用输入，可减弱程序的耦合性。

（2）通过自定义游戏的输入设置，可提高使用按键的自由度和满意度，即可以自由更改喜欢的按键进行游戏。

选择 Edit->Project Settings->Input Manager 命令，可以看到输入管理器界面，如图 4-16 所示。

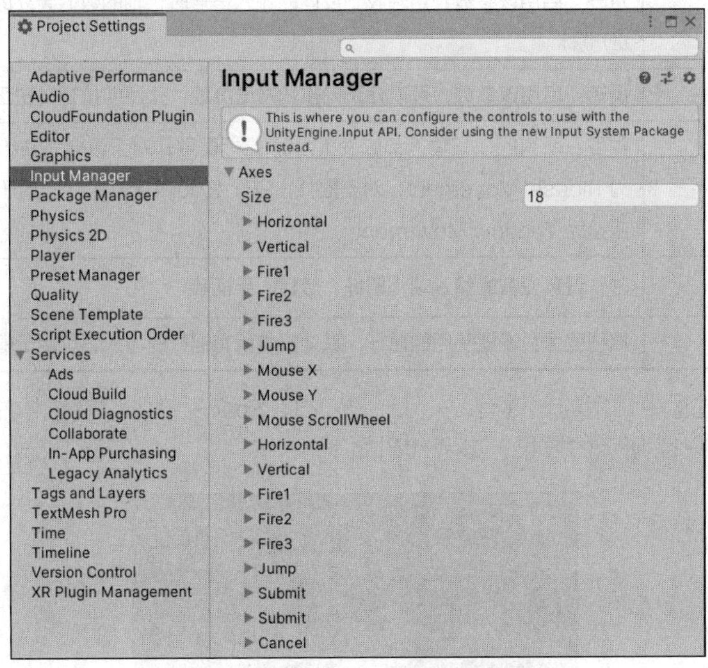

图 4-16 Unity 输入管理器界面

Unity 输入管理器的参数及其含义如表 4-1 所示。

表 4-1 Unity 输入管理器的参数及其含义

参　数	含　义
Axes	轴：设置当前项目中的所有输入轴，Size 表示轴的数量
Name	名称：轴的名称
Descriptive Name	描述：表示游戏加载界面中，轴正向按键的详细描述
Descriptive Negative Name	反向描述：表示游戏加载界面中，轴反向按键的详细描述
Negative Button	反向按钮：单击按钮会给轴发送一个负值
Positive Button	正向按钮：单击按钮会给轴发送一个正值
Alt Negative Button	备选反向按钮：单击按钮会给轴发送一个负值
Alt Positive Button	备选正向按钮：单击按钮会给轴发送一个正值
Gravity	重力：设置输入复位的速度；仅用于键/鼠标
Dead	阈：任何小于该值的输入值（不论正负值）都会被视为 0；用于摇杆
Sensitivity	灵敏度：对于键盘来说，该值越大，响应时间越快，该值越小，则响应时间越慢；对于鼠标来说，设置该值会使鼠标的实际移动距离按比例缩放
Snap	对齐：启用该参数，当轴收到反向的输入信号时，轴的数值会立即置为 0；仅用于键/鼠标
Invert	反转：启用该参数，可以让正向按钮发送负值，让反向按钮发送正值
Type	类型：所有的按钮输入都应设置为键/鼠标类型；对于鼠标移动和滚轮滚动，应设为 Mouse Movement；对于摇杆，应设为 Joystick Axis；对于用户移动窗口，应设为 Window Movement
Axis	轴：设置设备的输入轴（摇杆、鼠标、手柄等)
Joy Num	摇杆编号：设置使用的摇杆；默认接收所有摇杆的输入，仅用于输入轴和非按键

项目开发过程中常用的按键有 A、D、W、S、Space 键，以及鼠标左键和右键，编写代码实现图 4-17 所示的效果，参考代码如下。

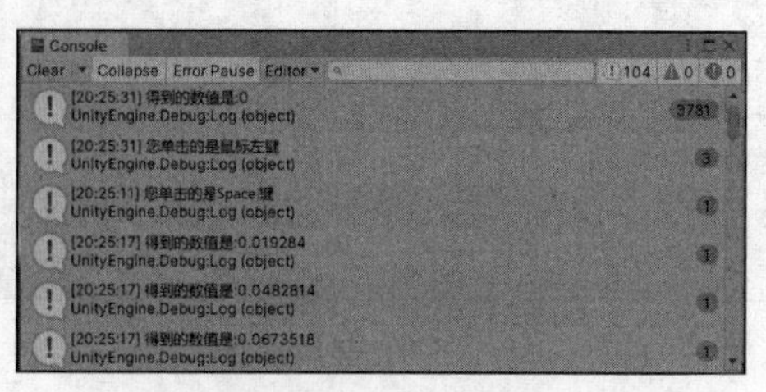

图 4-17　实现效果

代码清单（Key.cs）：

```
public class Key : MonoBehaviour
{
    void Update()
    {
        if (Input.GetButtonDown("Jump"))
        {
            Debug.Log("您单击的是 Space 键");
        }
        else if (Input.GetButtonDown("Fire1"))
        {
            Debug.Log("您单击的是鼠标左键");
        }
        //得到按键的对应数值
        float num = Input.GetAxis("Horizontal");
        Debug.Log(string.Format("得到的数值是:{0}", num));
    }
}
```

微课视频

4.9 实操案例

前面对 Unity 的基本语法进行了系统介绍，下面用一个太空大战案例进行说明。

该案例运用基本的函数完成飞船的设置、飞船的移动控制、创建子弹、添加陨石、碰撞销毁等功能。该案例基本包含脚本常用核心类、整体场景搭建等内容，最终运行效果如图 4-18 所示。具体步骤如下。

步骤 1 在 Project 面板中创建图 4-19 所示的文件夹，并放入相应素材，设置屏幕尺寸为 600 像素 × 800 像素。

图 4-18 最终运行效果图

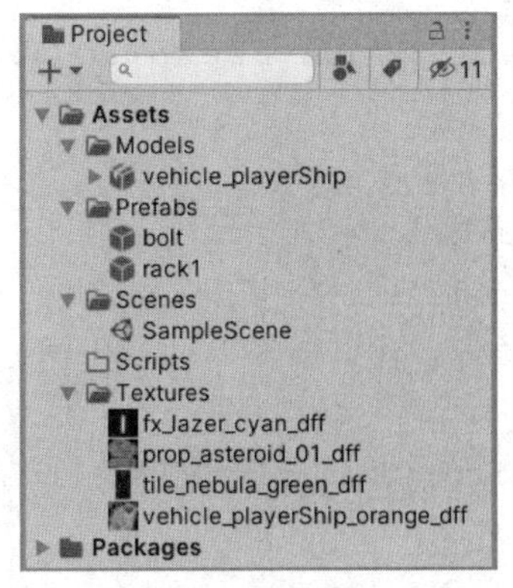

图 4-19 项目文件夹

步骤 2 创建 quad 对象，把背景图片 tile_nebula_green_dff 设置成 Sprite 精灵贴

图，并赋给 quad 对象。调整摄像机以实现正交投射，并把摄像机的 far 参数值改为 50。添加飞船对象，并为其添加 Rigidbody 组件和 Box Collider 碰撞体，取消飞船的重力。选中 Is Trigger 使飞船变成触发器，效果如图 4-20 所示。

图 4-20　导入背景图片并添加对象及组件

步骤 3　给飞船对象添加子弹。创建 Sphere 对象，将其改名为 Bolt，为其添加 Rigidbody 组件，取消子弹的重力。新建脚本文件 Moving.cs，该脚本用于实现子弹的移动，将该脚本挂载到子弹对象上，把子弹对象做成预制体，具体代码如下。

微课视频

```
代码清单(Moving.cs):
using UnityEngine;
using System.Collections;

public class Moving : MonoBehaviour {
    public float speed = 5f;                  //子弹移动的速度
    public float floDestroyTime = 2f;         //子弹销毁时间
    private float floCurrentTime = 0f;       //当前时间
    void Start ()
    {
        this.GetComponent<Rigidbody>().velocity = transform.forward * speed;
    }
    void Update () {
    //子弹自动销毁
        floCurrentTime += Time.deltaTime;    //Time.deltaTime 的值以秒为单位
        if(floCurrentTime>=floDestroyTime)
        {
            Destroy(this.gameObject);
        }
    }
}
```

步骤 4 实现控制飞船移动的功能，具体代码如下。

```
代码清单（playControl.cs）:
using UnityEngine;
using System.Collections;
public class PlayControl : MonoBehaviour {
    public float FloSpeed=3f;        //飞船的移动速度
    public Boundary boundary;        //引用脚本类中的实例，表示飞船的移动边界限制
    private Rigidbody rb;            //飞船的 Rigidbody 组件
    public float tilt = 3f;          //飞船的倾斜角度
    public float floFireRate = 0.2f;     //子弹的发射频率
    public GameObject goBoltPrefab;      //子弹预制体
    public Transform trBoltPosition;     //子弹复制的方位（位置和方向）
    private float trNextFire = 0f;       //下一次开火时间
     void Start () {
        rb = this.GetComponent<Rigidbody>();
    }
    void Update () {
        if (Input.GetButton("Fire1") && Time.time > trNextFire)
        {
            //确定开火的时间间隔
            trNextFire = Time.time + floFireRate;
            //复制子弹
            Instantiate(goBoltPrefab,  trBoltPosition.position,  trBoltPosition.
rotation);
        }
    }
    void FixedUpdate()
    {
        //水平位移
        float floMoveHorizotal = Input.GetAxis("Horizontal");
        //垂直位移
        float floMoveVertical = Input.GetAxis("Vertical");
        //创建三维向量
        Vector3 move = new Vector3(floMoveHorizotal, 0,floMoveVertical);
        //飞船速度
        //this.GetComponent<Rigidbody>().velocity = move * FloSpeed;
        if(rb!=null)
        {
            //Rigidbody 组件的移动速度
            rb.velocity = move * FloSpeed;
```

```
            rb.position = new Vector3(Mathf.Clamp(rb.position.x, boundary.xMin, boundary.xMax),0.0f, Mathf.Clamp(rb.position.z, boundary.zMin, boundary.zMax));
            rb.rotation = Quaternion.Euler(0.0f, 0.0f, rb.velocity.x * -tilt);
        }
    }
}
```

步骤 5 实现控制飞船移动边界的功能。依据场景的设计，飞船只在 *XZ* 平面上移动，创建一个边界类脚本，其中的具体代码如下。

微课视频

```
代码清单(Boundary.cs):
using UnityEngine;
using System.Collections;

[System.Serializable]
public class Boundary{
    public float xMin=-3.5f;
    public float xMax=3.5f;
    public float zMin=-4.5f;
    public float zMax=4.2f;
}
```

步骤 6 创建陨石。导入模型 prop_asteroid_01，并为其附加对应的贴图材质；将陨石重命名为 Meteorite。给陨石添加 Rigidbody 组件，并取消陨石的重力。添加盒子碰撞体，勾选陨石的触发器选项，为陨石挂载 Moving.cs 脚本，把脚本中的速度设置为-5，使陨石往下运动。因为陨石的移动平面为 *XZ*，所以撞击后 Y 值不会发生变化。

微课视频

步骤 7 使用协同程序实现陨石的生成。创建空对象，将其重命名为_GameMgr，将“游戏管理器”脚本挂载到空对象上，具体代码如下。

微课视频

```
代码清单(GameMgr.cs):
using System.Collections;
using System.Collections.Generic;
using UnityEngine;
public class GameMgr : MonoBehaviour
{
    public int IntPropSpawnNumbeyByMeteorite = 3; //陨石的数量
    public GameObject MeteoritePrefabs;           //陨石预制体
    public Transform TrMeteoritePrefabs;          //陨石的生成位置
    void Start()
    {
        StartCoroutine("DoMeteorite");   //启动协同程序，为了在不同位置生成陨石
```

```
    }
    /// <summary>
    /// 产生一批陨石
    /// </summary>
    IEnumerator DoMeteorite()
    {
        Vector3 spawnPosition = Vector3.zero;
        Quaternion SpawnRotation = Quaternion.identity;    //原位置四元数
        while (true)
        {
            yield return new WaitForSeconds(5f);
            for (int i = 1; i <= IntPropSpawnNumbeyByMeteorite; i++)
            {
                yield return new WaitForSeconds(1f);
                spawnPosition.x = Random.Range(-TrMeteoritePrefabs.position.x-
4.5f, TrMeteoritePrefabs.position.x+4.5f);
                spawnPosition.z = TrMeteoritePrefabs.position.z;
                //复制
                Instantiate(MeteoritePrefabs, spawnPosition, SpawnRotation);
            }
        }
    }
}
```

步骤 8 设置子弹的 Tag 为 Bolts，编写脚本把陨石设置为目标敌人，具体代码如下。

```
代码清单（Enemy.cs）:
using System;
using System.Collections;
using System.Collections.Generic;
using UnityEngine;
public class Enemy : MonoBehaviour
{
    private void OnTriggerEnter(Collider other)
    {
        if (other.CompareTag("Player"))
        {
            print("击中飞船！");
        }
        if (other.CompareTag($"Bolts"))
        {
```

```
            Destroy(gameObject);        //销毁
        }
    }
}
```

4.10 本章小结

本章介绍了常用的 C#脚本的使用方法，重点介绍了脚本的常用核心类，还介绍了生命周期、协同程序、多脚本管理等技术。

通过对本章的学习，读者应该对 Unity 的脚本有一定了解，能初步编写一些脚本，为以后开发大型项目、模拟复杂的物体控制打下坚实的基础。

4.11 本章习题

（1）简述 Start( )和 Update( )的作用。

（2）在 Unity 中编写 C#脚本时，有哪些需要注意的事项？

（3）创建一个 Sphere 对象，设置其为红色，编写脚本使其能够移动和旋转。

（4）编写脚本，通过实例化的方法创建一个小球对象。

第 5 章

3D 数学基础

学习目标

- 理解基本 3D 坐标系。
- 掌握坐标系之间的相互转换方法。
- 掌握向量的定义和运算。
- 掌握矩阵的运算。

3D 数学是一门和计算几何相关的学科。计算几何是研究用数值方法解决几何问题的学科。3D 数学被广泛应用于模拟 3D 世界的领域，如开发游戏、制作动画等。掌握 3D 数学的知识，对学习图形学、游戏制作等都有很大的帮助。

本章具有理论与实践并重的特点，分为三大部分：首先从数轴讲起，进而扩展到 2D 和 3D 空间坐标系；然后介绍向量的概念与几何意义，继而讲解向量的一般运算，即向量的加法、减法、点乘、叉乘等；最后介绍矩阵的运算，通过矩阵来解析图形的变化，主要包括矩阵的平移、缩放、旋转及投影等。

5.1 3D 坐标系基础

5.1.1 笛卡儿坐标系

在虚拟现实空间中，使用 3D 数学中的度量体系可表示精确的度量位置、距离和角度。其中使用最广泛的一种度量体系是笛卡儿坐标系。笛卡儿坐标系是直角坐标系和斜角坐标系的统称，包括 1D 数轴坐标系、2D 平面坐标系、3D 空间坐标系。下面对其进行具体介绍。

1. 1D 数轴坐标系

1D 数学是关于计数和度量的数学。在 1D 数学中，数轴坐标系是一维的图，整数作为特殊的点均匀地分布在一条线上。数轴坐标系是一条规定了原点、方向和单位长度的直线，如图 5-1 所示。

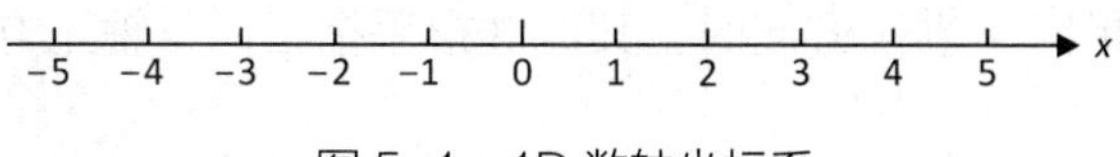

图 5-1 1D 数轴坐标系

2．2D 平面坐标系

2D 数学是关于平面的数学。在 2D 数学中，相交的两条直线可以确定唯一的平面。相交于原点的两个数轴构成平面放射坐标系。在 2D 平面坐标系中，用(x, y)表示一个点，这称为坐标。坐标的每个分量都表示相应点与原点之间的距离和方位；每个分量都表示相应点到相应轴的有符号距离。2D 平面坐标系如图 5-2 所示。

3．3D 空间坐标系

3D 数学是关于 3D 空间的数学。3D 空间坐标系需要用 3 个数轴来表示，一般叫作空间直角坐标系。其中，第三个数轴一般称为 z 轴。

一般情况下，3 个数轴互相垂直。任意两个轴可以组成一个平面，分别为 xy 平面、xz 平面、yz 平面，每个平面又与另一个数轴垂直。可以认为这 3 个平面是 3 个 2D 平面。在 3D 空间坐标系中，用(x, y, z)表示一个点。坐标 (x, y, z) 的每个分量分别代表相应点到 yz 平面、xz 平面、xy 平面的有符号距离。3D 空间坐标系如图 5-3 所示。

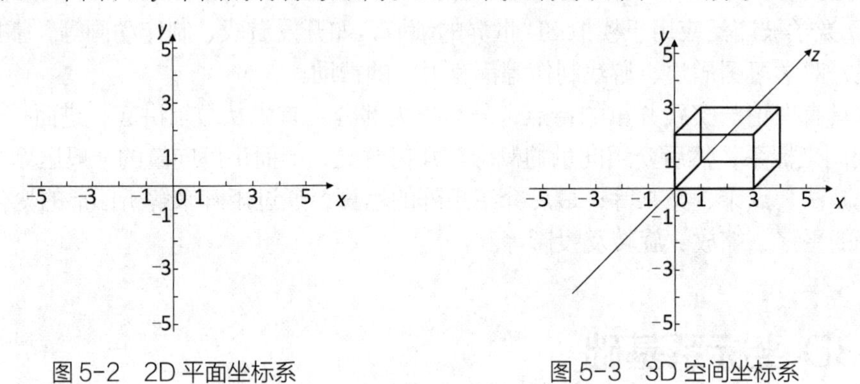

图 5-2　2D 平面坐标系　　图 5-3　3D 空间坐标系

3D 空间坐标系可分为左手坐标系和右手坐标系，如图 5-4 所示。

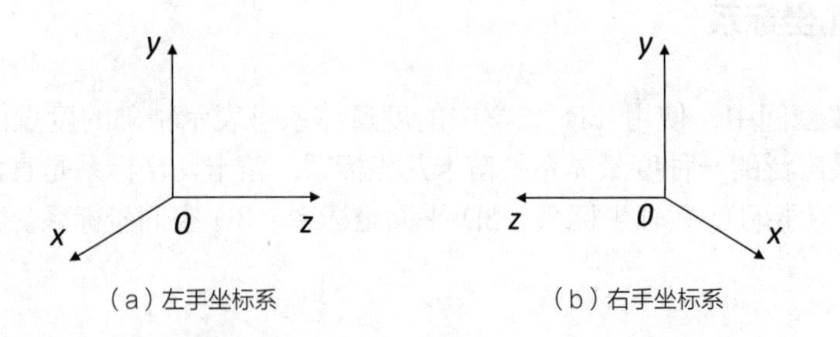

（a）左手坐标系　　（b）右手坐标系

图 5-4　左手坐标系和右手坐标系

两种坐标系的判断方法如下。

左手坐标系：伸开左手，当大拇指指向 x 轴正方向，食指指向 y 轴正方向时，其他 3 根手指指向 z 轴正方向，则该坐标系为左手坐标系。右手坐标系：伸开右手，当大拇指指向 x 轴正方向，食指指向 y 轴正方向时，其他 3 根手指指向 z 轴正方向，则该坐标系为右手坐标系。

一般情况下，OpenGL 和 3ds Max 中的坐标系都属于右手坐标系，而 Direct3D 和

Unity 中的坐标系属于左手坐标系。

5.1.2 几种常用坐标系

Unity 中有多种坐标系，主要包括全局坐标系、局部坐标系、屏幕坐标系和视口坐标系。

1. 全局坐标系

全局坐标系是描述场景内所有物体位置和方向的基准，也称为世界坐标系。在 Unity 中创建的物体都以全局坐标系中的原点(0,0,0)来确定各自的位置，可以使用 transform.position 来获取游戏对象在全局坐标系中的坐标。

2. 局部坐标系

局部坐标系也称为模型坐标系或物体坐标系。每个物体都有独立的局部坐标系。当某物体移动或改变方向时，和该物体关联的坐标系将随之移动或改变方向。物体的顶点坐标均为局部坐标系中的坐标。

使用 transform.localPosition 可以获得子物体在父物体的局部坐标系中的坐标，同时，Inspector 视图中显示 localPosition 的值。子物体以父物体的坐标为自身局部坐标系的原点。如果某物体没有父物体，那么使用 transform.localPosition 获得的是该物体在全局坐标系中的坐标。

3. 屏幕坐标系

屏幕坐标系是建立在屏幕上的 2D 平面坐标系。其坐标值主要以像素为单位，若屏幕的左下角坐标为(0,0)，则右上角坐标为(Screen.width，Screen.height)，z 轴的坐标是摄像机的全局坐标中 z 轴坐标的负值。

鼠标指针的坐标属于屏幕坐标，通过 Input.mousePosition 可以获得该坐标。手指触摸屏幕时手指的坐标也为屏幕坐标，通过 Input.GetTouch(0).position 可以获得单个手指触摸屏幕时手指的坐标。

4. 视口坐标系

视口坐标系是将 Game 面板的屏幕坐标系单位化，左下角坐标为(0,0)，右上角坐标为(1,1)。其 z 轴的坐标是摄像机的全局坐标中 z 轴坐标的负值。

5.1.3 坐标系之间的转换

由于存在多种坐标系，在开发过程中可能会遇到不同坐标系的转换，Unity 中包含一些不同坐标系互相转换的函数，主要如下。

1．全局坐标系和局部坐标系之间的转换

Transform.TransformPoint(Vector3 position)：将一个坐标从局部坐标系转换到全局坐标系。

Transform.InverseTransformPoint(Vector3 position)：将一个坐标从全局坐标系转换到局部坐标系。

Transform.TransformDirection(Vector3 direction)：将一个方向从局部坐标系转换到全局坐标系。

Transform.InverseTransformDirection(Vector3 direction)：将一个方向从全局坐标系转换到局部坐标系。

Transform.TransformVector(Vector3 vector)：将一个向量从局部坐标系转换到全局坐标系。

Transform.InverseTransformVector(Vector3 vector)：将一个向量从全局坐标系转换到局部坐标系。

2．屏幕坐标系与全局坐标系之间的转换

Camera.ScreenToWorldPoint(Vector3 position)：将一个坐标从屏幕坐标系转换到全局坐标系。

Camera.WorldToScreenPoint(Vector3 position)：将一个坐标从全局坐标系转换到屏幕坐标系。

3．屏幕坐标系与视口坐标系之间的转换

Camera.ScreenToViewportPoint(Vector3 position)：将一个坐标从屏幕坐标系转换到视口坐标系。

Camera.ViewportToScreenPoint(Vector3 position)：将一个坐标从视口坐标系转换到屏幕坐标系。

4．全局坐标系与视口坐标系之间的转换

Camera.WorldToViewportPoint(Vector3 position)：将一个坐标从全局坐标系转换到视口坐标系。

Camera.ViewportToWorldPoint(Vector3 position)：将一个坐标从视口坐标系转换到全局坐标系。

5.2 向量

向量是虚拟现实开发中最重要的数学工具之一。通过它能够使用简单的表达方式来实现复杂的效果。例如，可以使用向量控制角色的行走和朝向，甚至可以实现丰富的着色器效果。下面介绍向量的一些基本知识。

5.2.1 向量的基本概念

1. 向量的定义

在数学中，向量是指具有大小和方向的量。向量的大小就是向量的长度，也叫作模。向量的方向用于描述空间中向量的指向，如图 5-5 所示。

在数学中书写向量时，通常用(x, y)表示 2D 向量，用(x, y, z)表示 3D 向量。其中的分量表达了向量在各个维度上的有向位移，如图 5-6 所示。

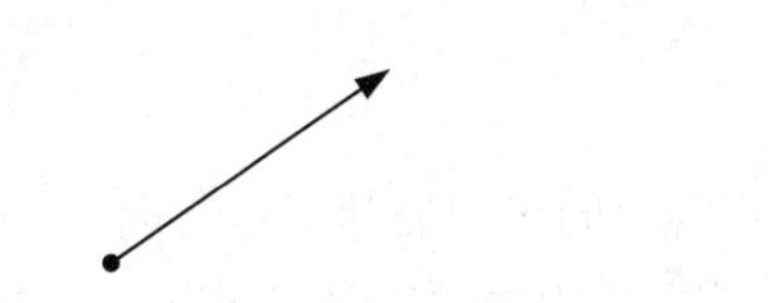

图 5-5 向量的几何描述

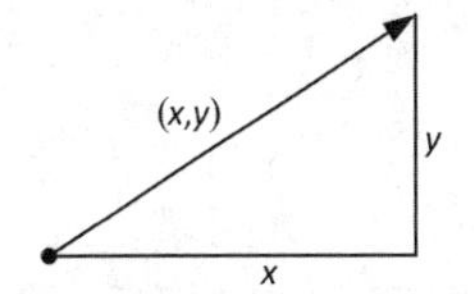

图 5-6 向量在各个维度上的有向位移

2. 点和向量的关系

点表示一个位置，没有大小、方向。在坐标系中，可以使用两个或 3 个实数表示一个点的坐标。在 2D 平面坐标系中，用 $P=(P_x, P_y)$表示一个点的坐标，如图 5-7 所示。在 3D 空间坐标系中，用 $P=(P_x, P_y, P_z)$表示一个点的坐标。

向量可以形象地表示为带箭头的线段。箭头所指的方向代表向量的方向。线段的长度代表向量的大小。在 2D 平面坐标系中，可以使用 $\boldsymbol{v}=(x, y)$表示一个二维向量，如图 5-8 所示；在 3D 空间坐标系中，用 $\boldsymbol{v}=(x, y, z)$表示一个三维向量。

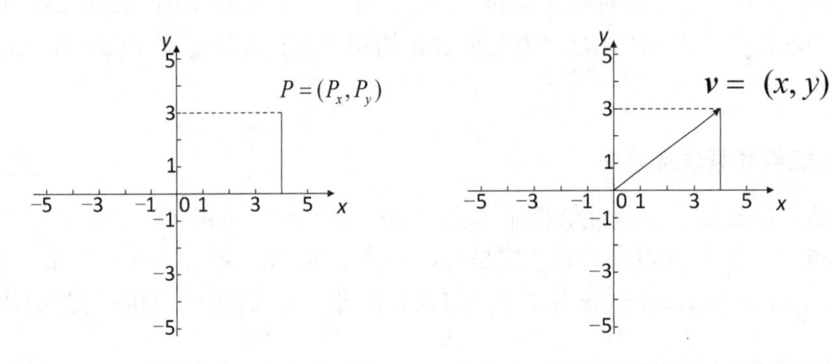

图 5-7 2D 平面坐标系中点的表示　　图 5-8 2D 平面坐标系中向量的表示

在 Unity 中，只有 Vector2、Vector3 类型，没有 Point2、Point3 类型。Vector2 类型可以用来表示 2D 向量和点。Vector3 类型可以用来表示 3D 向量和点。Transform.position 表示一个点，即游戏对象在全局坐标系中的点。Transform.forward 表示一个向量，即当前对象的局部坐标系的 z 轴在全局坐标系中的指向。当想让游戏对象处于某个位置时，可以使用 Vector3 类型表示这个位置的坐标。当想让游戏对象沿着某个方向以一定的速度移动时，可以使用 Vector3 类型表示速度的向量值，即速度的大小和方向。当想计算两个对象之间的距离时，可计算分别以这两个对象为起点和终点的向量的长度。

5.2.2 向量的运算

向量需要通过运算发挥它的优势。下面介绍向量运算的法则和几何意义。

1. 零向量

零向量是非常特殊的向量。它是唯一一个大小为 0 的向量，也是唯一一个没有方向的向量。2D 零向量表示为(0,0)，3D 零向量表示为(0,0,0)。在 Unity 中，用 Vector3.zero 表示 3D 零向量。

2. 负向量

每个向量都有一个负向量，且一个向量和它的负向量相加等于零向量。一个向量和它的负向量的大小相等，方向相反。例如，(2,−3,3)的负向量为(−2,3,−3)。

3. 向量的长度

向量的长度即向量的大小或者向量的模。向量的大小等于向量各分量平方和的平方根。对于一个 2D 向量而言，可以构造一个以该向量为斜边，以 $\boldsymbol{x}$、$\boldsymbol{y}$ 分量的绝对值为直角边的直角三角形，根据勾股定理得到斜边的长度，即向量的长度。2D 向量 $\boldsymbol{v}$ 的长度计算公式为 $\|\boldsymbol{v}\|=\sqrt{v_x^2+v_y^2}$；同理，3D 向量 $\boldsymbol{v}$ 的长度计算公式是 $\|\boldsymbol{v}\|=\sqrt{v_x^2+v_y^2+v_z^2}$ (v_x、v_y、v_z 分别为向量 $\boldsymbol{v}$ 在 x 轴、y 轴、z 轴上的分量)。

在 Unity 中，可以通过 Vector3.magnitude 计算向量的长度。使用 Vector3.sqrMagnitude 可计算向量长度的平方值。使用 Vector3.Distance(A,B)可以计算 A、B 两点之间的距离，即向量 $\boldsymbol{AB}$ 或向量 $\boldsymbol{BA}$ 的长度。其作用等同于(B−A).magnitude 或(A−B).magnitude。

4. 向量与标量的乘法和除法

标量与向量不能相加，但是能够相乘。向量与标量相乘，即将向量的每个分量分别与标量相乘。标量与 2D 向量相乘的表达式是 $k[x,y]=[x,y]k=[kx,ky]$；标量与 3D 向量相乘的表达式为 $k[x,y,z]=[x,y,z]k=[kx,ky,kz]$。如果 k 值非 0，则还可以进行除法运算，如 $\frac{\boldsymbol{v}}{k}=[\frac{v_x}{k},\frac{v_y}{k},\frac{v_z}{k}]$。

在 Unity 中使用运算符“*”来进行向量与标量的乘法运算，用运算符“/”来进行向量与标量的除法运算。

5. 单位向量

单位向量也叫作标准化向量，就是大小为 1 的向量。在只关心向量方向，不关心向量大小时，可以使用单位向量，例如，求一个面的法线向量时。对任意的非零向量，都可以计算出它的单位向量，即将其归一化（Normalization）。单位向量 $\boldsymbol{v}$ 的计算公式是

$\boldsymbol{v}_{\text{normal}}=\frac{\boldsymbol{v}}{|\boldsymbol{v}|}$，其中$|\boldsymbol{v}|\neq 0$。例如，向量$(4,3)$的单位向量为：$\frac{(4,3)}{\sqrt{4^2+3^2}}=\frac{(4,3)}{5}=\left(\frac{4}{5},\frac{3}{5}\right)$。

在 Unity 中，可以使用 Vector3.Normalize 来归一化向量，可以使用 Vector3.normalized 获得归一化后的单位向量。

6. 向量的加法和减法

只有在两个向量的维度相同时，它们才可以相加或相减。向量的相加和相减，即将向量的各个分量相加或相减。向量的加法满足交换律，如 ***a***+***b***=***b***+***a***；向量的减法满足 ***a***−***b*** =−(***b***−***a***)。

向量的加法可以理解成移动向量。若 ***a*** 和 ***b*** 都表示向量，将向量 ***a*** 的头连接向量 ***b*** 的尾，然后从 ***a*** 的尾向 ***b*** 的头画出一个向量，则该向量为 ***a***+***b*** 的结果，如图 5-9 所示，这个几何意义也称为“三角形法则”。

向量的减法可以理解成移动其负向量。若 ***a*** 和 ***b*** 都是向量，将向量 ***a*** 的尾连接至向量 ***b*** 的尾，然后从 ***a*** 的尾向 ***b*** 的尾画出一个向量，则该向量为 ***a***−***b*** 的结果，其几何意义如图 5-10 所示。

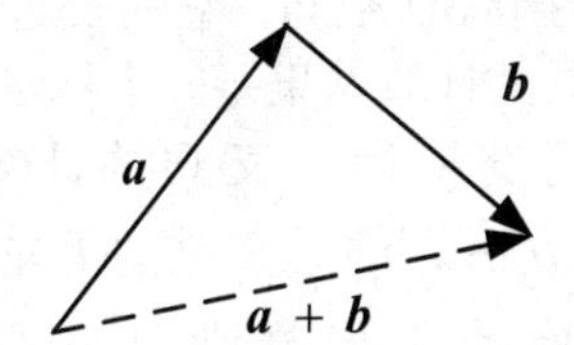

图 5-9 向量加法的几何意义

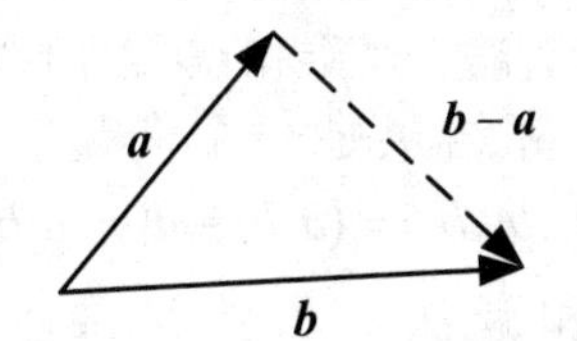

图 5-10 向量减法的几何意义

在 Unity 中，使用运算符“+”进行向量的加法运算，使用运算符“-”进行向量的减法运算。

7. 向量的点乘

向量的点乘也叫作向量的内积，表示为$\boldsymbol{a}\cdot\boldsymbol{b}$，其中的“.”不可以省略。2D 向量点乘的表达式为$\boldsymbol{a}\cdot\boldsymbol{b}=a_x b_x+a_y b_y$，3D 向量点乘的表达式为$\boldsymbol{a}\cdot\boldsymbol{b}=a_x b_x+a_y b_y+a_z b_z$。向量的点乘就是将对应分量的乘积相加，其计算结果是一个标量。向量点乘的优先级高于加法和减法。

点乘的另一种计算方法是$\boldsymbol{a}\cdot\boldsymbol{b}=|\boldsymbol{a}||\boldsymbol{b}|\cos\theta$，其中$\theta$是向量 ***a*** 和向量 ***b*** 的夹角。点乘的结果越大，两向量越靠近。对以上公式求反，可以得到两个向量的夹角，其计算公式是 $\theta=\arccos\left(\frac{\boldsymbol{a}\cdot\boldsymbol{b}}{|\boldsymbol{a}||\boldsymbol{b}|}\right)$。

通过向量点乘结果可以判断两个向量的位置关系：如果结果大于 0，则两个向量的夹角范围为 0° ～90° （不包含 90° ），两个向量的方向趋于相同；如果结果等于 0，则两个向量的夹角为 90° ，两个向量相互垂直；如果结果小于 0，则夹角范围为 90° ～180° （不包含 90° ），两个向量的方向趋于相反。

还可以求一个向量在另一个向量上的投影。假设有向量 $\boldsymbol{a}$ 和向量 $\boldsymbol{b}$，那么向量 $\boldsymbol{b}$ 在向量 $\boldsymbol{a}$ 上的投影的长度可以表示为 $|\boldsymbol{b} \rightarrow \boldsymbol{a}| = |\boldsymbol{b}|\cos\theta = \dfrac{\boldsymbol{a} \cdot \boldsymbol{b}}{|\boldsymbol{a}|}$，如图 5-11 所示。

向量 $\boldsymbol{b}$ 在向量 $\boldsymbol{a}$ 上的投影可以表示为 $\boldsymbol{b} \rightarrow \boldsymbol{a} = \boldsymbol{p} = \dfrac{\boldsymbol{a} \cdot \boldsymbol{b}}{|\boldsymbol{a}|} \dfrac{\boldsymbol{a}}{|\boldsymbol{a}|} = \dfrac{\boldsymbol{a} \cdot \boldsymbol{b}}{\boldsymbol{a} \cdot \boldsymbol{a}}\boldsymbol{a}$，如图 5-12 所示。

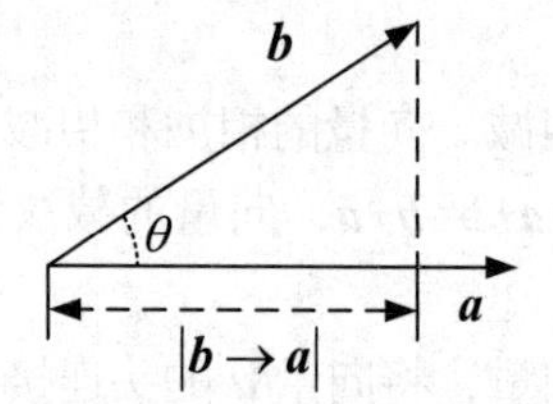

图 5-11　向量 $\boldsymbol{b}$ 在向量 $\boldsymbol{a}$ 上的投影长度

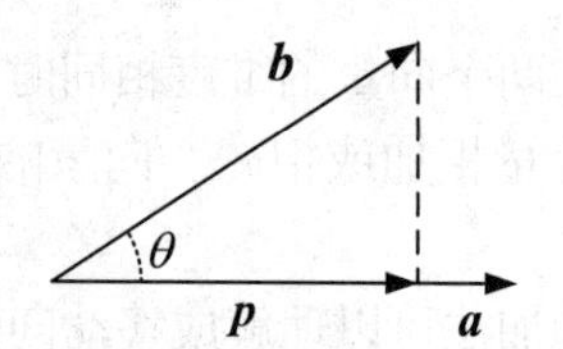

图 5-12　向量 $\boldsymbol{b}$ 在向量 $\boldsymbol{a}$ 上的投影

在 Unity 中，向量的点乘可以通过 Vector3.Dot 来计算。可以使用 Vector3.Angle 获取两个向量之间的夹角大小，其结果范围为 0° ～180° 。

8. 向量的叉乘

向量的叉乘也叫作向量的外积。向量的叉乘仅适用于 3D 空间，它的表达式是 $\boldsymbol{a} \times \boldsymbol{b}$ 。同样，“×”也不能省略。叉乘和点乘的不同在于点乘的计算结果是一个标量，且满足交换律，而叉乘的计算结果是一个向量，且不满足交换律。叉乘的计算公式为：$\boldsymbol{a} \times \boldsymbol{b} = (a_x, a_y, a_z) \times (b_x, b_y, b_z) = (a_y b_z - a_z b_y, a_z b_x - a_x b_z, a_x b_y - a_y b_x)$。叉乘的优先级与点乘一样，都高于加法和减法。虽然叉乘不满足交换律，但是满足反交换律，即 $\boldsymbol{a} \times \boldsymbol{b} = -(\boldsymbol{b} \times \boldsymbol{a})$，表明两个乘数交换位置会导致向量的方向相反。

通过叉乘计算得到的向量垂直于原来的两个向量，如图 5-13 所示。在 Unity 中，3 个向量的方向满足左手坐标系中 3 个轴的方向。

$\boldsymbol{a} \times \boldsymbol{b}$ 的绝对值等于向量的大小与向量夹角的正弦值的积，即 $|\boldsymbol{a} \times \boldsymbol{b}| = |\boldsymbol{a}||\boldsymbol{b}|\sin\theta$，也等于以 $\boldsymbol{a}$ 和 $\boldsymbol{b}$ 为两边的平行四边形的面积的大小，如图 5-14 所示。

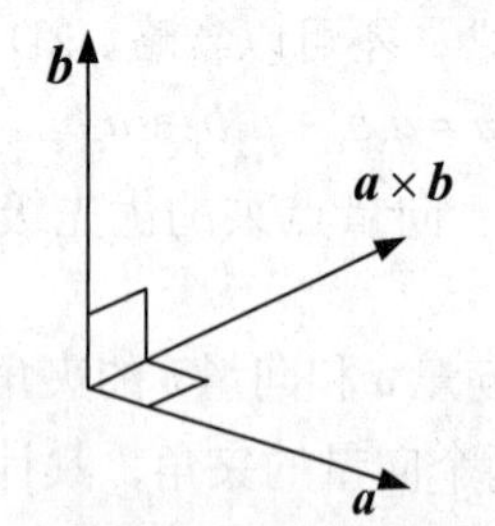

图 5-13　向量 $\boldsymbol{a}$ 和向量 $\boldsymbol{b}$ 叉乘的结果

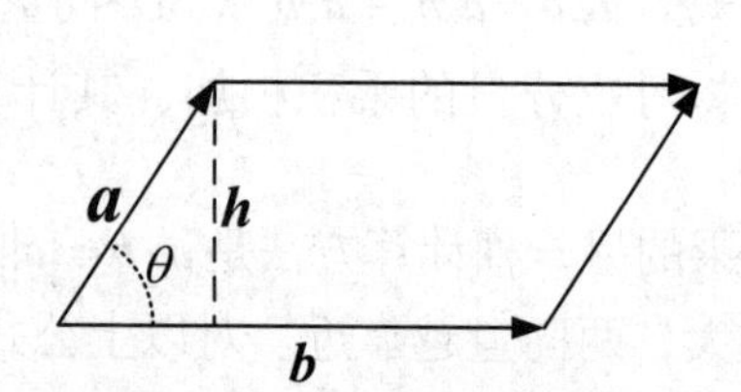

图 5-14　使用叉乘计算由 $\boldsymbol{a}$ 和 $\boldsymbol{b}$ 构成的平行四边形的面积

在 Unity 中，向量的叉乘可以通过 Vector3.Cross 来计算。

5.3 矩阵

在数学中，矩阵是一个按照方阵排列的复数或实数的集合。向量可以看成 $N\times 1$ 的列矩阵或 $1\times N$ 的行矩阵，其中 N 表示向量的维度。把向量和矩阵联系在一起是为了让向量像矩阵一样参与矩阵运算。这在空间变换中非常有用。在 Unity 中，可以使用 Matrix4x4.SetRow 和 Matrix4x4.SetColumn 设置一个 4×4 矩阵的某行或某列；可以使用 Matrix4x4.GetRow 和 Matrix4x4.GetColumn 获取一个 4×4 矩阵的某行或某列，其结果为 Vector4 类型。

5.3.1 矩阵的运算

1. 矩阵和矩阵的加法、减法

该运算用于将传入的矩阵累加到当前矩阵或从当前矩阵中减去，即将矩阵中的每个相同位置的元素分别相加或相减。对于两个需要相加或相减的矩阵来说，它们的阶必须相等，也就是说，它们的行数和列数必须相等。已知 3×3 矩阵 $\boldsymbol{M}$ 和 3×3 矩阵 $\boldsymbol{N}$，它们的和的计算公式如下。

$$\boldsymbol{M}+\boldsymbol{N}=\begin{pmatrix} m_{11} & m_{12} & m_{13} \\ m_{21} & m_{22} & m_{23} \\ m_{31} & m_{32} & m_{33} \end{pmatrix}+\begin{pmatrix} n_{11} & n_{12} & n_{13} \\ n_{21} & n_{22} & n_{23} \\ n_{31} & n_{32} & n_{33} \end{pmatrix}=\begin{pmatrix} m_{11}+n_{11} & m_{12}+n_{12} & m_{13}+n_{13} \\ m_{21}+n_{21} & m_{22}+n_{22} & m_{23}+n_{23} \\ m_{31}+n_{31} & m_{32}+n_{32} & m_{33}+n_{33} \end{pmatrix}$$

2. 矩阵和标量的乘法

矩阵和标量相乘，得到的仍然是一个相同阶的矩阵。矩阵和标量相乘，即将矩阵的每个元素和标量相乘。例如，使用标量 k 乘以 3×3 矩阵 $\boldsymbol{M}$，计算公式如下。

$$k\boldsymbol{M}=k\begin{pmatrix} m_{11} & m_{12} & m_{13} \\ m_{21} & m_{22} & m_{23} \\ m_{31} & m_{32} & m_{33} \end{pmatrix}=\begin{pmatrix} km_{11} & km_{12} & km_{13} \\ km_{21} & km_{22} & km_{23} \\ km_{31} & km_{32} & km_{33} \end{pmatrix}$$

3. 矩阵和向量的乘法

向量可以当作一行或者一列的矩阵。3D 向量可以看作 3×1 矩阵（列向量），或者 1×3 矩阵（行向量）。只有第一个矩阵的列数和第二个矩阵的行数相等时，两个矩阵才可以相乘。所以，向量与矩阵相乘时，行向量需要在左边，列向量需要在右边。在矩阵和向量相乘得到的结果向量中，每个元素都是原向量和矩阵中单行或单列的点乘结果。例如，1×3 行向量 $\boldsymbol{a}$ 与 3×2 矩阵 $\boldsymbol{N}$ 的乘积计算公式如下。

$$\boldsymbol{aN}=\begin{bmatrix}a_1 & a_2 & a_3\end{bmatrix}\begin{pmatrix}n_{11} & n_{12}\\ n_{21} & n_{22}\\ n_{31} & n_{32}\end{pmatrix}=\begin{bmatrix}a_1n_{11}+a_2n_{21}+a_3n_{31} & a_1n_{12}+a_2n_{22}+a_3n_{32}\end{bmatrix}$$

已知 2×3 矩阵 $\boldsymbol{M}$，其与 3×1 列向量 $\boldsymbol{b}$ 的乘积计算公式如下。

$$\boldsymbol{Mb}=\begin{pmatrix}m_{11} & m_{12} & m_{13}\\ m_{21} & m_{22} & m_{23}\end{pmatrix}\begin{pmatrix}b_1\\ b_2\\ b_3\end{pmatrix}=\begin{pmatrix}m_{11}b_1+m_{12}b_2+m_{13}b_3\\ m_{21}b_1+m_{22}b_2+m_{23}b_3\end{pmatrix}$$

4．矩阵和矩阵的乘法

两个矩阵相乘的规则与矩阵和向量相乘的规则相同。例如，2×3 矩阵 $\boldsymbol{M}$ 和 3×2 矩阵 $\boldsymbol{N}$ 相乘，得到的矩阵 $\boldsymbol{P}$ 中的任意元素 P_{ij} 等于 $\boldsymbol{M}$ 的第 i 行向量与 $\boldsymbol{N}$ 的第 j 列向量的点乘结果。其计算公式如下。

$$\boldsymbol{P}=\boldsymbol{MN}=\begin{pmatrix}m_{11} & m_{12} & m_{13}\\ m_{21} & m_{22} & m_{23}\end{pmatrix}\begin{pmatrix}n_{11} & n_{12}\\ n_{21} & n_{22}\\ n_{31} & n_{32}\end{pmatrix}=\begin{pmatrix}m_{11}n_{11}+m_{12}n_{21}+m_{13}n_{31} & m_{11}n_{12}+m_{12}n_{22}+m_{13}n_{32}\\ m_{21}n_{11}+m_{22}n_{21}+m_{23}n_{31} & m_{21}n_{12}+m_{22}n_{22}+m_{23}n_{32}\end{pmatrix}$$

矩阵乘法运算不满足交换律，但是满足结合律。因此 $\boldsymbol{MN}\neq\boldsymbol{NM}$，$(\boldsymbol{MN})\boldsymbol{P}=\boldsymbol{M}(\boldsymbol{NP})$。在 Unity 中，可以使用 Matrix4x4.operator*进行矩阵和矩阵的乘法运算。

5.3.2 特殊矩阵

1．方块矩阵

行数和列数相等的矩阵称为方块矩阵。如果方块矩阵中除了对角线上的元素外，其他元素都是 0，则该方块矩阵为对角矩阵。如果对角矩阵中对角线上的元素都是 1，则这个对角矩阵为单位矩阵。用任意一个矩阵乘以单位矩阵，都将得到原矩阵。

在 Unity 中，可以通过 Matrix4x4.identity 获取一个 4×4 的单位矩阵；可以通过 Matrix4x4.isIdentity 判断一个矩阵是不是单位矩阵；可以通过 Matrix4x4.zero 获取一个 4×4 的所有元素都为 0 的矩阵。

2．单位矩阵

若单位矩阵用 $\boldsymbol{I}$ 表示，则 3×3 的单位矩阵如下所示。

$$\boldsymbol{I}=\begin{pmatrix}1 & 0 & 0\\ 0 & 1 & 0\\ 0 & 0 & 1\end{pmatrix}$$

3. 转置矩阵

对一个矩阵进行转置运算后可得到转置矩阵。转置运算，即将一个矩阵的第 i 行变为第 i 列，将第 j 列变成第 j 行，也可以看作沿着对角线翻折矩阵元素。对矩阵 $\boldsymbol{M}$ 和矩阵 $\boldsymbol{N}$ 转置可得 $\boldsymbol{M}_{ij}^T=\boldsymbol{M}_{ji}$，$(\boldsymbol{M}^T)^T=\boldsymbol{M}$，$(\boldsymbol{MN})^T=\boldsymbol{N}^T\boldsymbol{M}^T$。

在 Unity 中，可以通过 Matrix4x4.transpose 获取一个矩阵的转置矩阵。

4. 逆矩阵

若 $\boldsymbol{M}^{-1}$ 为 $\boldsymbol{M}$ 的逆矩阵，则 $\boldsymbol{MM}^{-1}=\boldsymbol{M}^{-1}\boldsymbol{M}=\boldsymbol{I}$，其中 $\boldsymbol{I}$ 是单位矩阵。只有行数和列数相等的方块矩阵才能求逆矩阵，但是并非所有的方块矩阵都可以求逆矩阵，还需要方块矩阵的行列式非 0。矩阵及其逆矩阵满足下面的关系：$(\boldsymbol{MN})^{-1}=\boldsymbol{N}^{-1}\boldsymbol{M}^{-1}$，$(\boldsymbol{M}^{-1})^{-1}=\boldsymbol{M}$，$\boldsymbol{I}^{-1}=\boldsymbol{I}$，$(\boldsymbol{M}^T)^{-1}=(\boldsymbol{M}^{-1})^T$。

在 Unity 中，可以通过 Matrix4x4.inverse 获取一个 4×4 矩阵的逆矩阵。

5. 正交矩阵

如果矩阵 $\boldsymbol{M}$ 和它的转置矩阵的乘积是单位矩阵，则矩阵 $\boldsymbol{M}$ 就是正交矩阵，可表示为：$\boldsymbol{MM}^T=\boldsymbol{M}^T\boldsymbol{M}=\boldsymbol{I}$。所以根据逆矩阵，可得：$\boldsymbol{M}^{-1}=\boldsymbol{M}^T$。

求解一个矩阵的逆矩阵的计算量很大，但求转置矩阵比较容易，所以如果知道矩阵是正交矩阵，那么可以求出其转置矩阵作为逆矩阵。

5.4 实操案例

案例一 先创建 Plane 对象，将第三人称人物导入场景中，然后创建摄像机跟随脚本 Follow.cs，并将该脚本挂载在 Main Camera 对象上。具体代码如下。

微课视频

微课视频

```
代码清单（Follow.cs）:
using UnityEngine;
using System.Collections;
public class Follow : MonoBehaviour {
    float m_Height = 5f; //Main Camera 的高度
    float m_Distance = 5f; //Main Camera 与人物的距离
    public Transform m_Player; //要跟随的对象
    void Update(){
       transform.position = m_Player.position + Vector3.up * m_Height
                    - m_Player.forward * m_Distance;  //Main Camera 的位置
       transform.LookAt (m_Player);  //Main Camera 时刻跟随人物
}
```

在以上代码中，将 Main Camera 的位置设置为要跟随人物的位置数据加人物与 Main

Camera 距离的和，并且 Main Camera 时刻跟随人物，随着该人物移动。运行以上代码，场景效果如图 5-15 所示。

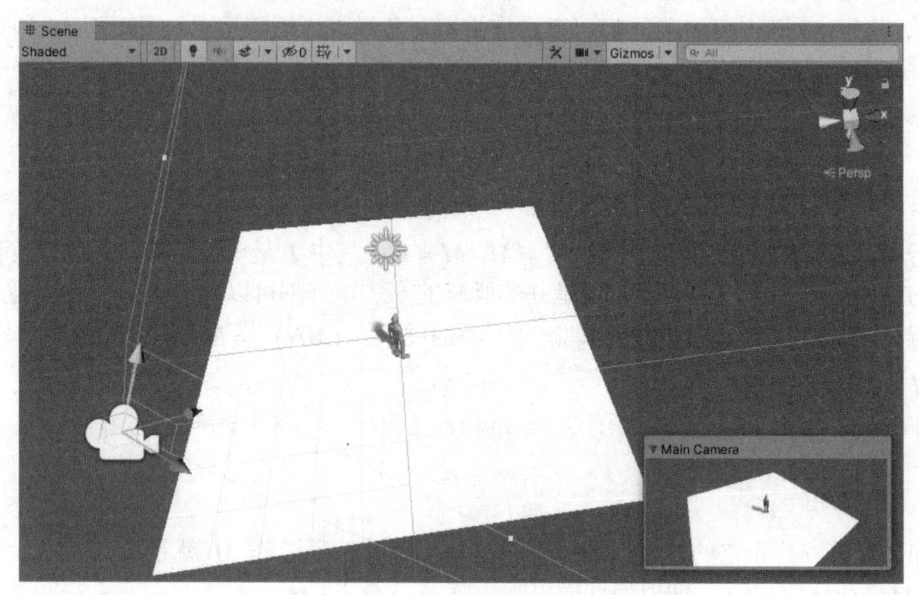

图 5-15　场景效果

案例二　判断目标对象相对于当前对象的方位。先创建 Plane 对象，将第三人称人物导入场景中，然后创建 Cube 对象，并创建脚本 DotCross.cs，将该脚本挂载在 Main Camera 对象上。具体代码如下。

```
代码清单(DotCross.cs):
using UnityEngine;
using System.Collections;
public class DotCross : MonoBehaviour {
    public Transform m_Player;   //当前对象(第三人称人物)
    public Transform obj;        //目标物体(目标对象)
    Vector3 _VecForward;         //正前方
    Vector3 _VecToOther;         //其他方向
    void Update(){
        _VecForward = m_Player.TransformDirection(Vector3.forward);
        _VecToOther = obj.position-m_Player.position;
        if (Vector3.Dot(_VecForward,_VecToOther)<0){
            print("物体在人后方");
        }
        else{
            print("物体在人前方");
        }
        if(Vector3.Cross(_VecForward,_VecToOther).y<0){
```

微课视频

微课视频

```
            print("物体在人左边");
        }
        else{
            print("物体在人右边");
        }
        Debug.DrawRay(m_Player.position,_VecForward,Color.red);
        Debug.DrawLine(m_Player.position,obj.position,Color.blue);
    }
}
```

以上代码主要涉及人物与目标物体向量的点乘运算，如果其结果小于 0，则目标物体在人物的后方，反之，则目标物体在人物的前方。此外还涉及人物与目标物体的叉乘运算，若其结果的 y 坐标值小于 0，则目标物体在人物左边，反之，则目标物体在人物右边。为方便判断，本案例在场景中画了人物正前方的射线和人物与目标物体之间的线段，如图 5-16 所示。

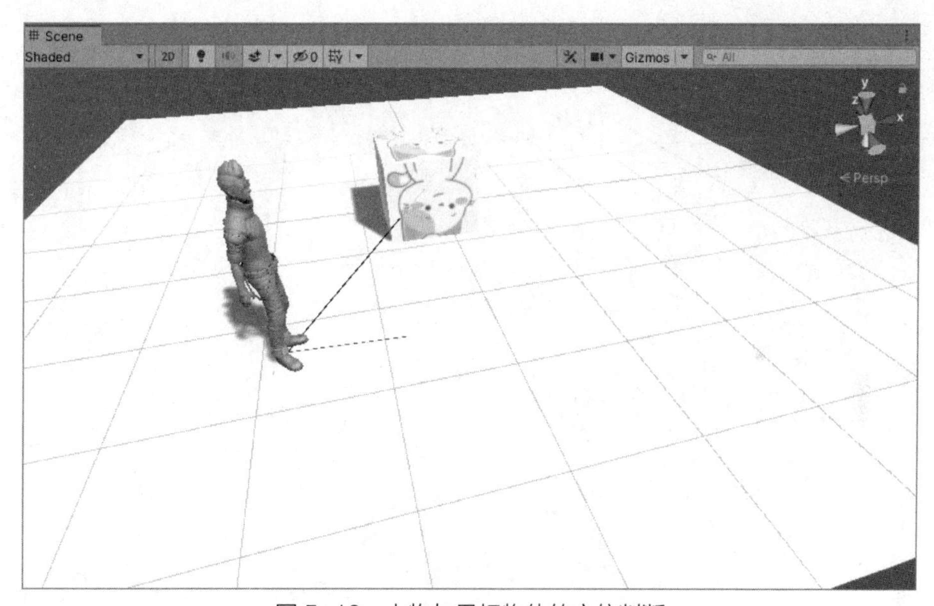

图 5-16 人物与目标物体的方位判断

5.5 本章小结

3D 数学是本书的难点，同时也是深入理解 3D 图形学底层原理的必要基础。3D 数学的灵活运用，对于开发优质高效的虚拟现实项目至关重要。笛卡儿坐标系为 3D 数学中普遍使用的坐标系，Unity 中包含几种不同的坐标系。向量的运算、矩阵的运算在图形的转换中起着重要的作用。

5.6 本章习题

（1）使用笛卡儿坐标系的软件都有哪些？哪些使用左手坐标系？哪些使用右手坐标系？

（2）在 Unity 中，常用的坐标系有哪些？分别解释其原理。

（3）向量的点乘和叉乘的区别主要有哪些？

（4）若矩阵的转置矩阵为其逆矩阵，则该矩阵为什么矩阵？

第 6 章

UGUI 界面开发

学习目标

- 使用基础组件进行 UI 布局。
- 掌握使用常用组件进行界面搭建的方法。
- 完成本章实操案例的练习。

UGUI 是 Unity 开发的可视化游戏的新 UI 开发工具，具有功能强大、灵活、快速、易用等特点。在目前的游戏市场中，手游依然是主力军，只有快速上线、系统完善的游戏才能在国内市场中占据一定的份额。在手游开发过程中，快速搭建 UI 是非常基本且重要的技能。使用 UGUI 可以轻松搭建 UI。

UGUI 中包含 Canvas、EventSystem、Text、Panel、Image、Button 等基础组件，Toggle、Slider、Scrollbar、ScrollView 等高级组件，具有锚点和屏幕自适应功能。

6.1 基础组件和事件

在游戏中，UI 是不可或缺的一部分，界面上的交互与 UI 不可分割。可在界面中实现的功能多种多样，如文本、图片的显示，文本框和按钮的组合使用等。合理美观的界面和丰富的功能更能吸引玩家。

本节主要介绍 UGUI 的基础组件和事件。

6.1.1 Canvas 组件

Canvas 是 UI 的基础画布组件，所有 UI 元素的创建都依赖于 Canvas 并置于 Canvas 之下。它也支持嵌套。Canvas 提供 3 种渲染模式，分别是 Screen Space-Overlay（屏幕空间-覆盖）模式、Screen Space-Camera（屏幕空间-摄像机）模式和 World Space（世界空间）模式，如图 6-1 所示。

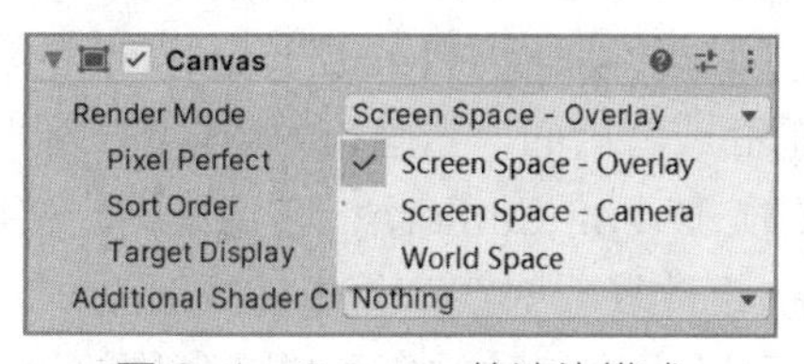

图 6-1 Canvas 的渲染模式

微课视频

（1）选择 Screen Space-Overlay 模式，画布会填满整个屏幕空间，并且画布下的所有 UI 元素会置于屏幕的最上层，或者说画布的画面永远覆盖其他的普通 3D 画面。如果屏幕尺寸改变，则画布将自动改变尺寸来匹配屏幕，如图 6-2 所示。

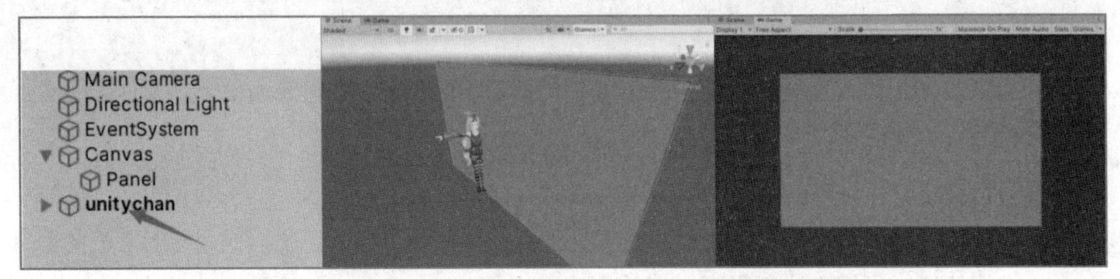

图 6-2　选择 Screen Space-Overlay 模式时的画布表现

（2）Screen Space-Camera 模式和 Screen Space-Overlay 模式类似，选择该模式，画布也会填满整个屏幕空间，如果屏幕尺寸改变，则画布也会自动改变尺寸来匹配屏幕。两者不同的是，在 Screen Space-Camera 模式下，画布会被放置到摄像机前方，看起来在一个与摄像机有固定距离的平面上。所有的 UI 元素都由该摄像机渲染，因此该摄像机的设置会影响到 UI 效果。在 Screen Space-Camera 模式下，UI 元素在空间中的大小是由 perspective 也就是视角设定的，视角广度由 Field of View 设置。

这种模式可以用来显示 3D 模型，例如，在查看人物装备的界面中，左侧有一个运动的 3D 人物，右侧有一些 UI 元素，如图 6-3 所示。

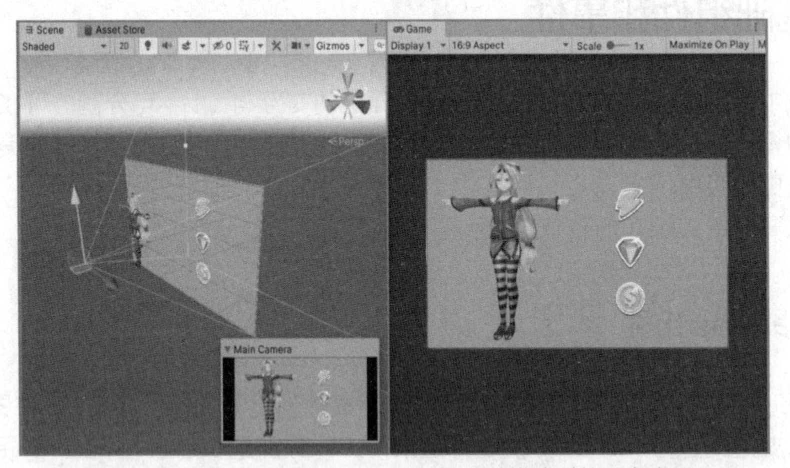

图 6-3　选择 Screen Space-Camera 模式时的画布表现

（3）在 World Space 模式下，画布被视为与场景中其他普通游戏对象性质相同的游戏对象。画布的尺寸可以通过其属性面板中 RectTransform 的数值进行调整，所有的 UI 元素可能位于普通 3D 对象的前面或者后面。当画布为场景的一部分时，可以使用这个模式。

该模式有一个单独的参数 Event Camera，它用来指定接收事件的摄像机，可以通过画布上的 GraphicRaycaster 组件发射射线产生事件。

这种模式可以用来实现跟随人物移动的血条或者名称效果，如图 6-4 所示。

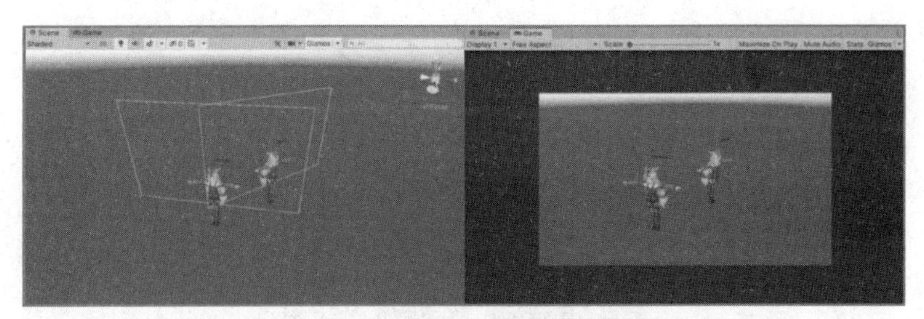

图 6-4　选择 World Space 模式时的画布表现

3 种渲染模式的对比如表 6-1 所示。

表 6-1　　　　　　　　　　3 种渲染模式的对比

渲染模式	画布填充屏幕	摄像机	像素清晰度优化	适合类型
Screen Space-Overlay	是	不需要	可选	2D UI
Screen Space-Camera	是	需要	可选	2D UI
World Space	否	需要	不可选	2D UI

6.1.2　EventSystem 组件

EventSystem 是 Unity 的事件管理工具，一个场景中只能有一个 EventSystem 组件。在 EventSystem 的 Inspector 面板中包括 Event System、Standalone Input Module 组件，它们分别负责 UI 事件和输入的处理，如图 6-5 所示。

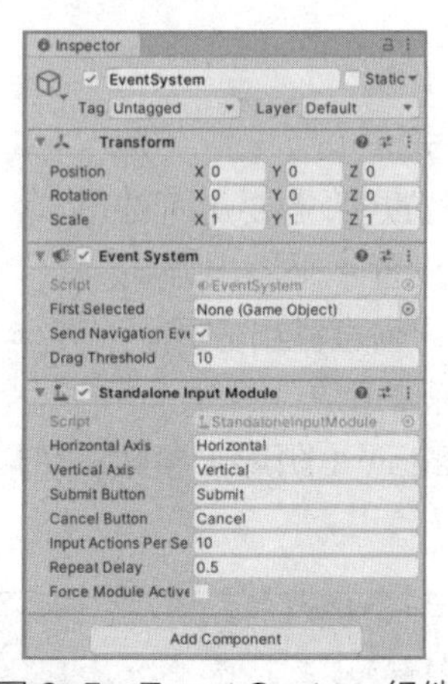

图 6-5　Event System 组件

6.1.3　Text 组件

使用 Text 组件可显示一段非交互式文本，也可以为其他 UGUI 组件提供标题、标签、说明文本。在 Hierarchy 面板中右击，选择 UI->Text 命令，即可创建一个 Text 组件，其相关参数如图 6-6 所示。

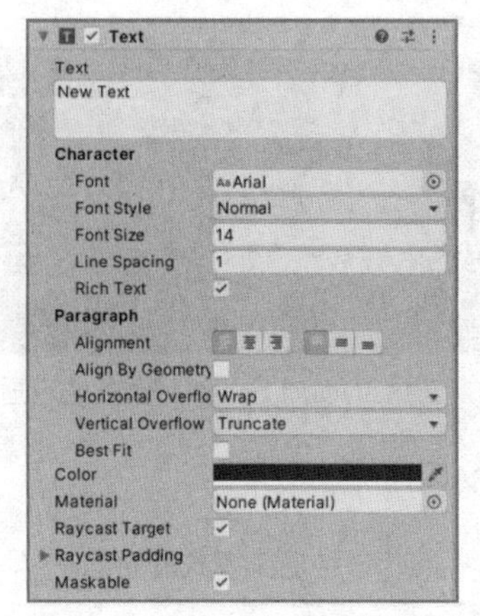

图 6-6　Text 组件的参数

1. 文本特性参数

Font：用于设置字体。

Font Style：用于设置字体样式。

Font Size：用于设置字体大小。

Line Spacing：用于设置行间距（多行）。

Rich Text：用于设置是否使用富文本。

Color：用于设置颜色。

Material：用于设置材质。

Raycast Target：用于设置是否需要接收响应事件。

2. 段落参数

Alignment：用于设置对齐方式。

Align By Geometry：用于设置是否需要几何对齐。

Horizontal Overflow：用于设置水平溢出方式。

Vertical Overflow：用于设置垂直溢出方式。

Best Fit：用于设置字体是否自适应。

利用 Outline（描边）和 Shadow（阴影）参数，可以分别为 Text 组件设置描边和阴影，如图 6-7 所示。

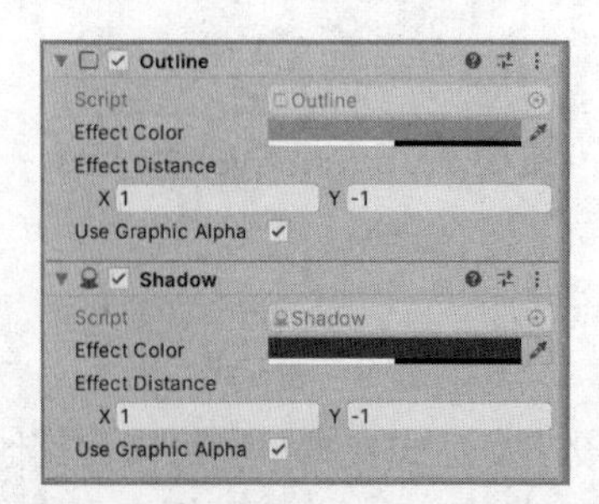

图 6-7　Outline 和 Shadow 参数

6.1.4 Panel 组件

Panel 组件又叫面板组件，它实际上是一个容器，在其中可以放置其他 UI 元素。当移动 Panel 组件时，这个组件中的其他 UI 元素也会跟着移动，这样可以方便进行一些屏幕自适应的调整，或对一组 UI 元素进行统一调整。因此使用 Panel 组件可以使整个 UI 结构更加清晰。

在 Hierarchy 面板中右击，选择 UI->Panel 命令，即可创建一个 Panel 组件。在 Inspector 面板中，可以调整 Panel 组件的外观贴图、颜色、材质等，如图 6-8 所示。

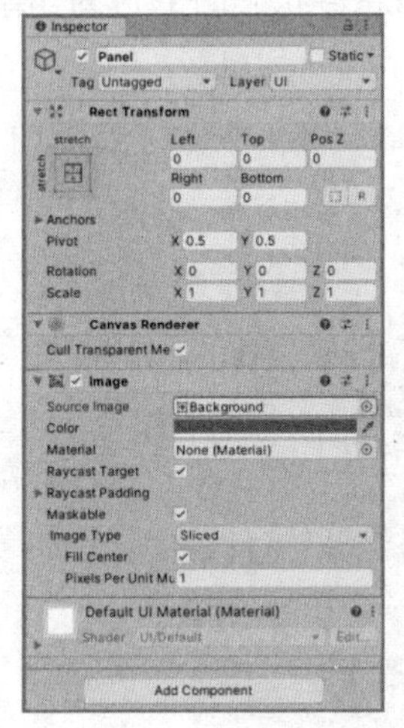

图 6-8　Panel 组件的参数

6.1.5 Image 组件

Image 组件是用来显示图片的组件，共有 4 种图片显示格式可供选择，如图 6-9 所示，具体介绍如下。

- Simple：直接显示图片，图片需要为 Sprite（2D and UI）类型。
- Sliced：通过九宫格形式显示图片，可用 Sprite 编辑器来编辑九宫格区域。
- Tiled：平铺、重复显示图片以填补空缺区域。
- Filled：以时钟旋转填充方式显示图片。

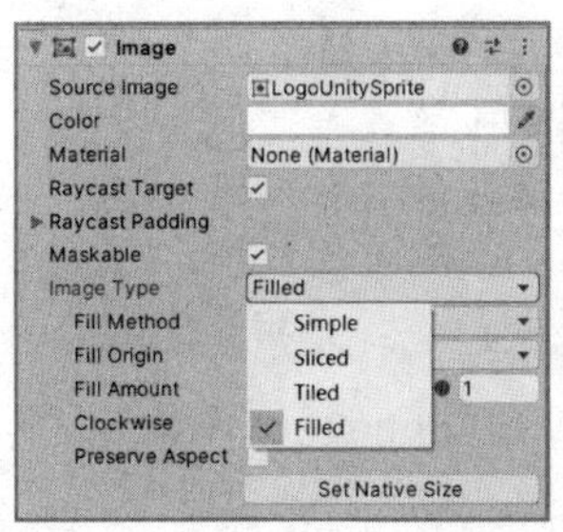

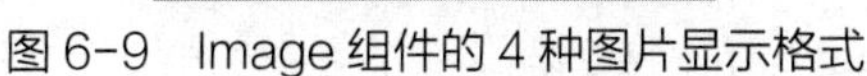
图 6-9　Image 组件的 4 种图片显示格式

Raw Image 是 Unity 中另一种显示图片的组件。Image 组件只能显示 Sprite，而 Raw Image 组件既可以显示任意 Texture，又可以显示 Sprite，但是不能像 Image 一样使用 Atlas 来合并批次，因此当存在大量 UI 元素时优先选择 Image 组件。

6.1.6 Button 组件

Button 组件是一个简单的复合组件，其内部的 Text 组件用于显示按钮的文本信息。在 Inspector 面板中可设置 Button 组件的背景图片类型、颜色、是否接收射线等，也可以控制按钮在正常、单击、抬起和悬浮状态时的行为与事件。图 6-10 所示为 Button 组件的 Inspector 面板。

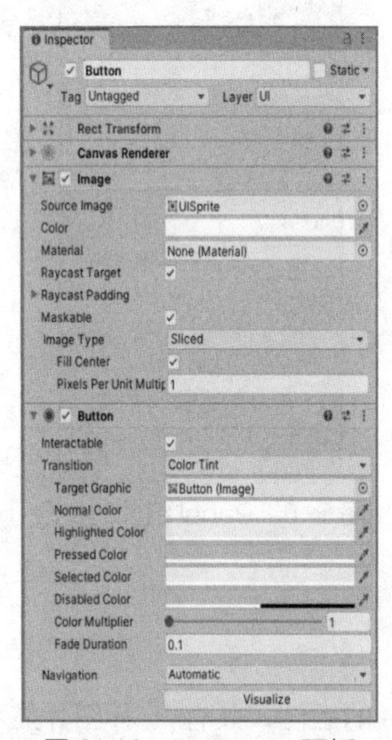

图 6-10 Inspector 面板

6.1.7 Button 事件

通过编写代码或者使用 OnClick()，可实现 UI 的单击交互功能。具体代码如下。

代码清单（Script_06_01.cs）:

```
using System.Collections;
using System.Collections.Generic;
using UnityEngine;
using UnityEngine.UI;
public class Script_06_01 : MonoBehaviour
{
    public Button button;
```

微课视频

```
    void Start()
    {
        button.onClick.AddListener(delegate ()      //为按钮添加监听单击事件
        {
            Debug.Log("鼠标单击");
        });
    }
}
```

6.2 锚点与屏幕自适应

6.2.1 锚点

锚点是一种相对于父对象的定位技术，是屏幕自适应的一种解决方法。使用锚点定位的方式有鼠标拖曳和编辑器快捷操作两种。使用鼠标拖曳功能可选择屏幕中显示的雪花状图标进行锚点重定位，使用编辑器快捷操作功能可在属性面板中单击 Anchor Presets 进行定位选择。当父对象缩放时，子对象本身会根据自身锚点相对于父对象的位置进行缩放。

在虚拟现实软件界面中，通常屏幕的 4 个角需要有 UI 元素以显示信息，如倒计时等，此时把对应的 UI 元素的锚点设置为边角。锚点的对齐方式一共有 9 种，如图 6-11 所示。设置好锚点的位置后，无论怎样修改屏幕的分辨率，相应 UI 元素都会位于边角位置，如图 6-12 所示。

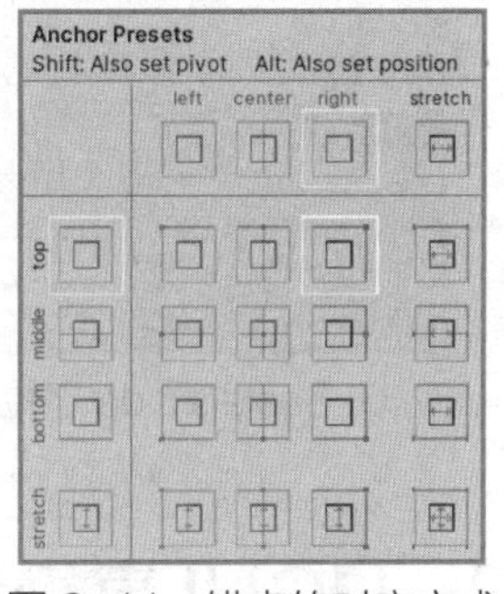

图 6-11 锚点的对齐方式

图 6-12 设置锚点后的效果

6.2.2 屏幕自适应

屏幕自适应需要依赖 Canvas 和 Canvas Scalar 组件，可根据不同的屏幕分辨率对 Canvas 下的 UI 元素进行自适应缩放。UI Scale Mode 下拉列表中有 3 种自适应缩放模式可供选择，如图 6-13 所示，具体介绍如下。

Constant Pixel Size：无论屏幕大小如何，UI 元素都保持相同的大小。

Scale With Screen Size：屏幕越大，UI 元素越大。

Constant Physical Size：无论屏幕大小和分辨率如何，UI 元素都保持相同的物理大小。

在设备的当前分辨率的宽高比不适应参考分辨率时，画面会被缩放，此时可从 Screen Match Mode 下拉列表中选择用于缩放画布的模式，如图 6-14 所示，相关模式介绍如下。

Match Width Or Height：始终保持宽度或高度实现屏幕自适应。

Expand：UI 元素始终在屏幕内，当屏幕宽度变小后会减小高度来实现屏幕自适应。

Shrink：始终保持原始分辨率，超出屏幕的内容会被裁剪掉。在虚拟现实的开发中通常优先选择 Expand 模式。

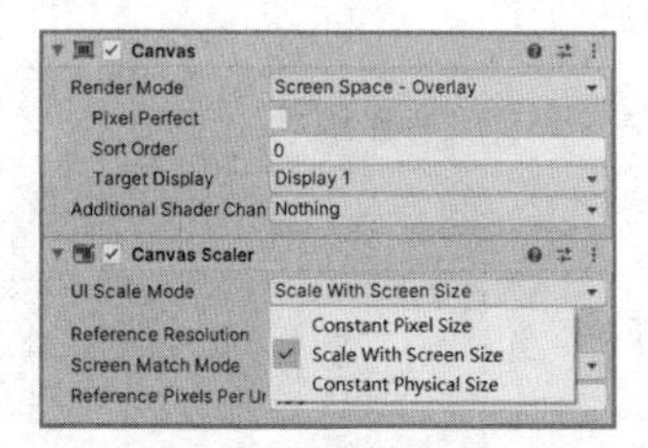

图 6-13　UI Scale Mode 下拉列表中的选项

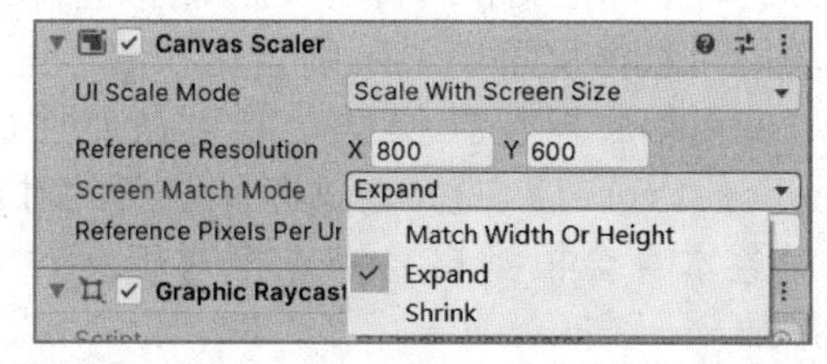

图 6-14　Screen Match Mode 下拉列表中的选项

6.3 UGUI 高级组件

6.3.1 Toggle 和 Slider 组件

Toggle 组件是一个开关的复合组件，如图 6-15 所示，其内部的 Label 组件负责显示文本信息，内部的 Background 组件又包含了 Checkmark 的图像对象，负责显示复选框和对钩。程序运行时可单击以勾选复选框。可更改复选框在鼠标与其发生不同交互（无交互、单击、抬起和悬浮）时的颜色。当多个 Toggle 组件都关联进同一组时，可起到勾选其中一个复选框，其他复选框自动取消勾选的效果。

图 6-15　Toggle 组件

微课视频

微课视频

下面监听 Toggle 组件的勾选和取消勾选复选框事件，具体代码如下。

```
代码清单(Script_06_02.cs):
using UnityEngine;
using UnityEngine.UI;

public class Script_06_02 : MonoBehaviour
{
    public Toggle[] toogles;
    void Start()
    {
        foreach (var toggle in toogles)
        {
            toggle.onValueChanged.AddListener(delegate (bool selected)
           {
               Debug.LogFormat("toggle={0} selected={1}", toggle.name, selected);
           });
        }
    }
}
```

Slider 组件是一个滑块复合组件，其内部由滑动背景、滑动条和滑块组成。滑动背景显示滑块的可移动范围，滑动条根据滑动柄的移动显示已滑动距离，可使用鼠标拖曳滑块设置对应数值。该组件常用于计时的图像可视化或角色血条的表现，如图 6-16 所示。

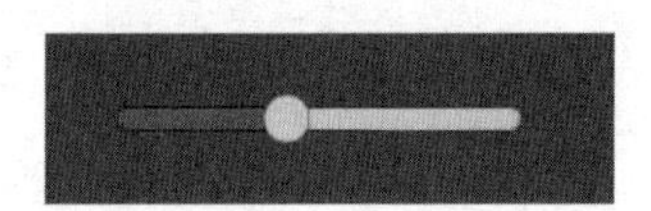

图 6-16　Slider 组件

使用 onValueChanged()监听 Slider 组件的滑动事件，具体代码如下。

```
代码清单(Script_06_03.cs):
using UnityEngine;
using UnityEngine.UI;

public class Script_06_03 : MonoBehaviour
{
    public Slider slider;
    void Start()
    {
        slider.onValueChanged.AddListener(delegate (float value)
        {
            Debug.LogFormat("value={0}", value);
            //监听滑动事件，返回滑块值
        });
```

```
    }
}
```

6.3.2 Scrollbar 和 ScrollView 组件

Scrollbar 是 Unity 内置的滑动条组件，由滑块和滑动区域组成。ScrollView 组件中包含 Scrollbar 组件，如图 6-17 所示，常用于背包界面的制作。

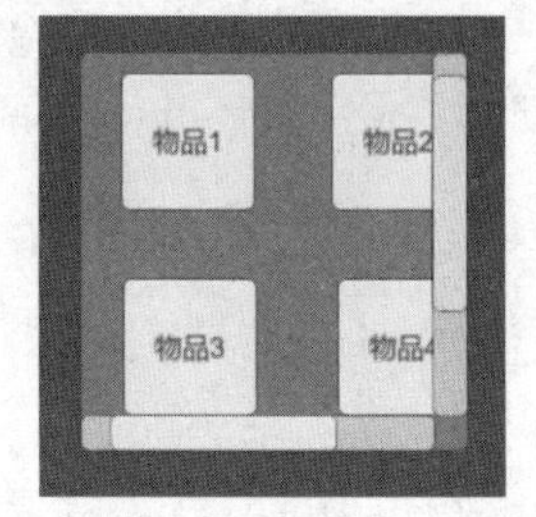

图 6-17 ScrollView 组件

6.3.3 实践练习——模拟关卡选择界面

在虚拟现实项目或游戏项目中，关卡选择界面是经常出现的界面，在其中可以对项目关卡进行选择。本练习模拟关卡选择界面，效果如图 6-18 所示，程序运行后，可以选择相应关卡以跳转场景。

图 6-18 关卡选择界面

实现步骤如下。

步骤 1 场景搭建。场景的搭建运用 UGUI，主要涉及 Image、Button、Slider、Scrollbar、ScrollView 等组件，配合素材，设计出图 6-18 所示的界面。

步骤 2 实现单击相应关卡跳转场景的功能，具体代码如下。

```
代码清单（Script_06_04）:
using UnityEngine;
using UnityEngine.SceneManagement;

public class Script_06_04 : MonoBehaviour
{
    public void onclick()
    {
        SceneManager.LoadScene("NewScene");        //跳转场景
    }
}
```

6.4 使用 UGUI 进行布局管理

在项目开发中经常会遇到多个类似组件依次排列的情况，手动调整组件位置只适用于较少组件排列的情况，当组件较多时手动调整比较烦琐。Unity 中存在已经架构完成的自动布局系统，为具有嵌套结构的 UI 布局提供可行方案（如水平、垂直、网格布局）。

自动布局系统是基于基础的 Rect Transform 来架构的，可以用在任何一个包含 Rect Transform 的元素上。

1. 水平布局

新建 Plane 作为子对象容器，将其命名为 HorizontalLayout，并在 HorizontalLayout 中新建多个子对象 Button 组件。在 Plane 的属性面板中单击 Add Component 按钮添加 Horizontal Layout Group 组件，如图 6-19 所示。

使用 Horizontal Layout Group 组件可以使容器中的子对象自动水平排列，通过 Spacing 参数可调整组件的间距，还可调节边距及子对象在容器中的宽、高是否扩展等，如图 6-20 所示。

图 6-19 添加 Horizontal Layout Group 组件

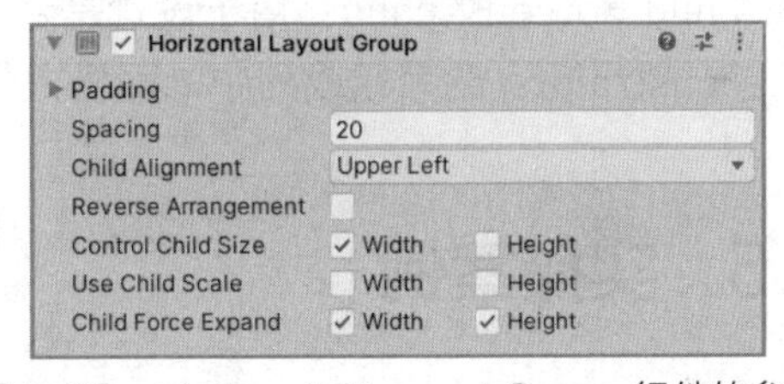

图 6-20 Horizontal Layout Group 组件的参数

设置完成之后，可发现 Button 组件水平分布在 Panel 容器中，如图 6-21 所示。

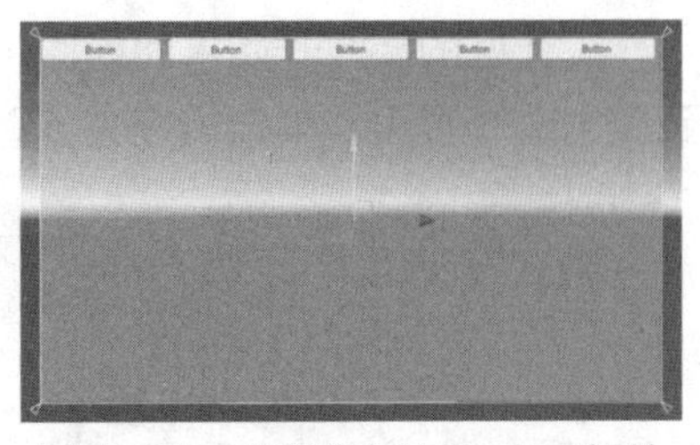

图 6-21 水平分布的 Button 组件

2. 垂直布局

垂直布局与水平布局的操作类似，只需将添加 Horizontal Layout Group 组件更改为添加 Vertical Layout Group 组件即可。设置完成后按钮会自动垂直排列。

3. 网格布局

网格布局功能是将元素依次排入网格中，如果内容超过网格的宽度或高度，则换行。Grid Layout Group 组件的 Cell Size 和 Spacing 参数是二维常量，需要根据项目需求采用合适的参数值，如图 6-22 所示。网格布局效果如图 6-23 所示。

Grid Layout Group		
Padding		
Cell Size	X 200	Y 200
Spacing	X 50	Y 50
Start Corner	Upper Left	
Start Axis	Horizontal	
Child Alignment	Upper Left	
Constraint	Flexible	

图 6-22　Grid Layout Group 组件的参数

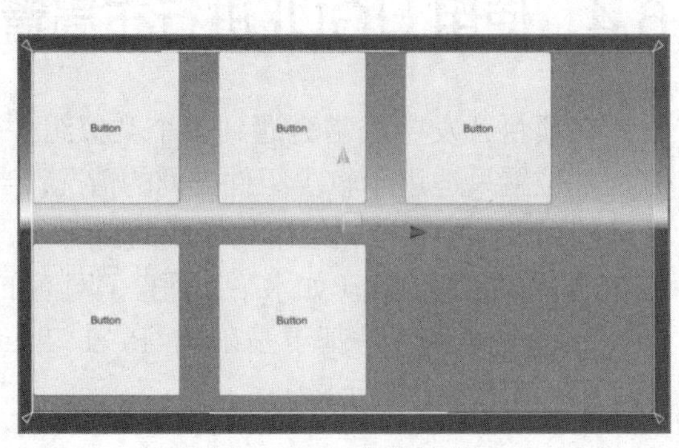

图 6-23　网格布局效果

自动布局组件各属性释义如下所示。

Padding：用于设置偏移量。

Cell Size：用于设置每个元素的大小。

Spacing：用于设置元素之间的距离。

Start Corner：用于设置第一个元素所在的位置。

Start Axis：用于设置排列方向，即沿哪个主轴放置元素。

Child Alignment：用于设置元素的对齐方式。

Control Child Size：用于设置是否控制子元素的宽度和高度。

Use Child Scale：用于设置在为元素调整大小和布局时，是否考虑子元素的缩放。

Child Force Expand：用于设置是否要强制子元素扩展以填充额外的可用空间。

Constraint：约束行或列中的网格数量。

6.5　实操案例

本案例以游戏的开始界面为例，制作游戏首页、关卡选择页面和关卡信息页面，并实现各页面之间的跳转。

设计好的游戏开始界面如图 6-24 所示。程序运行后，单击 Start Game 按钮会跳转到关卡选择页面，单击相应关卡跳转到关卡信息页面，单击返回按钮可返回上一级。

图 6-24　开始界面

微课视频　微课视频　微课视频

步骤1 将准备好的素材资源包导入Unity，界面使用UGUI进行搭建。

步骤2 添加页面跳转代码，具体如下。

```
代码清单(Script_06_05):
 using UnityEngine;
using UnityEngine.UI;
 using UnityEngine.SceneManagement;
 public class Script_06_05 : MonoBehaviour
 {
  public void Onclick_ToScene_01()
  {
     SceneManager.LoadScene(0);         //跳转到场景0
  }
  public void Onclick_ToScene_02()
  {
     SceneManager.LoadScene(1);         //跳转到场景1
  }
  public void Onclick_ToScene_03()
  {
     SceneManager.LoadScene(2);        //跳转到场景2
 }
}
```

6.6 本章小结

本章介绍了UGUI，其中包括UI基础组件和高级组件的功能、创建和使用，各组件之间的搭配组合，屏幕自适应及布局管理，实操案例设计了游戏开始界面。UGUI的强大之处在于使用它可以很容易地创建出常用的界面元素，并通过组合的方式实现项目所需的效果。当然想要熟练使用UGUI设计界面并进行交互，还需要编写和运用合适的代码。

UGUI的功能仍在持续更新，读者可参阅Unity官方用户手册和UGUI源代码，自定义更多实用的工具。

6.7 本章习题

（1）通过Image组件实现游戏倒计时功能。

（2）通过Slider组件制作角色血条，实现血条随时间减少的功能。

（3）根据所学的UGUI知识，设计拥有账号登录、场景跳转和视频播放等功能的程序界面。

第 7 章

物理系统

学习目标

- 掌握 Rigidbody 组件的参数。
- 掌握碰撞和触发的用法。
- 理解物理材质。
- 能够添加 Character Controller 组件并对其进行应用。
- 掌握射线的原理。
- 学会使用关节。

物理引擎用于在游戏中模拟真实的物理效果。Unity 的物理引擎使用的是 NVIDIA（英伟达）的 PhysX。使用它渲染的游戏画面更加逼真，能给玩家身临其境的感觉。如需模拟物理效果，则可将 Rigidbody 组件或者 Character Controller 组件添加至对象中。

7.1 Rigidbody 组件

Rigidbody 组件是一个非常重要的组件。新创建的对象默认情况下是不具备物理效果的，使用 Rigidbody 组件可以给对象添加一些常见的物理属性，如质量、摩擦力和碰撞参数等，这些属性可用来模拟真实物体在 3D 世界中的行为。Rigidbody 可以以组件的形式绑定在对象中。

7.1.1 Rigidbody 组件的使用

将 Rigidbody 组件添加至对象中的具体操作方法如下。在 Unity 中创建一个需要添加 Rigidbody 组件的对象，然后在 Hierarchy 面板中选择刚刚创建的对象，并在 Unity 菜单栏中选择 Component->Physics->Rigidbody 命令即可。

下面创建 3 个 Cube 对象，分别将其凌空放置，并且只给其中一个 Cube 对象添加 Rigidbody 组件。运行游戏后发现，红色的 Cube 对象具有物理效果，从空中落了下来（因为只给它添加了 Rigidbody 组件），而剩下的两个 Cube 对象依然停留在空中，如图 7-1 所示。

在 Hierarchy 面板中选择添加 Rigidbody 组件的对象，此时在右侧的 Inspector 面板中可清晰地看到 Rigidbody 组件的参数，如图 7-2 所示。下面简要介绍其中各个参数的含义。

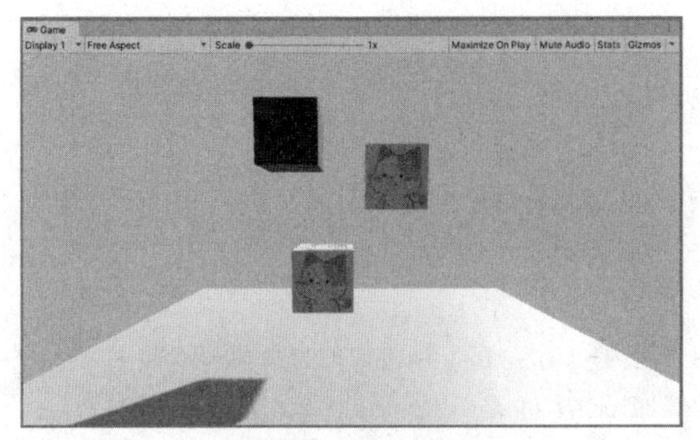

图 7-1 运行效果

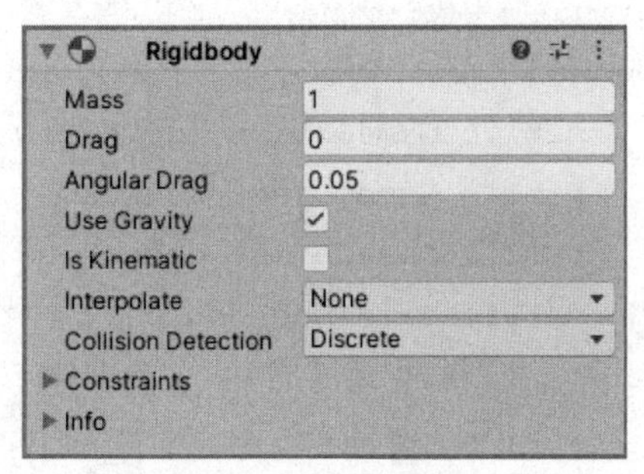

图 7-2 Rigidbody 组件的参数

- Mass：质量；此数值越大，物体下落速度越快，但不要让此数值超过 10，否则物理效果不是很真实。
- Drag：阻力；此数值越大，物体速度减慢越快。
- Angular Drag：角阻力；此数值越大，物体旋转的速度减慢越快。
- Use Gravity：用于设置是否使用重力。
- Is Kinematic：用于设置是否受物理因素的影响。
- Interpolate：设置图像插值方式。
- Collision Detection：碰撞检测。
- Constraints：对 Rigidbody 组件运动的限制。
- Info：Rigidbody 组件运动状态的实时信息。

7.1.2 力的使用

力在物理学中是一个非常重要的元素，其种类有很多。Rigidbody 组件可以受到力的作用，如给 Rigidbody 组件施加一个 x 轴方向的力，那么该 Rigidbody 组件绑定的物体将沿着 x 轴方向运动。

Unity 中力的方式有两种：第一种为普通力，需要设定力的方向与大小；第二种为目标位置力，需要设定目标位置。在图 7-3 中共放置了两个 Sphere 对象，单击“普通力”按钮后，红色小球像被一脚踢开似的，向右滚动。单击“位置力”按钮后，蓝色小球被施加一个朝向目标位置的力，向目标位置滚动，此处的目标位置是场景中的立方体所在的位置。具体代码如下。

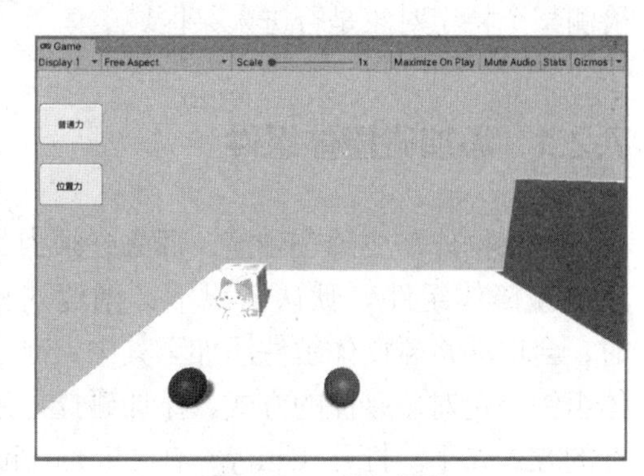

图 7-3 参考场景

```
代码清单（Force.cs）：
using System.Collections;
using System.Collections.Generic;
```

```
using UnityEngine;
public class Force : MonoBehaviour{
    public GameObject addForceObj; //施加普通力的对象
    public GameObject addPosObj;   //施加目标位置力的对象
    public GameObject cubeObj;     //目标对象
    public void Add_Force(){
        //施加一个普通力，它在x轴方向的力度为-100，在y轴方向的力度为-50
        addForceObj.GetComponent<Rigidbody>().AddForce(-100, 0, -50);
    }
    public void Add_Pos(){
        //施加一个目标位置力，对象将会朝向这个位置移动，力的模式为冲击力
        Vector3 force = cubeObj.transform.position - addPosObj.transform.
position;addPosObj.GetComponent<Rigidbody>().AddForceAtPosition(force,addPosObj.
transform.position,
        ForceMode.Impulse);
    }
}
```

在上述代码中，使用 rigidbody.AddForce( )施加一个普通力，在其中指定施加力的方向；使用 rigidbody.AddForceAtPosition( )施加一个目标位置力，在其中指定目标位置的坐标和力的模式。

7.2 碰撞

碰撞体主要用于检测场景中的某个对象是否碰触到了另外一个对象。触发器一般用于检测某个特定对象是否进入某区域。

7.2.1 添加碰撞体组件

如果物体需要感应碰撞，那么必须为其添加碰撞体组件。默认情况下，创建对象时，会自动将碰撞体组件添加至其中，碰撞体组件决定对象碰撞的方式。添加碰撞体组件的方式如下。打开 Unity，在 Hierarchy 面板中选择一个需要添加碰撞体组件的对象，在 Unity 菜单栏中选择 Component->Physics 命令，然后选择碰撞体组件的种类，如图 7-4 所示。

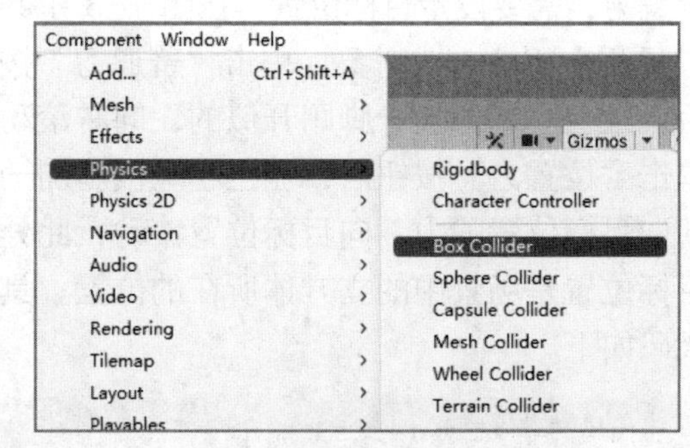

图 7-4 添加碰撞体组件

Unity 一共为对象提供了 6 种碰撞体组

件，分别是 Box Collider（立方体碰撞体）组件、Sphere Collider（球体碰撞体）组件、Capsule Collider（胶囊碰撞体）组件、Mesh Collider（网格碰撞体）组件、Wheel Collider（车轮碰撞体）组件和 Terrain Collider（地形碰撞体）组件。其中 Box Collider 组件适用于立方体对象之间的碰撞；Sphere Collider 组件主要应用在球体对象上；Capsule Collider 组件应用于胶囊体、圆柱体等对象；Mesh Collider 组件比较特殊，适用于自定义网格的碰撞；Wheel Collider 组件适用于车轮与地面或其他对象之间的碰撞；Terrain Collider 组件仅应用于 Terrain 组件上。

7.2.2 碰撞检测

刚体与物体之间是存在碰撞的。一旦刚体开始移动，就可以监听刚体的碰撞状态。刚体的碰撞状态可分为 3 种：进入碰撞、碰撞中和碰撞结束。下面介绍碰撞的 3 个重要的系统函数。

- OnCollisionEnter()：在刚体与某一物体开始接触时，立刻调用此函数。
- OnCollisionStay( )：在刚体和某一物体碰撞的过程中，每帧都会调用此函数，直到碰撞结束。
- OnCollisionExit()：在刚体与某一物体停止接触时，调用此函数。

当一个刚体与一个物体发生碰撞时，立刻将碰撞对象的详细信息显示在屏幕中，效果如图 7-5 所示。

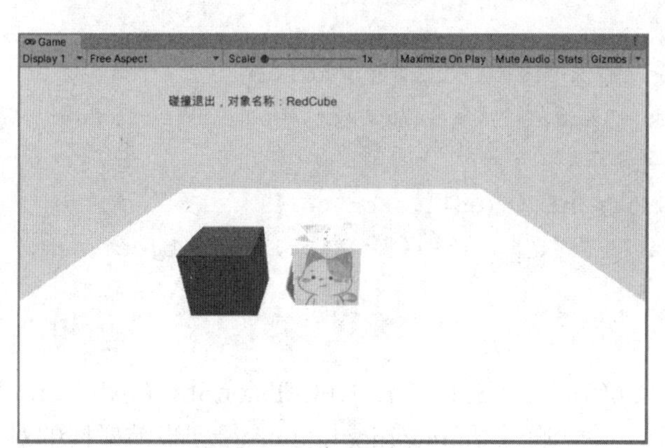

图 7-5 碰撞检测效果

实现以上功能的具体代码如下。

```
代码清单（CollisionDetection.cs）:
using System.Collections;
using System.Collections.Generic;
using UnityEngine;
using UnityEngine.UI;
public class CollisionDetection : MonoBehaviour{
    public Text txt;
```

```
    public GameObject Obj;
    void Start(){
        txt.text="未碰撞！";
    }
    void Update(){
        if (Input.GetKey(KeyCode.W)){
            Obj.transform.Translate(Vector3.forward * Time.deltaTime);//向前
        }
        else if (Input.GetKey(KeyCode.S)){
            Obj.transform.Translate(Vector3.back * Time.deltaTime);//向后
        }
        else if (Input.GetKey(KeyCode.A)){
            Obj.transform.Translate(Vector3.left * Time.deltaTime);//向左
        }
        else if (Input.GetKey(KeyCode.D)){
            Obj.transform.Translate(Vector3.right * Time.deltaTime);//向右
        }
    }
    void OnCollisionEnter(Collision col){
        txt.text="碰撞进入，对象名称："+col.gameObject.name;
    }
    void OnCollisionStay(Collision col){
        txt.text="碰撞中，对象名称："+col.gameObject.name;
    }
    void OnCollisionExit(Collision col){
        txt.text="碰撞退出，对象名称："+col.gameObject.name;
    }
}
```

在上述代码中，OnCollisionEnter( )、OnCollsionStay( )和 OnCollisionExit( )函数中的参数均为碰撞对象，并且通过 gameObject.name 得到当前碰撞的对象。

7.2.3 触发检测

微课视频

如果需要在场景中检测特定对象存在与否，一般使用触发器。触发器不具备碰撞体组件的阻挡作用，保留了碰撞事件函数的功能。触发器不是单独的组件，在碰撞体组件的 Inspector 面板中勾选 Is Trigger 复选框，碰撞体组件就会变成触发器，如图 7-6 所示。

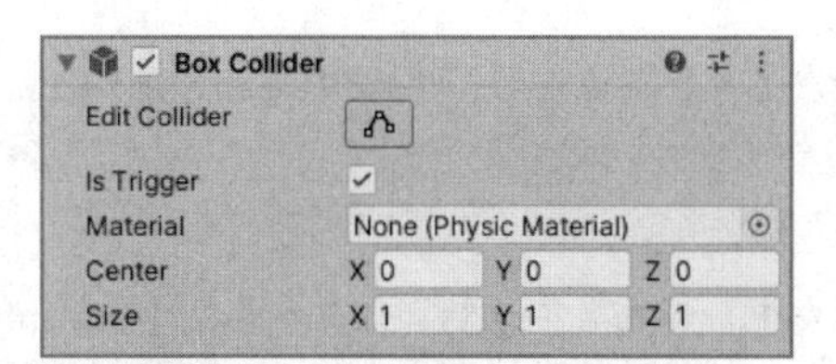

图 7-6 勾选 Is Trigger 复选框

触发器的状态也可分为 3 种：进入触发、触发中和触发结束。下面介绍触发器的 3 个重要的系统函数。

- OnTriggerEnter()：在刚体与某一物体开始接触时，调用此函数。
- OnTriggerStay()：在刚体和某一物体碰撞的过程中，每帧都会调用此函数，直到结束。
- OnTriggerExit()：在刚体与某一物体停止接触时，调用此函数。

当一个刚体与一个物体发生碰撞时，立刻将碰撞对象的详细信息显示在屏幕中。实现以上功能的具体代码如下。

```
代码清单（TriggerDetection.cs）:
using System.Collections;
using System.Collections.Generic;
using UnityEngine;
using UnityEngine.UI;
public class TriggerDetection : MonoBehaviour{
    public Text txt;
    public GameObject Obj;
    void Start(){
        txt.text="未触发！";
    }
    void Update(){
        if (Input.GetKey(KeyCode.W)){
            Obj.transform.Translate(Vector3.forward * Time.deltaTime);//向前
        }
        else if (Input.GetKey(KeyCode.S)){
            Obj.transform.Translate(Vector3.back * Time.deltaTime);//向后
        }
        else if (Input.GetKey(KeyCode.A)){
            Obj.transform.Translate(Vector3.left * Time.deltaTime);//向左
        }
        else if (Input.GetKey(KeyCode.D)){
            Obj.transform.Translate(Vector3.right * Time.deltaTime);//向右
        }
}
void OnTriggerEnter(Collider col){
```

```
        txt.text="触发进入，对象名称: "+col.gameObject.name;
    }
    void OnTriggerStay(Collider col){
        txt.text="触发中，对象名称: "+col.gameObject.name;
    }
    void OnTriggerExit(Collider col){
        txt.text="触发退出，对象名称: "+col.gameObject.name;
    }
}
```

7.3 物理材质

可以为碰撞体添加物理材质，用于设定物理碰撞后的效果。物理材质与碰撞体之间的关系非常紧密，如两个立方体相撞后，按照物理效果，它们相互反弹，那么反弹的力度就是由物理材质决定的。

通过物理材质可设定碰撞体的表面材质，表面材质可影响碰撞后的物理效果。在 Project 面板中单击+按钮，选择 Physics Material 选项创建的 Bouncy 材质如图 7-7 所示。

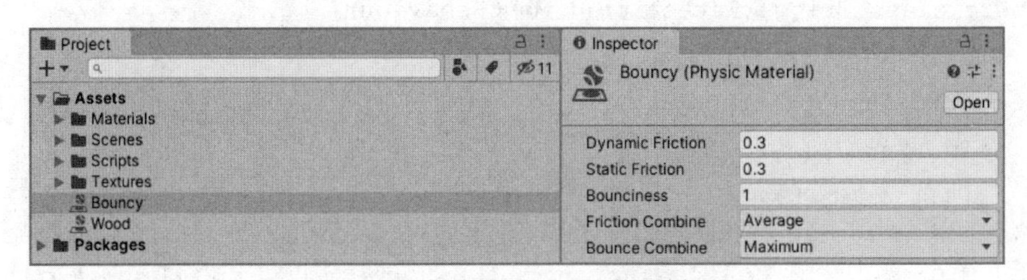

图 7-7 创建的 Bouncy 物理材质

在 Inspector 面板中，可看到创建的物理材质的所有参数，下面简要介绍这些参数的含义。

- Dynamic Friction：滑动摩擦力，取值范围为 0~1；0 表示最小滑动摩擦力，1 表示最大滑动摩擦力。
- Static Friction：静摩擦力，取值范围为 0~1；0 表示最小静摩擦力，1 表示最大静摩擦力。
- Bounciness：表面弹力，取值范围 0~1；0 表示碰撞无反弹，1 表示最大表面弹力。
- Friction Combine：碰撞体的摩擦力混合模式。其取值为 Average、Minimum、Maximum 或 Multiply，分别表示两个物体摩擦力的平均值、最小值、最大值和叠加值。
- Bounce Combine：表面弹性混合方式。其取值为 Average、Minimum、Maximum 或 Multiply，分别表示两个物体弹性力的平均值、最小值、最大值和叠加值。

表 7-1 给出了常见物理材质（弹性体、冰、金属、橡胶和木头）的相关参数，可以根据需要来选取相应的材质。

表 7-1 常见物理材质的相关参数

参数	弹性体	冰	金属	橡胶	木头
Dynamic Friction	0.3	0.1	0.25	1	0.45
Static Friction	0.3	0.1	0.25	1	0.45
Bounciness	1	0	0	0	0
Friction Combine	Average	Multiply	Average	Maximum	Average
Bounce Combine	Maximum	Multiply	Average	Average	Average

创建物理材质后，可以将其添加到任何碰撞体中，如图 7-8 所示，创建好的物理材质 Bouncy 被添加到了球体碰撞体 Sphere Collider 中。

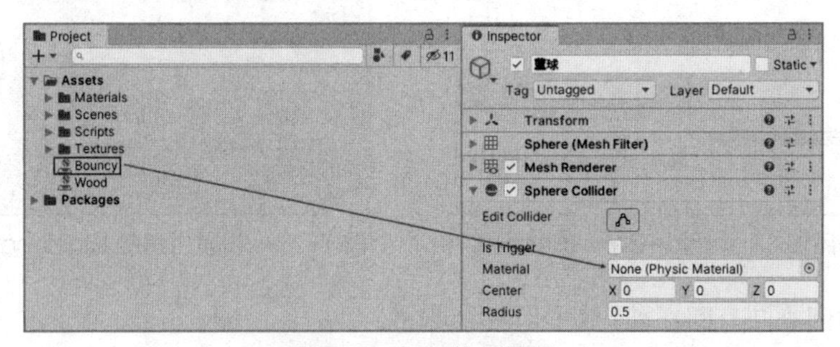

图 7-8 添加物理材质

图 7-9 展示了为两个小球添加不同物理材质后的效果。其中蓝球的物理材质的 Bounciness 参数值设置为 1，红球的物理材质的 Bounciness 参数值设置为 0。运行程序，当两球落地后，红球静止不动，而蓝球弹回空中，如此循环下去。

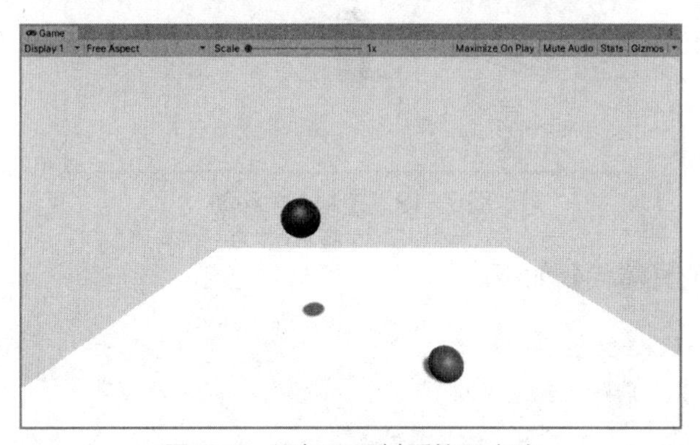

图 7-9 添加不同材质的两个球

7.4 Character Controller 组件

在 Unity 中，可以通过 Character Controller 组件来控制角色的移动，Character Controller 组件允许在碰撞的情况下发生移动，不会受

到力的影响。在开发过程中，可通过 Character Controller 组件进行模型的模拟运动。

Unity 中的 Character Controller 组件用于第一人称及第三人称角色的控制操作。Character Controller 组件的添加方法如下。在 Hierarchy 面板中创建一个 Capsule 对象，作为场景中的主角。在菜单栏中选择 Component->Physics->Character Controller 命令，如图 7-10 所示。

使用 Character Controller 组件可以实现在控制主角移动的同时，与场景产生交互，如主角在行走时不会穿到墙里面。为主角添加一个 RigidBody 组件，取消勾选 Use Gravity 复选框，并勾选 Is Kinematic 复选框，这样才能使用脚本控制主角的移动，如图 7-11 所示。

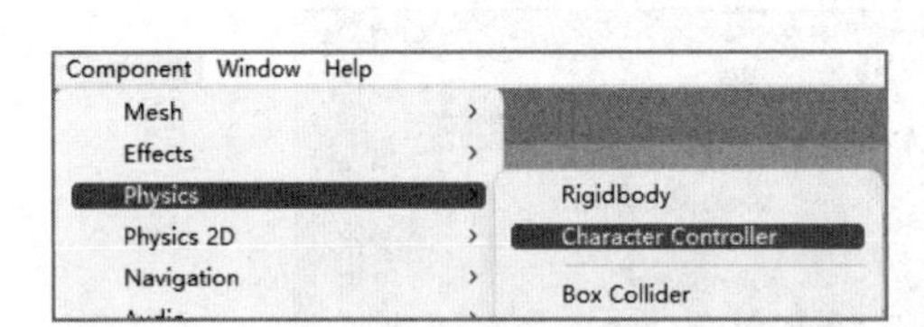

图 7-10 添加 Character Controller 组件

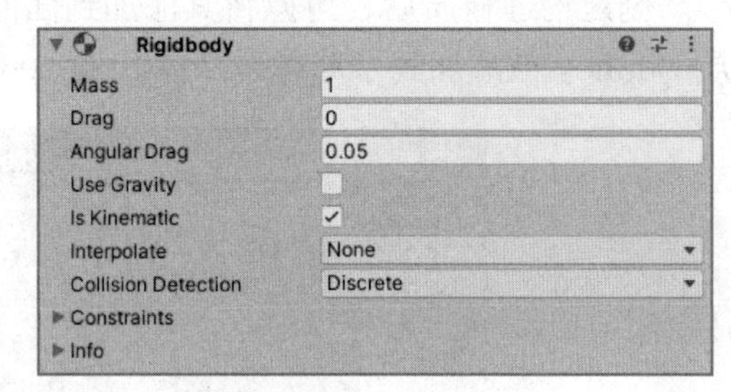

图 7-11 设置主角的 Rigidbody 组件的参数

控制主角向不同方向移动，如图 7-12 所示。

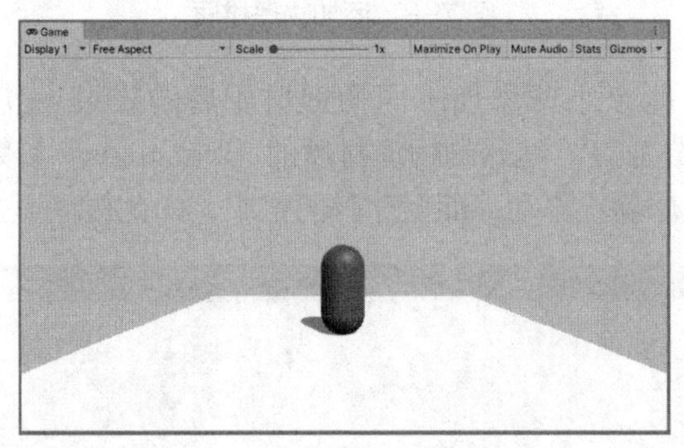

图 7-12 控制主角移动

实现以上功能的具体代码如下。

```
代码清单（CharacterCtrl.cs）：
using System.Collections;
using System.Collections.Generic;
using UnityEngine;
public class CharacterCtrl : MonoBehaviour{
    CharacterController controller;
    void Start(){
        controller = this.GetComponent<CharacterController>();
    }
    void Update(){
```

```
        if(Input.GetKey(KeyCode.W)){
            controller.Move(Vector3.forward * Time.deltaTime); //向前
        }
        else if(Input.GetKey(KeyCode.S)){
            controller.Move(Vector3.back * Time.deltaTime); //向后
        }
        else if (Input.GetKey(KeyCode.A)){
            controller.Move(Vector3.left * Time.deltaTime); //向左
        }
        else if (Input.GetKey(KeyCode.D)){
            controller.Move(Vector3.right * Time.deltaTime); //向右
        }
        else if (Input.GetKey(KeyCode.R)){
            controller.Move(Vector3.up * Time.deltaTime); //向上
        }
        else if (Input.GetKey(KeyCode.F)){
            controller.Move(Vector3.down * Time.deltaTime);//向下
        }
    }
}
```

7.5 射线

射线是 3D 世界中由一个点发射的无终点的线。射线的应用范围非常广，如通过射击类游戏中发射子弹后子弹经过的路径，可以判断子弹是否打中了目标物体。

7.5.1 射线的原理

要创建一条射线，需要知道射线的起点和射线指向的方向在 3D 空间坐标系中的坐标。下面创建一条从原点射向对象的射线，如图 7-13 所示。

图 7-13 创建的射线

微课视频

具体代码如下。

```
代码清单（CreateRay.cs）:
using System.Collections;
using System.Collections.Generic;
using UnityEngine;
public class CreateRay : MonoBehaviour{
    void Update(){
        Ray ray = new Ray(Vector3.zero, transform.position);//创建射线，从原点发射到指定对象
        RaycastHit hit;
        Physics.Raycast(ray, out hit, 100);//从原点发射射线，与当前对象相交于一点，射线的有效范围为100
        Debug.DrawLine(ray.origin, hit.point);//绘制射线
    }
}
```

在上述代码中，使用 Debug.DrawLine( )绘制的射线只能在 Scene 面板中看到。如果想在 Game 面板中看到绘制的射线，则需要使用 GL 图像库或 LineRenderer( )。

7.5.2 射线碰撞

射线可以用于判断对象的碰撞。下面以摄像机的位置为原点向鼠标指针的位置发射一条射线，用于模拟向靶心打了一枪，可通过这条射线判断是否打中了靶心，如图 7-14 所示。

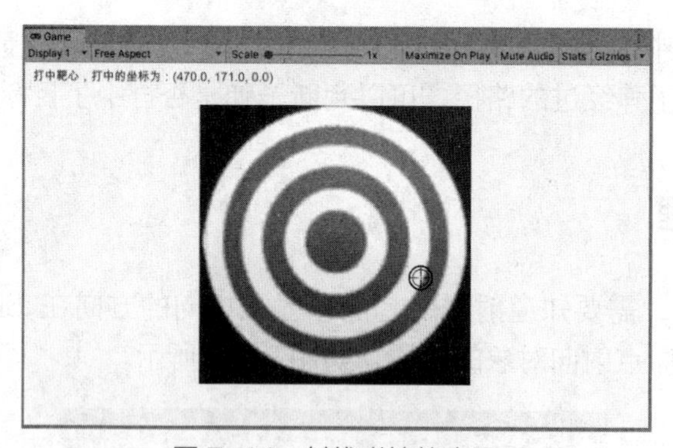

图 7-14 射线碰撞的应用

实现以上功能的具体代码如下。

```
代码清单（RayCollision.cs）:
using System.Collections;
using System.Collections.Generic;
using UnityEngine;
using UnityEngine.UI;
```

```
public class RayCollision : MonoBehaviour{
    public GameObject cursor;                //准心贴图
    public Text txt;
    void Update(){
        //创建从摄像机位置发射到鼠标指针位置的射线
        Ray ray = Camera.main.ScreenPointToRay(Input.mousePosition);
        RaycastHit hit;
        if(Physics.Raycast(ray, out hit)){  //判断是否打中靶心
            txt.text ="打中靶心"+",打中的坐标为: "+Input.mousePosition;
            cursor.SetActive(true);          //显示准心
            cursor.transform.position = hit.point;
        }else{
            txt.text ="未打中靶心";
            cursor.SetActive(false);         //隐藏准心
        }
    }
}
```

在上述代码中，使用 Camera.main.ScreenPointToRay(Input.mousePositon)创建一条由摄像机位置向当前鼠标指针位置发射的射线，然后使用 Physics.Raycast( )判断这条射线是否与靶心相交，返回 true 表示相交，返回 false 表示未相交。

7.6 关节组件

关节组件可添加到多个对象中。添加关节组件的对象将连接在一起并实现连带的物理效果，但是关节组件依赖于 Rigidbody 组件。

关节组件既可以通过菜单命令添加，又可以使用代码添加，下面介绍使用菜单命令添加的方法。在菜单栏中选择 Component->Physics 命令，然后从子菜单中选择一种关节组件即可，如图 7-15 所示，图中红色框中的为可添加的关节组件。

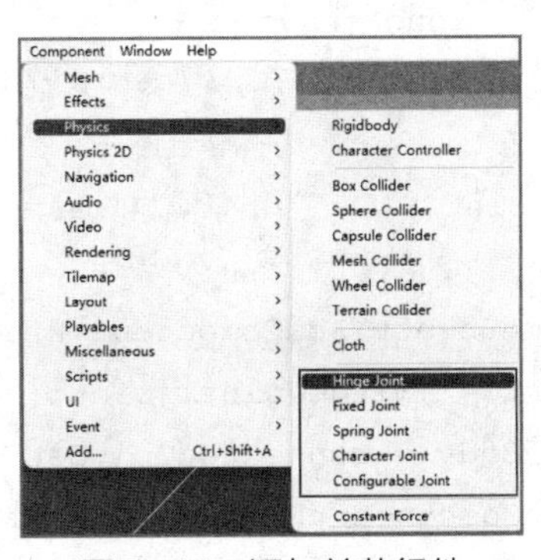

图 7-15 添加关节组件

由图 7-15 可知关节组件有 5 种，下面简要介绍它们的作用。

Hinge Joint（铰链关节）组件：将两个对象以链条的形式绑在一起，当力量超过链条的固定力矩时，两个对象会产生相互的拉力。

Fixed Joint（固定关节）：将两个对象以相对的位置固定在一起，即使发生物理改变，它们之间的相对位置也不会改变。

Spring Joint（弹簧关节）：将两个对象以弹簧的形式绑定在一起，挤压它们会得到向外的推力，拉伸它们会得到由两边向中间的拉力。

Character Joint（角色关节）：可用于模拟骨骼关节。

Configurable Joint（可配置关节）：可用于模拟任意关节组件的效果，包括上面的 4 种，其功能是最强大的，也是最复杂的。

下面在两个立方体之间添加关节组件（包括 Hinge Joint、Fixed Joint 和 Spring Joint 组件），在 Inspector 面板中勾选纹理的 Is Kinematic 复选框，在 Game 面板中单击不同的按钮，可使两个立方体之间产生不同的关联，如图 7-16 所示。具体代码如下。

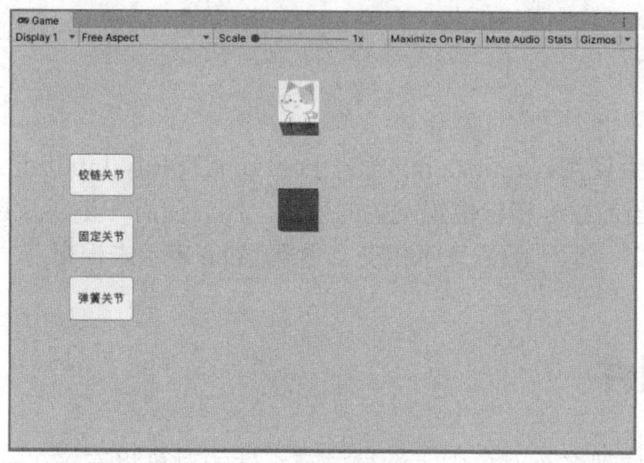

图 7-16　参考效果

代码清单（JointTest.cs）：
```
using System.Collections;
using System.Collections.Generic;
using UnityEngine;
public class JointTest : MonoBehaviour{
    public GameObject connectedObj; //要添加关节组件的对象
    Component joint;                //当前关节组件
    public void Hinge_Joint(){      //添加 Hinge Joint 组件
        ResetJoint();
        joint = this.gameObject.AddComponent<HingeJoint>();
        HingeJoint hjoint = (HingeJoint)joint;
        hjoint.connectedBody = connectedObj.GetComponent<Rigidbody>();
        connectedObj.GetComponent<Rigidbody>().useGravity = true;
        connectedObj.GetComponent<Rigidbody>().AddForce(new Vector3(0, 0, 100));
```

```
    }
    public void Fixed_Joint(){       //添加 Fixed Joint 组件
        ResetJoint();
        joint = this.gameObject.AddComponent<FixedJoint>();
        FixedJoint fjoint = (FixedJoint)joint;
        fjoint.connectedBody = connectedObj.GetComponent<Rigidbody>();
        connectedObj.GetComponent<Rigidbody>().useGravity = true;
        connectedObj.GetComponent<Rigidbody>().AddForce(new Vector3(0, 0, 100));
    }
    public void Spring_Joint(){ //添加 Spring Joint 组件
        ResetJoint();
        joint = this.gameObject.AddComponent<SpringJoint>();
        SpringJoint sjoint = (SpringJoint) joint;
        sjoint.connectedBody = connectedObj.GetComponent<Rigidbody>();
        connectedObj.GetComponent<Rigidbody>().useGravity = true;
    }
    void ResetJoint(){         //删除关节组件
        Destroy(joint);
        connectedObj.GetComponent<Rigidbody>().useGravity = false;
    }
}
```

在以上代码中，每次添加关节组件时，都需要删除之前添加的关节组件，然后使用 AddComponent( )将新的关节组件添加至对象中。

7.7 物理管理器

在 Unity 的物理管理器中，可设置某个项目中所有物理效果的参数，如对象的默认重力、反弹力、速度和角速度等。在菜单栏中选择 Edit->Project Settings->Physics 命令，即可打开物理管理器界面，如图 7-17 所示。下面简要介绍其中一部分可设置的物理参数。

Gravity：重力；默认情况下物体受沿 y 轴向下的重力为 9.8N，可修改 x 轴、y 轴和 z 轴 3 个方向的默认重力。

Default Material：默认物理材质。

Bounce Threshold：反弹值；如果一个小球从空中自然下落，下落到最低点时它的速度值低于反弹值，则不再向上反弹，保持静止状态。

Sleep Threshold：睡眠角速度；当角速度小于睡眠角速度时，对象自身不再旋转。

Enable Adaptive Force：是否启动命中触发器。

Layer Collision Matrix：图层碰撞矩阵。

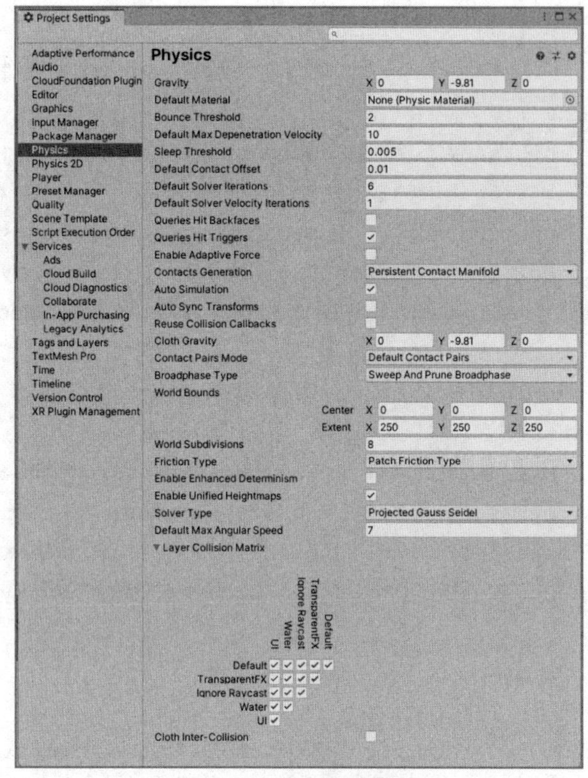

图 7-17　物理管理器界面

7.8　实操案例

在这个案例中，要实现发射炮弹击垮前面墙壁的功能，场景效果如图 7-18 所示。首先在 Game 面板中选择炮弹发射的目标位置，然后单击向目标位置发射炮弹，当炮弹撞到墙壁上时，墙壁受物理引擎的影响而被击垮。

在本案例中给炮弹与墙壁添加 Rigidboby 组件，选择炮弹发射的目标位置后，为炮弹施加一个目标位置力，使其向目标位置发射。具体代码如下。

微课视频

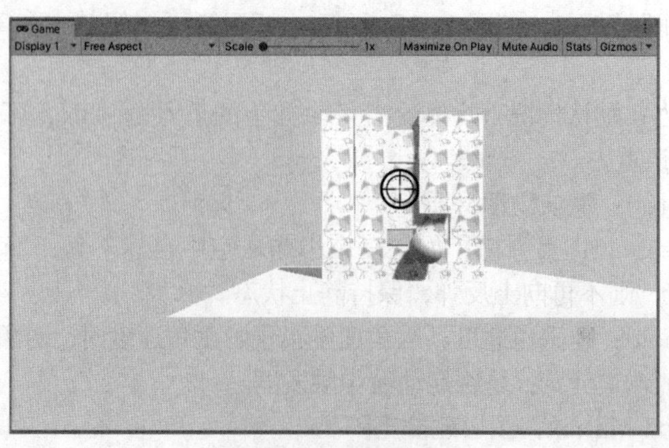

图 7-18　场景效果

微课视频

代码清单（BreakWall.cs）:

```
using System.Collections;
using System.Collections.Generic;
using UnityEngine;
using UnityEngine.UI;
public class BreakWall : MonoBehaviour{
    public GameObject cubeObj;
    public Image cursor;
    void Start(){                  //创建墙壁
        for (int j = 0; j < 5; j++){
            for (int i = 0; i < 5; i++){
                GameObject gclone = Instantiate(cubeObj);
                gclone.transform.position = new Vector3(i, j, 0);
            }
        }
    }
    void Update() {
        //创建从摄像机位置到鼠标指针位置之间的射线
       Ray ray = Camera.main.ScreenPointToRay(Input.mousePosition);
       RaycastHit hit;
       if (Physics.Raycast(ray, out hit)) { //判断是否打中墙壁
       Debug.DrawLine(ray.origin, hit.point);
       cursor.enabled = true;                  //开启准心
       cursor.transform.position = Input.mousePosition;//设置准心位置为鼠标
指针的位置
       if(Input.GetMouseButtonDown(0)){
              GameObject bullet = GameObject.CreatePrimitive(PrimitiveType.
Sphere);   //创建炮弹
              bullet.AddComponent<Rigidbody>(); //添加Rigidbody组件
              bullet.transform.position = this.transform.position; //设置炮
弹的初始位置
              bullet.GetComponent<Rigidbody>().AddForce(100 * (hit.point -
              bullet.transform.position));//给炮弹施加力
              Destroy(bullet, 5);          //炮弹发射5秒后消失
          }
       }
       else{
          cursor.enabled = false;         //关闭准心
       }
    }
}
```

在以上代码中，根据射线的原理，当发射炮弹时，以摄像机位置为原点，向目标位置发射一条射线，并且确保目标位置在墙壁上，然后使用 AddForce( )向目标位置发射炮弹。

7.9 本章小结

本章首先介绍了如何将 Rigidbody 组件应用到虚拟现实场景的对象中、如何给对象施加一个力及碰撞体的相关内容，然后介绍了 Character Controller 组件的相关参数，接着讨论了射线、关节组件的使用方法，最后通过一个案例充分展示了 Unity 物理引擎的强大功能。

7.10 本章习题

（1）简述碰撞检测和触发检测的区别。
（2）移动刚体可以采用哪些方法?
（3）相对于渲染材质，物理材质有什么不同?
（4）为什么需要使用 Character Controller 组件，它能够给开发过程带来什么便利?
（5）如何通过射线判断是否击中物体?
（6）关节组件主要有哪几种?

第 8 章

动画系统

学习目标

- 会使用旧版动画系统通过代码控制动画片段。
- 掌握 Mecanim 动画系统的各种使用方法。
- 能够完成本章案例中的示例练习。

Unity 中存在两种角色动画系统：Legacy 角色动画系统（旧版动画系统）和 Mecanim 角色动画系统（新版动画系统）。

Legacy 角色动画系统主要用 Animation 组件控制动画，它制作简单、开发灵活，效率不如新版动画系统，Unity 已经停止对其更新，但由于其简单性，很多项目依旧在使用。

Mecanim 角色动画系统主要用 Animator 组件控制动画序列，功能强大，具备良好的精确控制能力与动画复用性，但使用较复杂。

本章将详细介绍以上动画工具。

8.1 Animation 动画编辑器

Animation 是 Unity 提供用来编辑物体动画的系统，原理是通过时间线修改组件的信息来获得动画效果，主要用于在 Unity 内部创建和修改动画（在 Unity 中只能创建和修改简单动画，对于复杂动画，需要先由动画师在其他动画制作软件中完成，再导入 Unity 中使用）。所有在场景中的对象都可以通过 Animation 窗口为其制作动画。

8.1.1 旧版动画的制作

以下通过实例实现项目中常见的开关门、升降门的动画，了解 Animation 窗口的使用细节。

步骤 1 初始场景设置如图 8-1 所示。

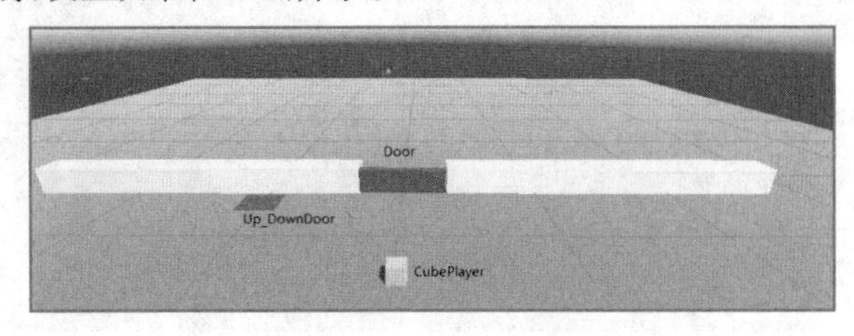

图 8-1 初始场景设置

使用 Cube 模拟主角及墙、门等物体，其中为 CubePlayer 增加组件 Rigidbody 和 PlayerControl.cs 脚本，使玩家能够操作按键使其在平面上移动，代码如下。

```
代码清单（PlayerControl.cs）:
public class PlayerControl : MonoBehaviour{
    Vector3 dir;
    void Update()    {
        dir = new Vector3(Input.GetAxis("Horizontal"), 0, Input.GetAxis
("Vertical"));
        if (dir!=Vector3.zero)       {
            transform.rotation = Quaternion.LookRotation(dir);     //旋转
            transform.Translate(Vector3.forward*3*Time.deltaTime); //前进
        }
    }
}
```

步骤 2 开关门动画制作。

选中 Door 物体，对其添加组件 Animation，单击菜单栏中的 Window->Animation 命令，即可打开 Animation 窗口，此时保持 Door 的选中状态，如图 8-2 所示。

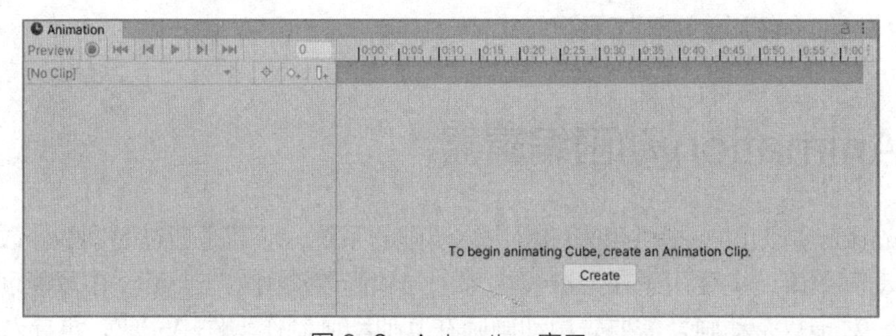

图 8-2 Animation 窗口

单击 Create 按钮，在弹出的对话框中保存文件为 DoorOpen.anim，即建立了一个 Animation 动画序列，单击 Add Property 按钮，可以选择该物体的 Transform 组件中的 Position 属性对其进行动画设置。图 8-3 所示为 Cube 的 Position 信息的动画设置细节，使 Door 物体的位置由第一帧的(0,0,0)变化为最后一帧的(-1,0,0)，即做好了一个门向左移动的动画效果。

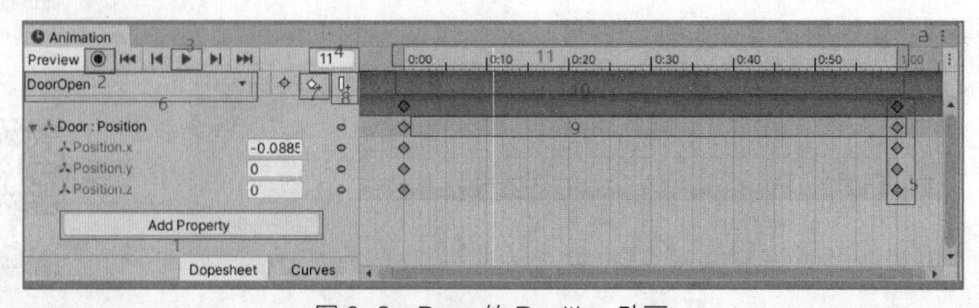

图 8-3 Door 的 Position 动画

图 8-3 中参数的功能说明如下。

（1）Add Property 按钮：添加动画属性，用于添加动画需要的物体组件。

（2）按钮：开启或关闭动画的录制模式。

（3）按钮：播放预览动画效果。

（4）动画当前播放到的帧数。

（5）动画的关键帧，鼠标选中可进行移动。

（6）DoorOpen：显示当前的动画名称，单击右侧向下箭头，可切换动画片段或新建一个动画片段。

（7）按钮：单击会在白线位置添加一个关键帧。

（8）按钮：单击会在白线位置添加一个动画事件。

（9）在区域 9 内右击可在鼠标指针位置添加一个关键帧。

（10）在区域 10 内右击可在鼠标指针位置添加一个动画事件。

（11）在区域 11 内单击可移动白线的位置。

在 Hierarchy 面板中选中刚建立的 DoorOpen.anim 文件，在 Inspector 面板中可以看到属性 WrapMode 的几个选项，如图 8-4 所示，用于设置该动画片段的播放效果（此处为 Defalut）。

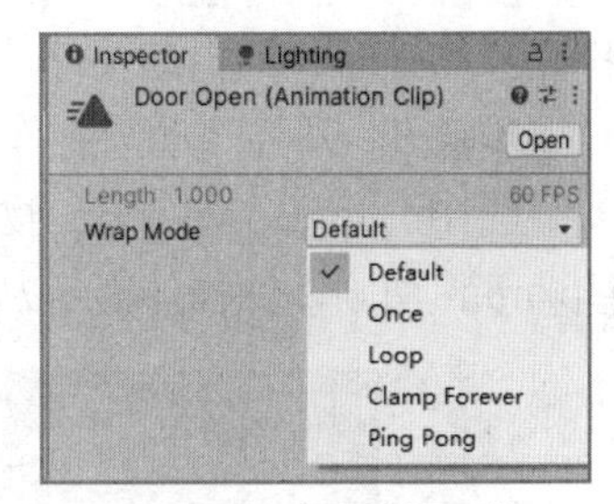

图 8-4　动画剪辑属性

（1）Default：默认播放效果，即动画播放一遍。

（2）Once：与 Default 相同。

（3）Loop：动画循环播放。

（4）Clamp Forever：动画播放停留在最后一帧一直播放。

（5）Ping Pong：动画以乒乓方式来回播放。

单击 Animation 窗口中 DoorOpen 右侧的向下箭头，在下拉列表中选择 Create New Clip 选项，再做一个门右移的动画文件，保存为 DoorClose.anim。

步骤 3　开关门实现。

在 Hierarchy 面板中新建空物体 door 作为 Door 的父物体，且在 door 上添加 BoxCollider 组件，勾选 IsTrigger 复选框，使之成为触发器，并调整大小，使其大于 Door 物体的厚度，在 door 上添加 DoorMove.cs 脚本，如图 8-5 所示。具体代码如下。

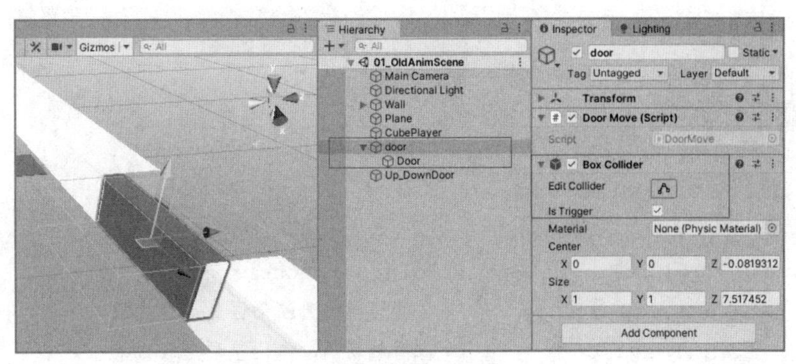

图 8-5　触发器设置

```
代码清单（DoorMove）：
public class DoorMove : MonoBehaviour{
    private Animation ani;
    void Start()    {
        ani =GetComponentInChildren<Animation>();
    }
    private void OnTriggerEnter(Collider other)    {
            ani.Play("DoorOpen");              //播放动画 DoorOpen
    }
    private void OnTriggerExit(Collider other)    {
           ani.Play("DoorClose");              //播放动画 DoorClose
    }
}
```

步骤 4 运行程序，当改变 CubePlayer 对象位置，使其靠近 Door 物体时，门自动打开；离开时，门自动关闭。

步骤 5 升降门动画制作。

选中 Up_DownDoor 物体，在其上添加 Animation 组件，如图 8-6 所示制作 Up.anim 动画，使物体能够从下到上运动。

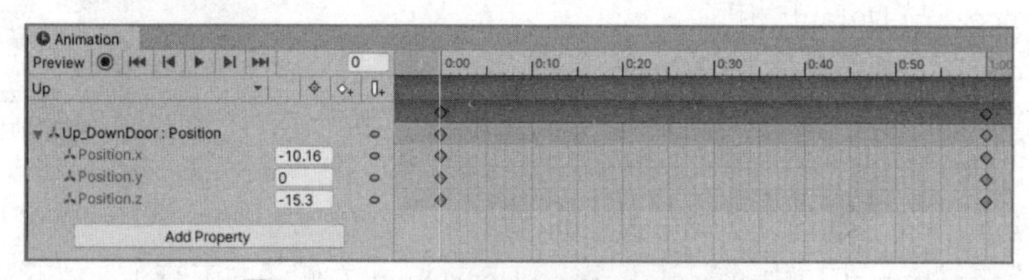

图 8-6 Up_DownDoor 的 Position 动画

步骤 6 升降门实现。

选中 Up_DownDoor 物体，在其上添加 BoxCollider 且勾选 IsTrigger 复选框，使其成为触发器，调整触发器大小，使其略小于该物体，添加 CubeUp.cs 脚本，实现升降门功能。具体代码参考下面的代码清单。

```
代码清单（CubeUp.cs）：
public class CubeUp : MonoBehaviour{
    private Animation ani;
    void Start()    {
        ani = GetComponent<Animation>();
    }
    private void OnTriggerEnter(Collider other)    {
        if (!ani.isPlaying)        //通过属性判断动画是否在播放
            ani.Play("Up");        //播放动画，使门呈现上升效果
    }
```

```
    private void OnTriggerExit(Collider other)    {
        AnimationState state = ani["Up"];                //得到动画状态
        state.time = state.length;
        state.speed = -1;                   //逆向播放动画，使门呈现下降效果
        if (!ani.IsPlaying("Up"))           //通过方法判断某动画是否在播放
            ani.Play("Up");
    }
}
```

8.1.2 新版动画的制作

在 Hierarchy 面板中新建一个 Cube 物体，选中该物体，在 Animation 窗口中单击 Create 按钮，保存动画文件，此时，除了.anim 的文件，还有一个后缀名为.controller 的动画控制器文件，同时在 Cube 上多了一个组件 Animator。

Unity 中的新版动画系统就是利用 Animator 动画状态机控制 Animation 动画序列。双击 Animator 面板中的 Controller 属性值，打开 Animator 窗口，如图 8-7 所示，可以看到刚刚新建的 Animation 动画序列。

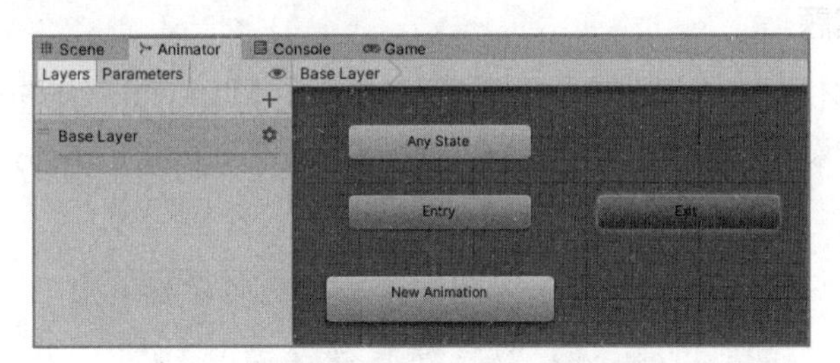

图 8-7 Animator 窗口

提示

以上创建动画的方法会创建出新版动画，注意和 8.1.1 小节中创建旧版动画方法间的区别。

8.2 外部动画资源的导入和设置

Unity 可以导入原生的 Maya 文件（.mb 或者.ma）、3ds Max 文件（.max）、Cinema 4D 文件（.c4d）以及一般的 FBX 文件，官方建议将模型在建模软件中导出为 FBX 格式后再使用。动画资源一般和模型绑定在一起，导入动画时，只需将模型直接拖入 Project 面板中的 Assets 文件夹中，之后便可以在 Inspector 面板中编辑其属性。

8.2.1 资源的导入

导入资源包 CharactersModels.unitypackage，将两个模型文件 unitychan 和

DefaultAvatar 拖入场景中，如图 8-8 所示，效果如图 8-9 所示。

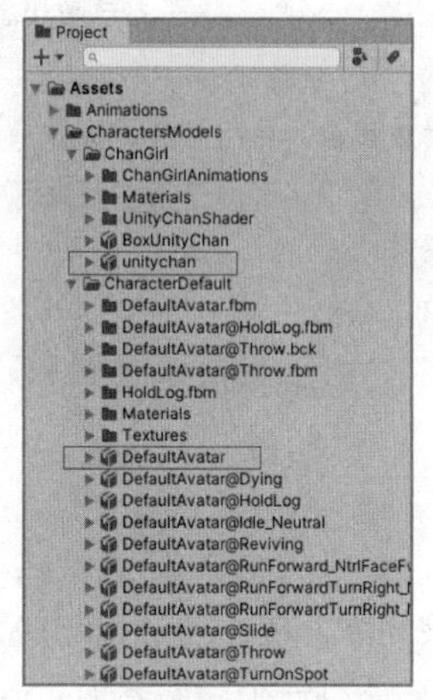

图 8-8 导入资源包后的 Project 面板

图 8-9 场景中的模型

8.2.2 资源的设置

1. 材质丢失问题

若导入的模型材质丢失，则需要找到模型的材质 Materials 文件夹和贴图 Textures 文件夹，将贴图手动设置到相应的材质位置。模型 DefaultAvatar 的 body 贴图设置如图 8-10 所示。

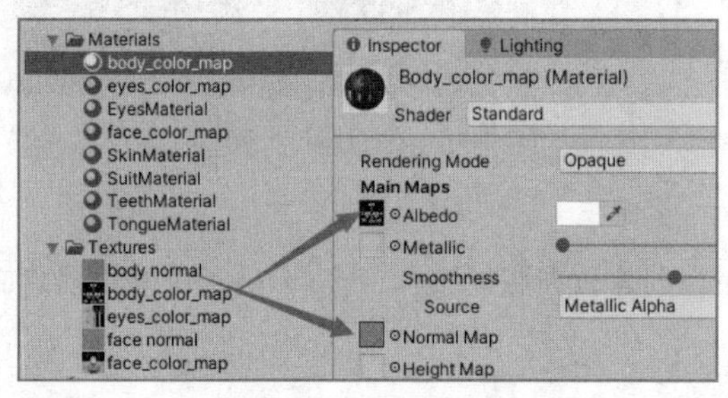

图 8-10 场景中的模型

在 Project 面板中选中模型 unitychan，在 Inspector 面板中有 4 个选项卡，分别是 Model（模型）选项卡、Rig（骨骼）选项卡、Animation（动画）选项卡、Materials（材质纹理）选项卡，通过这 4 个选项卡对模型相关信息设置完成后，我们才能在场景中更好地使用这些模型资源。

2. 模型比例

打开 Model 选项卡，该选项卡主要用于设置模型比例、网格压缩方式等信息，如图 8-11 所示，大部分选项一般不需改动。常设置的选项含义如下。

Scale Factor：模型的缩放比例，用于设置外部导入的模型大小，图 8-11 中的设置表示模型缩小为原来的 1%。

Generate Colliders：为模型添加碰撞体，适用于为导入的地形等不规则物体添加碰撞体。

提示

改变外部导入模型的大小，建议在上述面板中设置 Scale Factor 值以实现，一般不要改变场景中该物体的 Transform 组件中的 Scale 值。

3. Rig 选项卡

在 Inspector 面板中打开 Rig 选项卡，该选项卡主要用于设置骨骼和替身系统相关信息，如图 8-12 所示。根据 Animation Type 属性值，可以查看该模型上的动画类型。

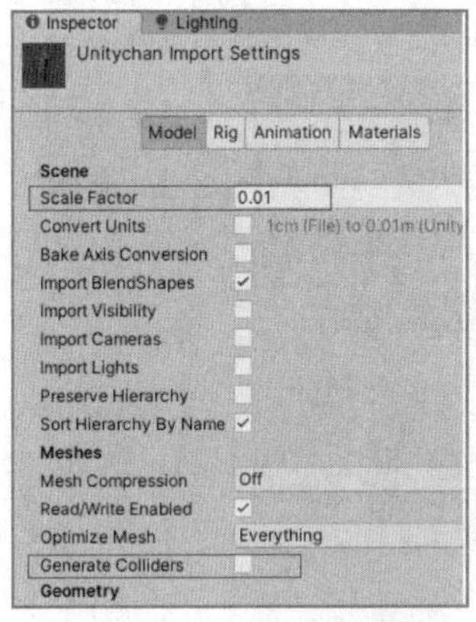

图 8-11　Model 选项卡

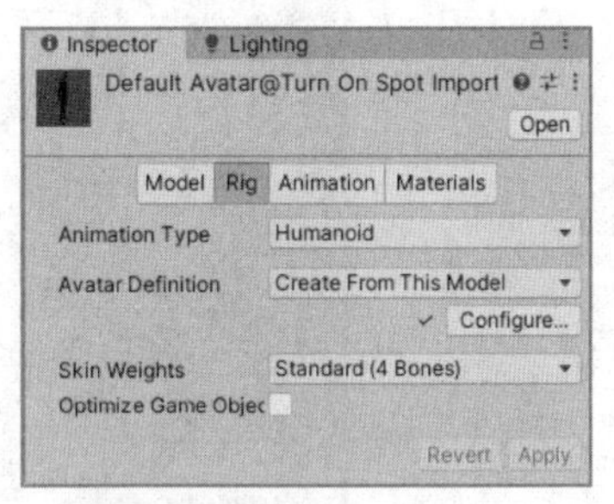

图 8-12　Rig 选项卡

（1）Animation Type。

- None：本身无动画，主要用于环境静态模型。
- Legacy：表示旧版动画类型，即 Animation 动画。
- Generic：表示新版非人形动画（通用类型），需要设置骨骼根节点。
- Humanoid：表示新版人形动画，有头和四肢，需要使用 Avatar 替身系统，绑定人主要关节的映射关系，优点是动画可以复用，可以下载其他人形动画复用到该模型上。

（2）Avatar Definition。

骨骼信息，可以从自身模型创建，也可以来自其他骨骼。单击下方的 Configure 按钮，打开图 8-13 所示的关节信息编辑界面。

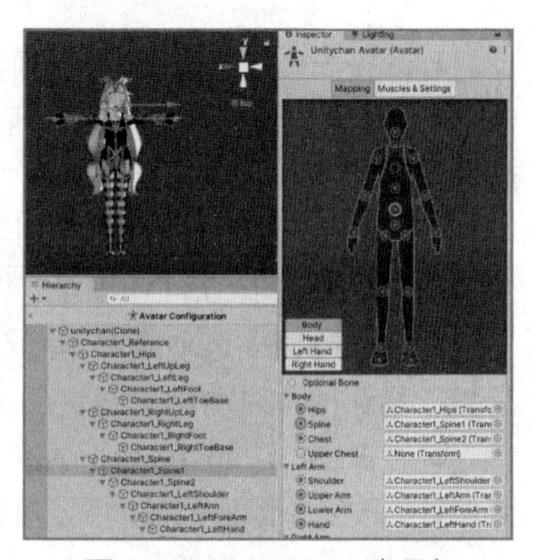

图 8-13　Mapping 选项卡

Mapping 选项卡：对模型关节进行映射设置，其中实心节点对应的骨骼为必需，虚节点对应的骨骼非必需，单击某一个节点，在 Hierarchy 和 Scene 面板中自动定位到对应模型节点，可以更改节点对应的模型关节。打开 Muscles&Settings 选项卡，如图 8-14 所示，可以调节肌肉的设置，改变肢体的运动范围。

设置完毕，单击界面右下角的 Apply 按钮应用刚才的设置，再单击 Done 按钮，回到正常的 Unity 编辑界面。

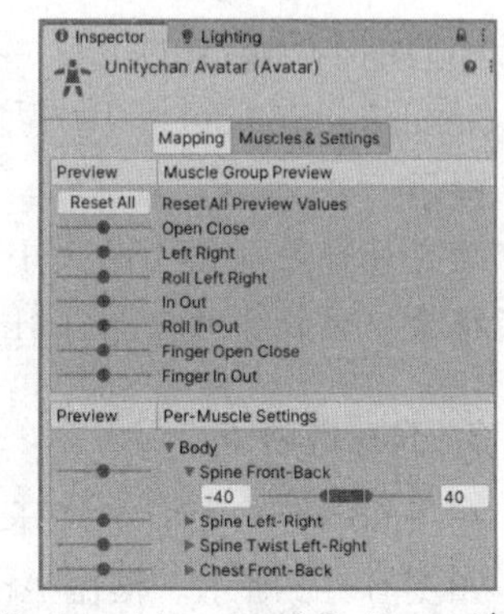

图 8-14　Muscles&Settings 选项卡

4．Animation 选项卡

当我们选中包含动画剪辑的模型时，Animation 选项卡将显示动画设置相关的内容。动画剪辑是 Unity 动画的最小构成元素，代表一个单独的动作，在本实例中，模型 unitychan 的该选项卡无内容，其动画信息被保存在同级文件夹 ChanGirlAnimations 中。DefaultAvatar 模型的动画信息也被保存在 DefaultAvatar@Slide 等文件中，如图 8-15 所示。

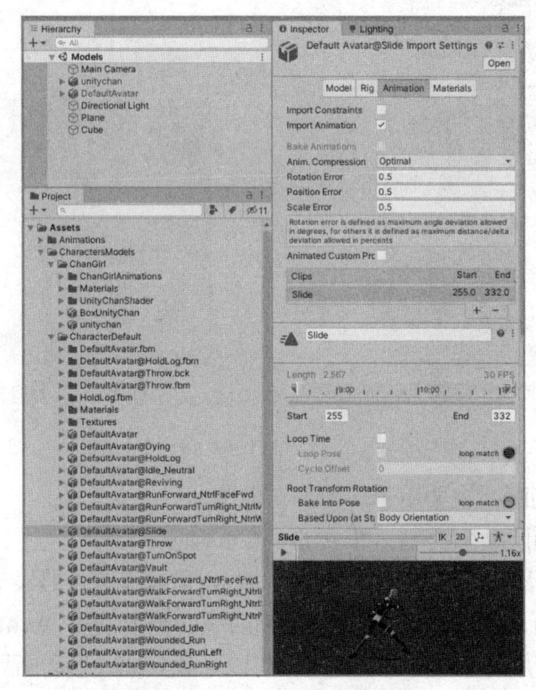

图 8-15　Animation 选项卡

● Import Animation：勾选则导入动画剪辑，否则动画不会被导入。

● 动画的分割：在图 8-15 所示的 Clips 列表中只有一个 Slide 动画，并显示出了动画的起始帧数，我们可以通过下方的“+”按钮，添加截取的新动画。

● Loop Time：勾选该复选框，表示动画循环播放。

勾选其中的 Loop Pose 复选框，表示无缝循环运动。

Loop match 选项如果显示绿色，则表示动画首尾衔接良好，否则首尾动画不能很好衔接，循环播放时动画不连贯。

● 在 Root Transform Position 中勾选 Bake Into Pose 复选框，动画的移动不会造成实际位置的改变，即只播放动画，但不会产生位移。一般此复选框不勾选。

● Mirror：勾选该复选框，表示动画镜像，即原右转的动画变为左转。

● Events：动画事件，可以为动画剪辑添加一个事件，当动画播放到事件处时会自动寻找对象脚本中的同名函数并执行，如某一时刻的伤害判断等。图 8-16 表示在某一时刻，执行脚本中名为 PlaySound 的函数。

● Mask：动画遮罩，作用是当动画播放时，可以指定哪些骨骼排除在外不受动作影响，如图 8-17 所示，单击腿部变为红色，再次播放动画时，腿部保持初始状态，无动作。

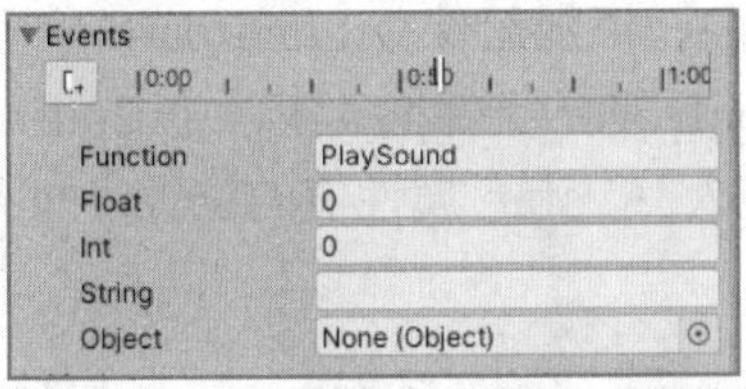

图 8-16 动画播放中的事件函数

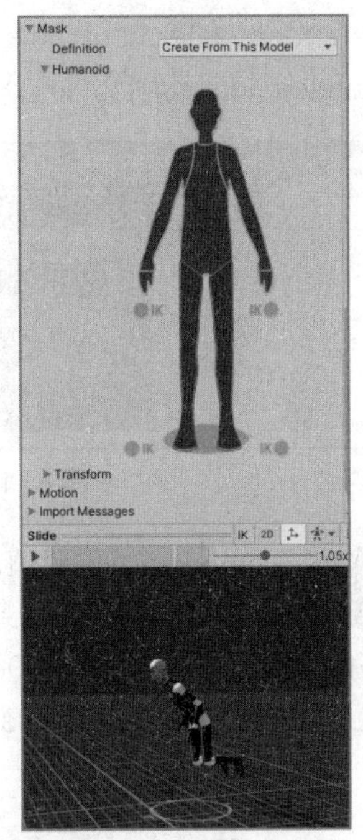

图 8-17 动画遮罩

● 预览窗口：在图 8-17 底部的预览窗口中单击左侧的播放按钮，可以播放动画预览，并使用鼠标左右键切换预览时的角度、方向等；调整右侧的滑动条，可切换动画播放的速度；也可以将其他模型拖入预览窗口，使用新模型播放同一套动作。

提示

选项卡中值的更改，需要单击下方的 Apply 按钮后才生效，单击 Revert 按钮，则恢复为原值。

8.3 Mecanim 动画系统

Unity 中的新版动画系统，即 Mecanim 角色动画系统，功能强大，主要提供了下面几方面的功能。

- 针对人形角色提供一套特殊的工作流程。
- 有动画复用的能力，可以把动画从一个角色模型应用到其他角色模型上。
- 提供可视化的 Animator 编辑器，可以方便管理多个动画切换的逻辑。

以下通过实例讲解 Mecanim 动画系统的使用。

8.3.1 动画状态机

步骤 1 创建 Animator 动画状态机。

右击 Assets 文件夹，选择 Create->Animator Controller 命令，保存文件名为 DefaultAvatarController.controller。双击此文件，打开 Animator 窗口，将 Project 面板中的 Wounded_Idle 动画文件拖入 Animator 窗口中，如图 8-18 所示。

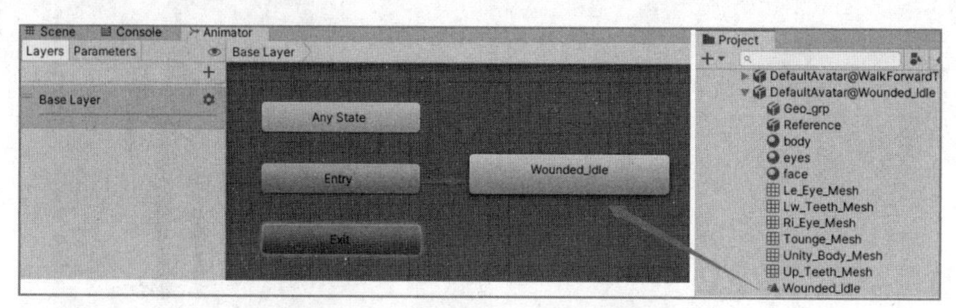

图 8-18 Animator 中的动画剪辑

步骤 2 为 Animator 组件赋值。

在 Hierarchy 面板中选中 DefaultAvatar 对象，添加组件 Animator（若已有此组件，则忽略此步骤），将刚创建的 DefaultAvatarController 文件拖入组件中 Controller 属性值的位置，将 DefaultAvatarAvatar 骨骼文件拖入 Avatar 属性值的位置，如图 8-19 所示。

微课视频

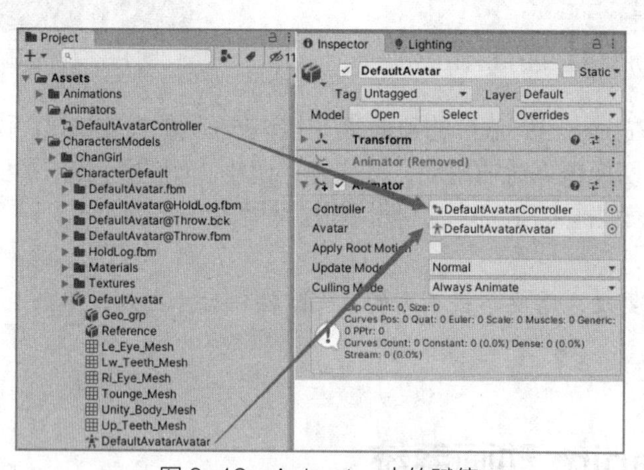

图 8-19 Animator 中的赋值

微课视频

注意

勾选 Apply Root Motion 复选框，动画能够产生实际的位移，否则动画中的位移不会产生实际的位置改变，此时运行程序，可以看到 DefaultAvatar 对象处于 Wounded_Idle 动画状态。

步骤 3 设置动画剪辑属性。

若此时的 Idle 动画只播放一遍即停止，则可以在 Project 面板中选中 DefaultAvatar@Wounded_Idle 动画文件，在 Inspector 面板中勾选 Loop Time 复选框，使该动画剪辑可以循环播放。同时，在 Animator 窗口中选中 Wounded_Idle 节点，在 Inspector 面板中调整其常用属性，如 Speed（动画剪辑速度）、Mirror（动画镜像）等。

步骤 4 设置动画过渡。

（1）将 Wounded_Run、Dying 动画剪辑添加到 Animator 窗口，设置与其他节点间的连线关系，并在 Parameters 选项卡中添加变量 Dead（Bool 型）、Speed（Int 型），如图 8-20 所示。

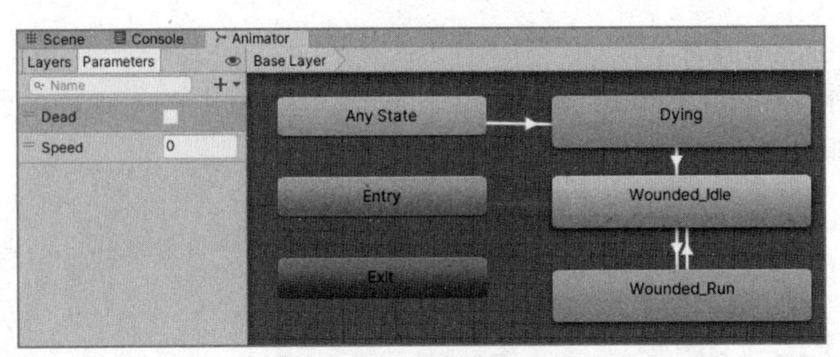

图 8-20 动画过渡设置

（2）选中其中一个连线，在 Inspector 面板中可以对两个状态间的过渡表现效果和切换条件进行设置。

- 选中 Wounded_Idle 与 Wounded_Run 剪辑间的连线。

Has Exit Time：勾选该复选框，表示当前动画播放到退出时间后才过渡到下一个动画剪辑；不勾选该复选框，动画可以直接切换到下一个动画剪辑。过渡时间可以在下方的 Exit Time 中设置。一般情况下不勾选该复选框。

Transition Offset：动画切换过渡时的时间，Unity 会自动在两个动画过渡时生成过渡动画，使动画切换更平滑，可以在蓝色时间轴中调整过渡。

Conditions：在过渡条件中设置 Speed 中的 Greater 为 0，表示当 Speed 变量的值大于 0 时，动画开始过渡。设置 Wounded_Run 与 Wounded_Idle 的过渡参数，使 Speed 值等于 0 时，动画过渡。

- 选中 Any State 与 Dying 剪辑间的连线，在 Inspector 面板的 Settings 中出现 Can Transition To Self 属性，勾选该属性，Dying 动画播完会再次过渡到 Dying 动画，动画会循环播放。在这里取消勾选，当过渡到 Dying 动画状态时，该动画只播放一遍。

Conditions：在过渡条件中设置 Dead 为 True，表示当 Dead 变量的值为 True 时，动画开始过渡。设置 Dying 与 Wounded_Idle 的过渡参数，当 Dead 变量的值为 False 时，动画开始过渡。

步骤 5 设置动画事件。

在 Project 面板中选中 DefaultAvatar@Dying 动画文件，在 Inspector 面板中设置 Events 的内容，如图 8-21 所示，在动画的最后一帧添加事件 DeadOver。动画结束时会自动调用脚本中的该函数并执行。

Events

0:00 0:17 0:33 0:50 0:67 0:83 1:00

Function	DeadOver
Float	0
Int	0
String	
Object	None (Object)

Mask

Motion

图 8-21 动画事件

步骤 6 添加控制脚本。

为游戏物体 DefaultAvatar 添加新组件 AnimatorController.cs，用于控制动画的执行过程，代码如下。

```
代码清单(AnimatorController.cs):
public class AnimatorController : MonoBehaviour{
    private Animator animator;
    public float roundSpeed = 30;
    void Start()    {
        animator = this.GetComponent<Animator>();
    }
    void Update()    {
        animator.SetInteger("Speed", (int)Input.GetAxisRaw("Vertical"));
//设置 Animator 中 Speed 的值
        if (Input.GetKeyDown(KeyCode.Space))
            animator.SetBool("Dead", true);    //设置 Animator 中 Dead 的值
        this.transform.Rotate(Vector3.up,  Input.GetAxisRaw("Horizontal")
* roundSpeed * Time.deltaTime);
    }
    public void DeadOver()  {                    //动画剪辑中自动触发的事件
        animator.SetBool("Dead", false);
    }
}
```

步骤 7 动画的复用。

Humanoid 人形动画可以实现复用，将场景中 unitychan 对象的 Animator 组件中的 Controller 赋值为刚创建的 DefaultAvatarController 状态机，并添加 AnimatorController 组件，即可完成复用。此时运行程序，会看到场景中的两个人物模型执行相同的一套动作，如图 8-22 所示。

图 8-22 动作复用

8.3.2 动画分层和遮罩

在实际的项目中，我们经常把动画分层和遮罩结合使用，方便两套不同层动作的切换和叠加，以提升动画的多样性，节约动画资源。

实例内容：在 8.3.1 小节的操作基础上，实现用户按 J 键，主角上半身执行“投掷”的动作；当主角满血时，原来的受伤站立和跑步的动画切换为正常状态下的站立和跑步。

步骤 1 更改动画状态机。

打开 DefaultAvatarController 动画状态机，打开 Layers 选项卡，添加一个新层，在本层中右击，选择 Create State->Empty 命令，更名为 Null，添加空动画节点。添加动画剪辑 Throw，并添加 Parameters 参数：Throw 动画剪辑（Trigger 类型）用于控制 Throw 动画状态的切换，并设置从 Null 到 Throw 的切换条件为 Throw，Throw 到 Null 的过渡不需要条件，如图 8-23 所示。

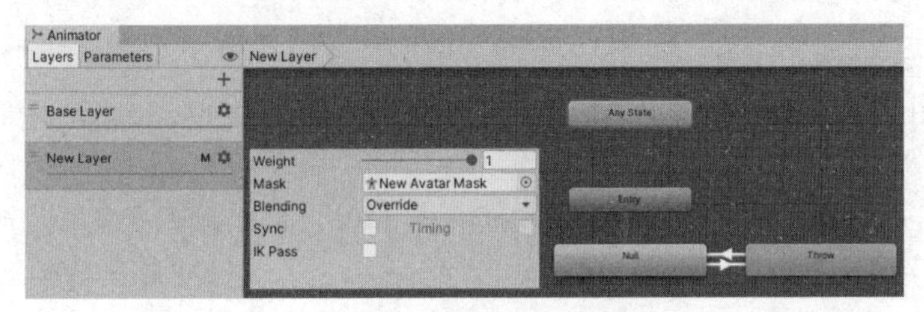

图 8-23 添加新层

两个动画层的叠加效果由各层的权重决定，设置本层的权重 Weight 为 1。

各参数含义如下。

Weight：权重，当多层动画同时播放时，如果选择叠加状态，则根据权重决定叠加的比例。

Mask：动画遮罩，该层动画全部都会受该遮罩的影响。

Blending：混合方式（Override 为覆盖方式，播放该层动画时忽略其他层信息；Additive 为叠加方式，会和其他层动画叠加播放）。

Sync：是否同步其他层，用于直接从其他层复制状态在该层中修改，提高效率。

Timing：当勾选 Sync 同步其他层时，激活该参数，若勾选，则采用折中方案调整同步层中的动画时长，否则动画时长以原始层为母版。

IK Pass：是否采用反向动力学。

步骤 2 设置遮罩。

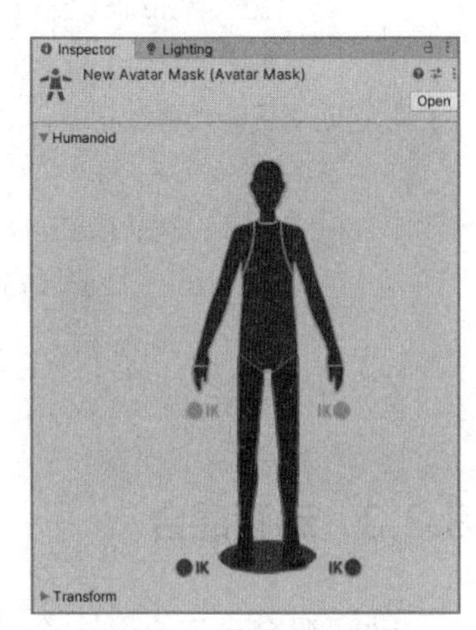

图 8-24 Mask 遮罩

在 Project 面板中新建 Avatar Mask 类型的文件，单击腿部使之变为红色，如图 8-24 所示。在图 8-21 所示的界面中将 Mask 属性赋值为此遮罩文件（New Avatar Mask）。

步骤 3 实现正常状态的站立和跑步。

在 Animator 中新建层，勾选 Sync 复选框，复制默认层的动画状态，并依次将 Idle 和 Run 状态的动画节点赋值为 Idle_Neutral 和 RunForward，即正常状态下的站立和跑步动画剪辑。该层权重 Weight 为 0，其值在代码中动态更改，若值为 1，则主角将执行该层的动画。

步骤 4 代码控制。

最终动画的实现需要配合代码，代码如下所示。

```
代码清单（AnimatorController.cs）:
public class AnimatorController : MonoBehaviour{
    private Animator animator;
    public float roundSpeed = 30;
    void Start()    {
        animator = this.GetComponent<Animator>();
    }
    void Update()    {
     animator.SetInteger("Speed",   (int)Input.GetAxisRaw("Vertical"));//
设置 Animator 中 Speed 的值
        if (Input.GetKeyDown(KeyCode.Space))
            animator.SetBool("Dead", true);       //设置 Animator 中 Dead 的值
        this.transform.Rotate(Vector3.up,  Input.GetAxisRaw("Horizontal")
* roundSpeed * Time.deltaTime);
        if (Input.GetKeyDown(KeyCode.J))
            animator.SetTrigger("Throw");        //触发 Throw 动画
        if (Input.GetKeyDown(KeyCode.K))
            animator.SetLayerWeight(animator.GetLayerIndex("New  Layer  0"),
1); //更改层的权重为 1
        if (Input.GetKeyDown(KeyCode.L))
            animator.SetLayerWeight(animator.GetLayerIndex("New  Layer  0"),
0); //更改层的权重为 0
    }
    public void DeadOver()   {                  //动画剪辑中自动触发的事件
      animator.SetBool("Dead", false);
    }
}
```

8.3.3 动画混合

动画混合允许合并多个动画以达到动画平滑融合的效果，项目中常见两个或多个相似

运动动画之间的混合，可以将其理解为高级版的动画过渡。以下以实例方式讲解动画混合的制作：在动画状态机中利用 Blend Tree（混合树），实现最少变量控制 *N* 个动画间的融合切换。

1. 1D 动画混合

步骤 1 在项目中新建动画状态机 DefaultAvatarController02，并赋给 DefaultAvatar 对象的 Animator 面板中的 Controller 属性。双击打开动画状态机，在 Animator 窗口空白部分右击，选择 Create State-> From New Blend Tree 命令，创建一个 Blend Tree，并双击进入，修改左侧参数名为 Speed，如图 8-25 所示。

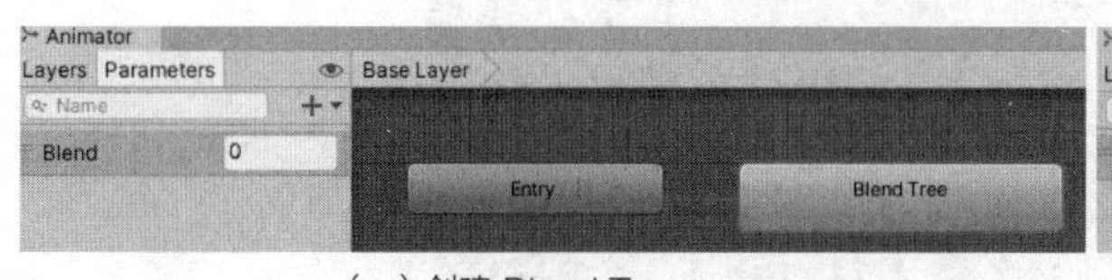

（a）创建 Blend Tree

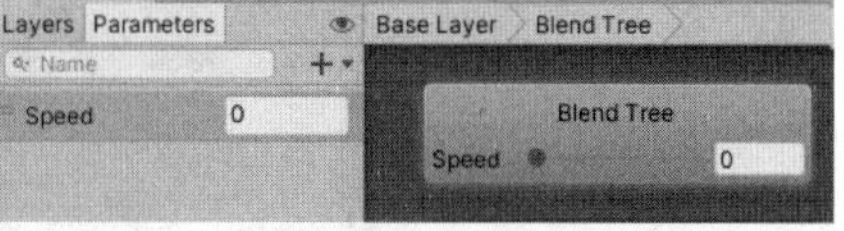

（b）编辑 Blend Tree

图 8-25 Blend Tree

步骤 2 在右侧 Inspector 面板中修改 Blend Tree 名称为 IdleToMove，Blend Type 属性值选择 1D，如图 8-26 所示。

步骤 3 在 Motion 中单击“+”按钮，选择 Add Motion Field 添加 5 个动画剪辑，如图 8-27 所示。

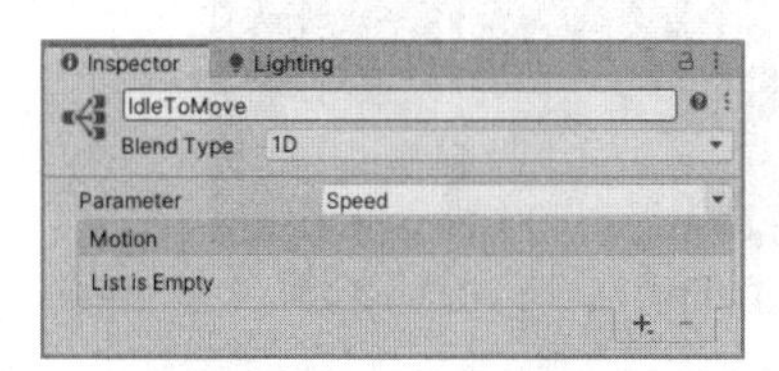

图 8-26 Blend Tree 属性面板

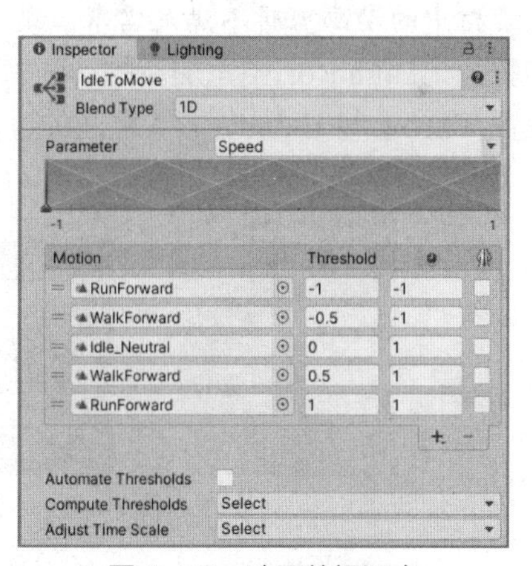

图 8-27 动画剪辑混合

Threshold：为对应动画的临界阈值，Speed 值为 0 时播放 Idle 动画，值为 0.5 时播放 Walk 动画，值为 1 时播放 Run 动画，值在此之间时，播放动画间的融合动画。

Blend Type：此处选择 1D。

（1）1D，表示动画混合通过一个参数来混合子运动。

（2）2D Simple Directional，2D 简单定向模式，运动表示不同方向时使用。

（3）2D Freeform Directional，2D 自由形式定向模式，运动表示不同方向时使用。

（4）2D Freeform Cartesian，2D 自由形式笛卡儿坐标模式，运动表示不同方向时使用。

（5）Direct，直接模式，自由控制每个节点权重，一般做表情动作等时使用。

其中 2D 的 3 种类型选项主要是针对动作的不同采用不同的算法进行混合。

：表示对应动画剪辑的播放速度，1 为正常原速度。

：表示动画的镜像。

Automate Thresholds：表示是否自动确定阈值。勾选后，Threshold 的值自动分配；取消勾选后可以手动设置阈值。

同时，Animator 中的 Blend Tree 如图 8-28 所示。

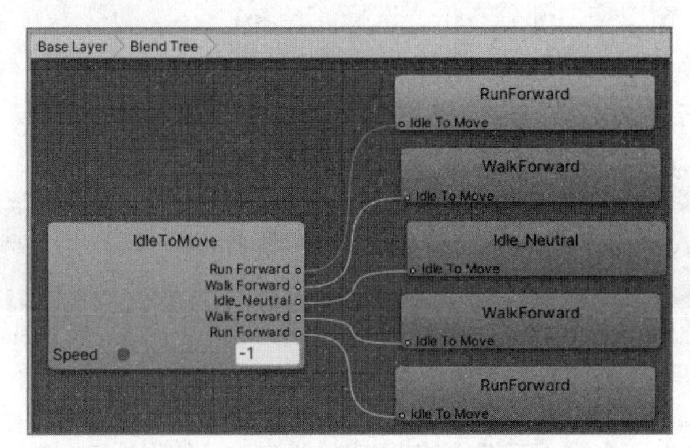

图 8-28　添加动画剪辑后的 Blend Tree

此时，5 个动画间的切换和融合可由一个变量 Speed 的值控制。

提示

若素材中的动画剪辑不满足需求，则可截取片段做成合适的新剪辑。

步骤 4　Animator 中添加新的动画剪辑 Throw，并添加 Trigger 类型参数 Throw，用于设置 Throw 与 Blend Tree 之间的过渡条件，如图 8-29 所示。

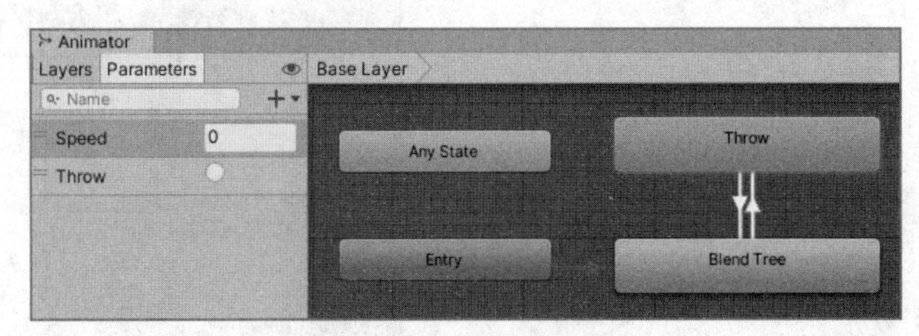

图 8-29　添加动画剪辑 Throw

步骤 5　添加控制脚本。

在 DefaultAvatar 对象上添加脚本 AnimatorController02.cs，完成如下效果：用户按上下方向键，主角能够前后走路；按左右方向键和左 Shift 键，主角能够前后跑步；按空格键，主角执行投掷动作；停止按键，主角处于站立状态。代码如下所示。

```
代码清单（AnimatorController02.cs）：
public class AnimatorController02 : MonoBehaviour{
    private Animator animator;
```

```
    private float dValue = 0.5f;
    void Start()    {
        animator = this.GetComponent<Animator>();
    }
    void Update()    {
        animator.SetFloat("Speed",Input.GetAxis("Vertical") * dValue);
        if (Input.GetKeyDown(KeyCode.LeftShift))
            dValue = 1;
        if (Input.GetKeyUp(KeyCode.LeftShift))
            dValue = 0.5f;
        if (Input.GetKeyDown(KeyCode.Space))
            animator.SetTrigger("Throw");
    }
}
```

2. 2D 动画混合

微课视频

微课视频

步骤 1 在项目中新建动画状态机 DefaultAvatarController03，并赋给 DefaultAvatar 对象的 Animator 面板中的 Controller 属性。双击打开动画状态机，在 Animator 窗口空白部分右击，选择 Create State->From New Blend Tree 命令，创建一个 Blend Tree，并双击进入，修改右侧属性 Blend Type 为 2D Freeform Cartesian（根据美术动画资源的运动特点选择），添加参数并改名为 X、Y，如图 8-30 所示。添加 Blend Tree 中的动画剪辑，设置参数为适当的值，如图 8-31 所示。

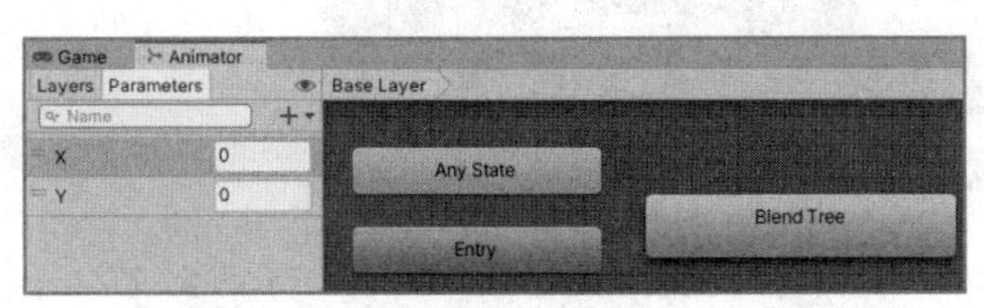

图 8-30 Animator 2D 混合

Inspector　Lighting

Blend Tree

Blend Type 2D Freeform Cartesian

Parameters X Y

Motion	Pos X	Pos Y	
Idle_Neutral	0	0	1
WalkForward	0	0.5	1
RunForward	0	1	1
RunForward	0	-1	-1
WalkForward	0	-0.5	-1
WalkForwardTurnRight	0.5	0	1
WalkForwardTurlEFT	-0.5	0	1
RunForwardTurnLeft	-1	0	1
RunForwardTurnRight_	1	0	1

图 8-31 Blend Tree 2D 混合

步骤 2 为 DefaultAvatar 对象添加 AnimatorController03.cs 脚本，控制动画的运动，代码如下。

```
代码清单（AnimatorController03.cs）:
public class AnimatorController03 : MonoBehaviour{
    private Animator animator;
    private float dValue = 0.5f;
    void Start()    {
        animator = this.GetComponent<Animator>();
    }
    void Update()    {
        animator.SetFloat("X",Input.GetAxis("Horizontal") * dValue);
        animator.SetFloat("Y", Input.GetAxis("Vertical") * dValue);
        if (Input.GetKeyDown(KeyCode.LeftShift))
            dValue = 1;
        if (Input.GetKeyUp(KeyCode.LeftShift))
            dValue = 0.5f;
    }
}
```

提示

在 Blend Tree 中还可以再嵌入 Blend Tree，根据实际情况选择使用。

8.3.4 子状态机

子状态机就是在状态机里还有一个状态机，它适用于某一个状态由多个动作状态组合而成的复杂状态，如某一个技能由 3 段动作组合而成，当我们释放这个技能时会连续播放这 3 个动作。

在 Animator Controller 窗口中右击，选择 Create Sub->State Machine 命令，可以创建一个新的子状态机，而且可以设置动画节点与其过渡的关系，如图 8-32 所示。

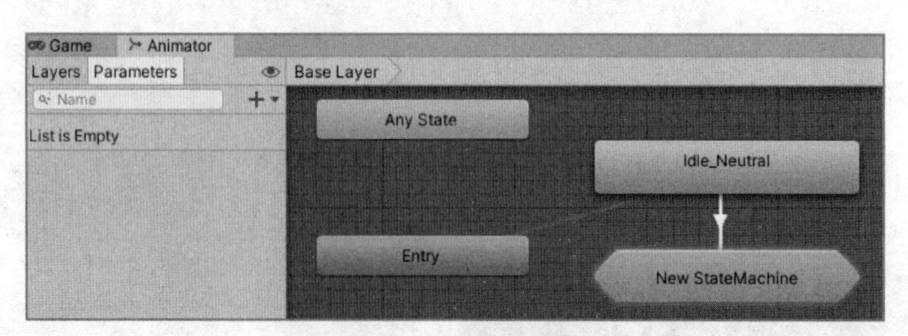

图 8-32 子状态机的创建

双击子状态机，进入子状态机的编辑界面，方法与一般的状态机一致，只是多了一个返回 Base Layer 上层状态机的节点。当子状态机中动画执行完毕，能自动返回上层状态机时，需与 Base Layer 节点建立连接，如图 8-33 所示，在建立连接时，可以有不同的返回方式，如下所示。

Sates：可以选择返回上层状态机的哪个动画节点。

StateMachine：可以返回上层状态机的默认动画节点。

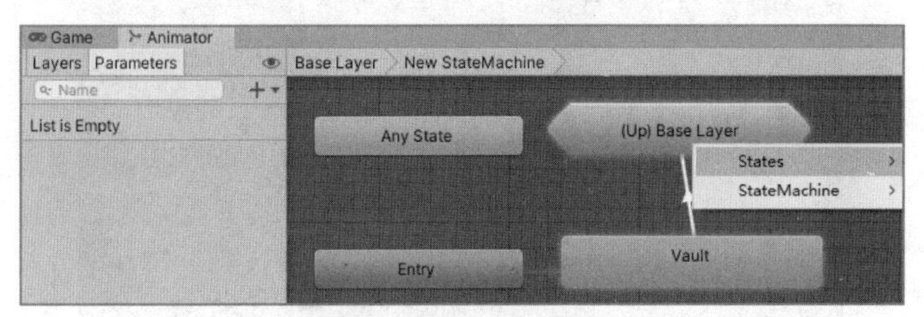

图 8-33 子状态机的返回

8.3.5 动画 IK 控制

微课视频

1. 什么是 IK

在骨骼动画中，构建骨骼的方法被称为正向动力学，它的表现形式是，子骨骼（关节）的位置根据父骨骼（关节）的旋转而改变。

IK 全称为 Inverse Kinematics，意思是反向动力学，和正向动力学恰恰相反，它的表现形式是，子骨骼（关节）末端的位置改变会带动自己以及自己的父骨骼（关节）旋转。

IK 在游戏开发中的应用非常广泛，如人物角色拾取装备、持枪或持弓瞄准等。

2. IK 回调函数

Unity 定义了一个 IK 回调函数 OnAnimatorIK( )（主要处理 IK 运动相关逻辑，在 Update 之后、LateUpdate 之前调用），可以在该函数中调用 Unity 提供的 IK 相关方法控制 IK。Animator 中的 IK 相关方法如表 8-1 所示。

表 8-1 Animator 中的 IK 相关方法

IK 相关方法	释 义
SetLookAtWeight( )	设置头部 IK 权重
SetLookAtPosition( )	设置头部 IK 看向位置
SetIKPositionWeight( )	设置 IK 位置权重
SetIKPosition( )	设置 IK 对应的位置
SetIKRotationWeight( )	设置 IK 旋转权重
SetIKRotation( )	设置 IK 对应的角度
AvatarIKGoal( )	四肢末端 IK 枚举

3. 创建 IK 动画

步骤 1 新建动画状态机 DefaultAvatarControllerIK，在动画状态机的层级设置中，开启 IK 通道（勾选 IK Pass 复选框），如图 8-34 所示。

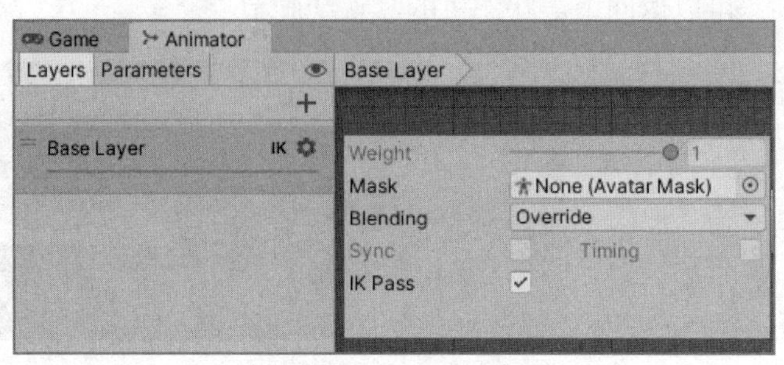

图 8-34 开启 IK 通道

步骤 2 在场景中添加 DefaultAvatar 对象，且设置其 Animator 中的 Controller 值为该状态机文件，添加 Idle 动画剪辑到 Animator 窗口。

步骤 3 为 DefaultAvatar 对象添加 AnimatorIK.cs 脚本，代码如下。

```
代码清单（AnimatorIK.cs）:
public class AnimatorIK : MonoBehaviour{
    private Animator animator;
    public Transform pos;      //场景中的目标物体
    void Start()    {
        animator = this.GetComponent<Animator>();
    }
    private void OnAnimatorIK(int layerIndex)    {
        // SetLookAtWeight()方法中参数的含义如下
        //weight:LookAt 全局权重 0~1        //bodyWeight:身体的权重 0~1
        //headWeight:头部的权重 0~1        //eyesWeight:眼睛的权重 0~1
        //clampWeight:0 表示角色运动时不受限制，0.5 表示只能够移动范围的一半
        animator.SetLookAtWeight(1,0f, 1f);
        animator.SetLookAtPosition(pos.position);
        animator.SetIKPositionWeight(AvatarIKGoal.LeftHand, 1);
        animator.SetIKRotationWeight(AvatarIKGoal.LeftHand, 1);
        animator.SetIKPosition(AvatarIKGoal.LeftHand, pos.position);
        animator.SetIKRotation(AvatarIKGoal.LeftHand, pos.rotation);
    }
}
```

步骤 4 运行项目，在编辑窗口中拖曳目标物体时，可以看到角色头部及肢体随目标物体移动。

8.3.6 动画目标匹配

当游戏中的角色要以某种动作移动时，如跳过栅栏时角色的手必须按在栅栏上，就需要利用动画目标匹配来达到目标效果。

1. 目标匹配函数

Unity 中的 Animator 提供了对应的函数 MatchTarget( )来完成动画目标匹配的功能。示例代码如下。

animator.MatchTarget(targetPos.position，targetPos.rotation，AvatarTarget.RightFoot，new MatchTargetWeightMask(Vector3.one，1)，0.4f，0.64f)；

- 参数一：要匹配的目标位置。
- 参数二：要匹配的目标旋转角度。
- 参数三：待匹配的骨骼部件。
- 参数四：匹配的位置、角度权重。
- 参数五：目标匹配的开始位移动作的百分比。
- 参数六：目标匹配的结束位移动作的百分比。

2. 注意事项

动画目标匹配不正确主要是因为调用目标匹配函数的时机有一些限制，具体如下。

- 必须保证动画已经切换到了目标动画上。
- 必须保证调用时动画并不是处于过渡阶段，而是真正在播放目标动画。
- 需要开启 Apply Root Motion。
- 目标匹配（Target Matching）仅适用于 Base Layer（动画层序号为 0），不能用在其他动画层上。

3. 动画目标匹配设置

步骤 1 新建动画状态机 unitychanController，在其中添加资源文件夹 ChanGirl Animations 中的 Standing、Jump_A 动画剪辑，添加参数 Jump，如图 8-35 所示，设置动画节点间的关系，如图 8-36 所示。

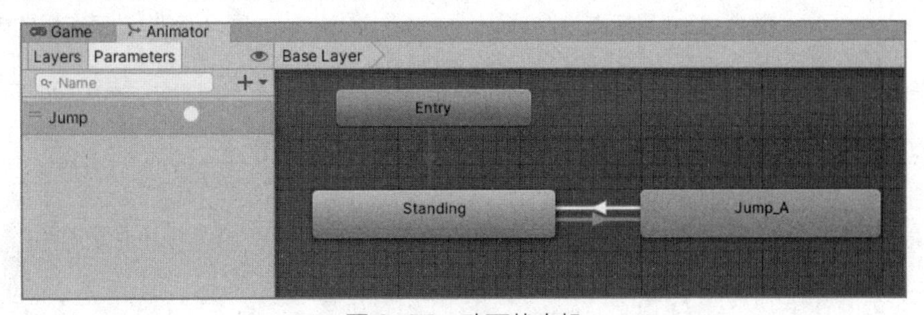

图 8-35 动画状态机

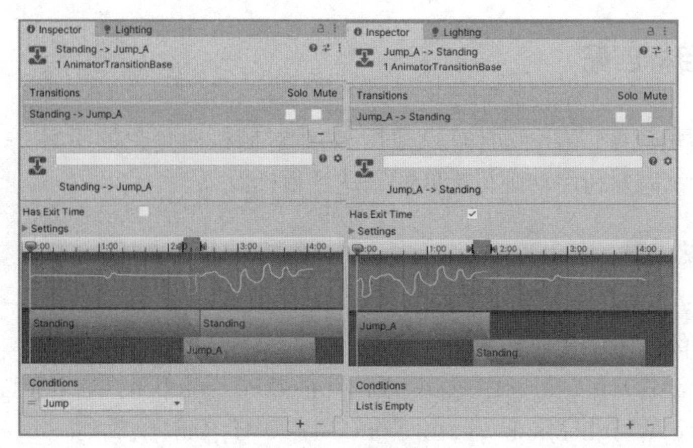

图 8-36　节点间关系

步骤 2　在 Scene 面板中添加模型对象 unitychan，并设置其 Animator 组件中的 Controller 值为刚刚创建的 unitychanController，如图 8-37 所示。

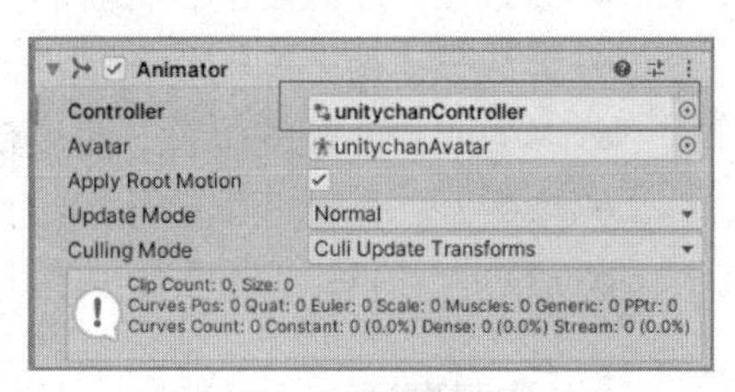

图 8-37　动画控制器赋值

步骤 3　在 Hierarchy 面板中创建 Cube，调整其厚度，放置在 unitychan 前，作为其跳上去的台阶，并创建空物体，更名为 targetPos，作为 Cube 子物体，该目标点作为角色跳跃的具体落脚点，如图 8-38 所示。

步骤 4　在 Project 面板中选中 Jump_A 动画剪辑，在 Inspector 面板中的 Events 属性中 0:20—0:30 之间的位置添加事件函数 MatchTarget()，如图 8-39 所示。

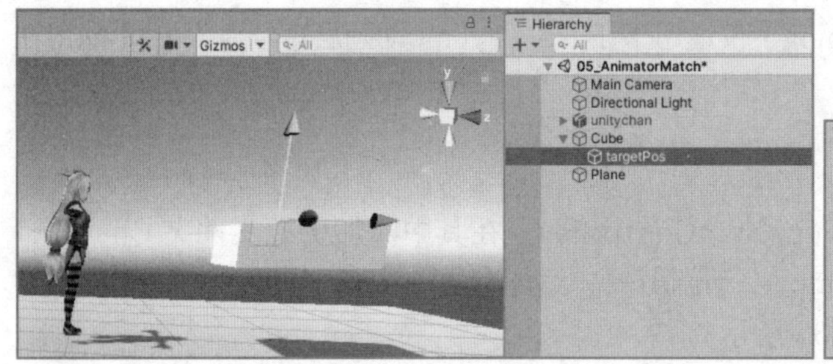

图 8-38　目标点

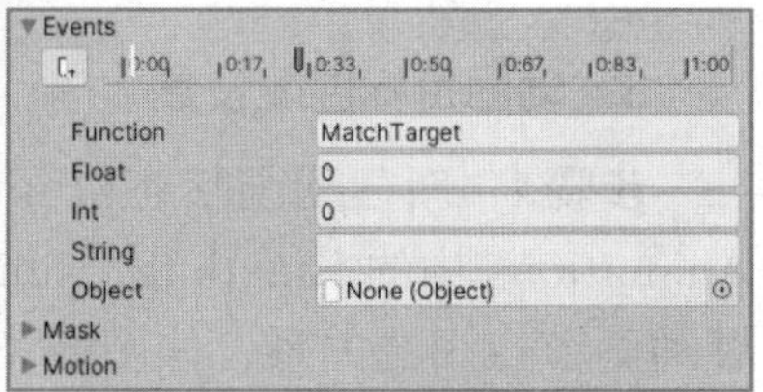

图 8-39　动画剪辑的事件

步骤 5　在游戏物体 unitychan 上添加 UnitychanControl.cs 脚本，代码如下。

```
代码清单（UnitychanControl.cs）:
using System.Collections;
using System.Collections.Generic;
using UnityEngine;
public class UnitychanControl : MonoBehaviour{
    private Animator animator;
    public Transform targetPos;          // 目标点位置 targetPos
```

```
    void Start()    {
        animator = this.GetComponent<Animator>();
    }
    void Update()    {
        if (Input.GetKeyDown(KeyCode.Space))        {
            animator.SetTrigger("Jump");
        }
    }
    void MatchTarget()    {
        animator.MatchTarget(targetPos.position, targetPos.rotation, AvatarTarget.RightFoot,
            new MatchTargetWeightMask(Vector3.one, 1), 0.3f, 0.7f);
    }
}
```

此时运行程序，按下空格键，可以观察到角色跳到了目标点位置。

8.3.7 状态机行为脚本

微课视频

状态机行为脚本是为 Animator Controller 状态机窗口中的某动画状态添加的一个脚本，它继承指定的基类（StateMachineBehaviour 基类），当进入、退出、保持在某一个特定动画状态时可以进行一些逻辑处理。比如进入或退出某一状态时播放声音，检测是否接触地面的逻辑，激活和控制某些状态相关的特效等。

1. 状态机行为脚本中的特定方法

状态机行为脚本中的特定方法如表 8-2 所示。

表 8-2 状态机行为脚本中的特定方法

方 法	含 义
OnStateEnter( )	进入状态时，在第一个 Update 中调用
OnStateExit( )	退出状态时，在最后一个 Update 中调用
OnStateIK( )	在 OnAnimatorIK( )后调用
OnStateMove( )	在 OnAnimatorMove( )后调用
OnStateUpdate( )	除第一帧和最后一帧，在每个 Update 中调用
OnStateMachineEnter( )	子状态机进入时调用，在第一个 Update 中调用
OnStateMachineExit( )	子状态机退出时调用，在最后一个 Update 中调用

2. 添加状态机行为脚本

步骤 1 打开本小节素材中的场景，在 Animator 状态机窗口中选中 Jump_A 动画节点，在 Inspector 面板中单击 Add Behaviour 按钮，如图 8-40 所示，新建一个 UnitychanJump.cs 脚本，代码如下。

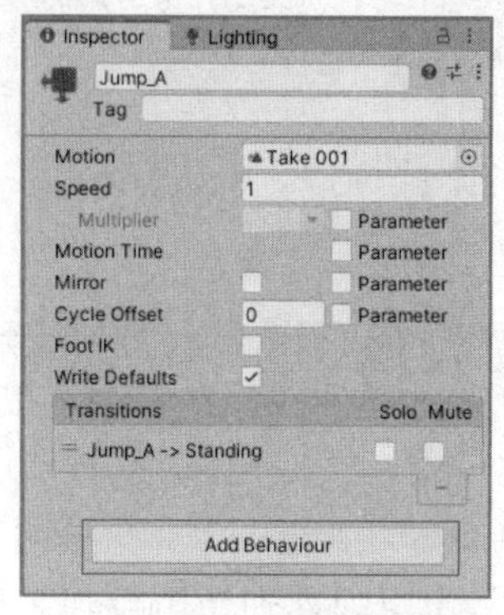

图 8-40 添加行为

```
代码清单（UnitychanJump.cs）:
using System.Collections;
using System.Collections.Generic;
using UnityEngine;
public class UnitychanJump : StateMachineBehaviour{
    public GameObject GoPartical;           //粒子特效
    private GameObject GoClonePerfab;       //克隆粒子
    // 动画开始时调用
    override public void OnStateEnter(Animator animator, AnimatorStateInfo stateInfo, int layerIndex)
    {
    GoClonePerfab = Instantiate(GoPartical, animator.rootPosition, Quaternion.identity);
    }
   // 动画停止时调用
    override public void OnStateExit(Animator animator, AnimatorStateInfo stateInfo, int layerIndex)   {
        Destroy(GoClonePerfab, 2f);
    }
}
```

步骤 2 导入资源 3D Games Effects Pack Free.unitypackage，在 Animator 状态机窗口中选中 Jump_A 动画节点，在 Inspector 面板中将 Go Partical 变量赋值为刚导入的资源 Effect_07 的粒子文件，如图 8-41 所示。

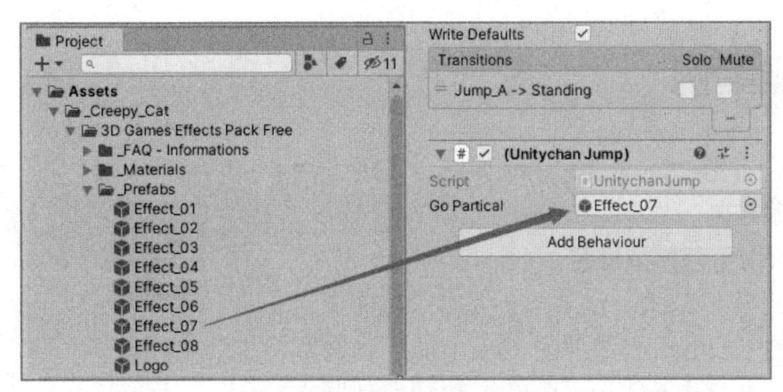

图 8-41 粒子赋值

步骤 3 运行项目，按空格键，人物角色跳跃的同时，可以看到粒子特效也在播放。

提示

状态机行为脚本相对动画事件更准确，但使用稍麻烦，应根据实际需求选择使用。

8.3.8 动画状态机复用

在开发游戏时经常遇到这样的状况：有 N 个玩家和 N 个怪物，这些角色的动画状态机行为完全一致，只是对应的动作不同；若此时为每个对象创建一个状态机进行状态设置和过渡设置，则会增大工作量、降低开发效率。可以利用“状态机复用”解决这一问题。

复用状态机步骤如下。

（1）在 Project 面板中右击，选择 Create->Animator Override Controller 命令，创建状态机文件。

（2）单击 New Animator Override Controller 文件，在 Inspector 面板关联基础的 Animator Controller 文件，如图 8-42 所示。

（3）为 New Animator Override Controller 文件关联需要的动画，如图 8-43 所示。

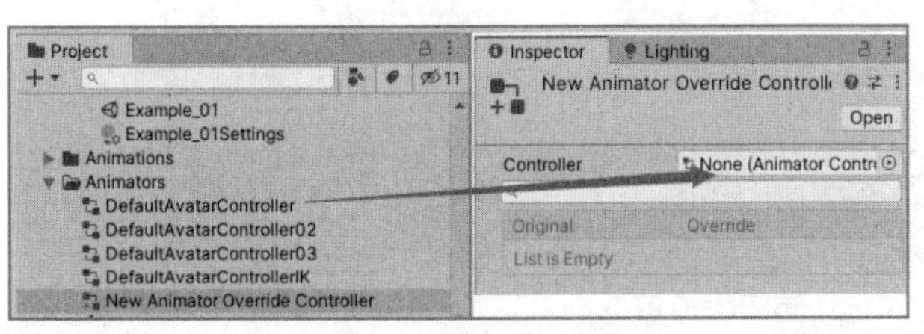

图 8-42 动画控制器赋值

图 8-43 关联动画

8.4 实操案例

本案例综合运用 Mecanim 动画系统，实现人物跳跃动画的精确控制。

步骤 1 人物角色模型准备。

新建场景，导入 DefaultAvatar 人物角色模型，设置该对象上的 Animator 组件的 Controller 值为本章制作的 DefaultAvatarController03 动画控制器文件，再添加 Character Controller 控制器组件，调整其大小使之适合人物模型，如图 8-44 所示。

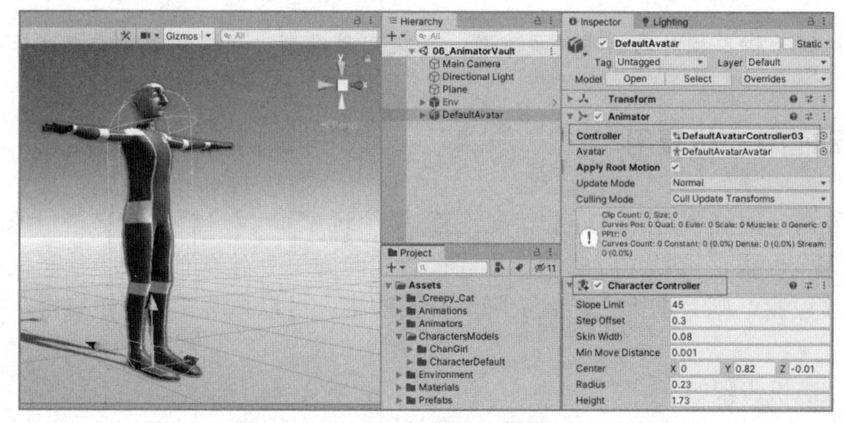

图 8-44 主角属性设置

步骤 2 环境搭建。

在 Hierarchy 面板创建 Plane，再创建 4 个 Edge，增加其宽度，使其高度为 1，按一定位置摆放好，作为角色跳跃的栏板。确定 Edge 有 Box Collider 碰撞体，同时设置这些 Edge 的 Tag 值为 Obstacle，如图 8-45 所示。

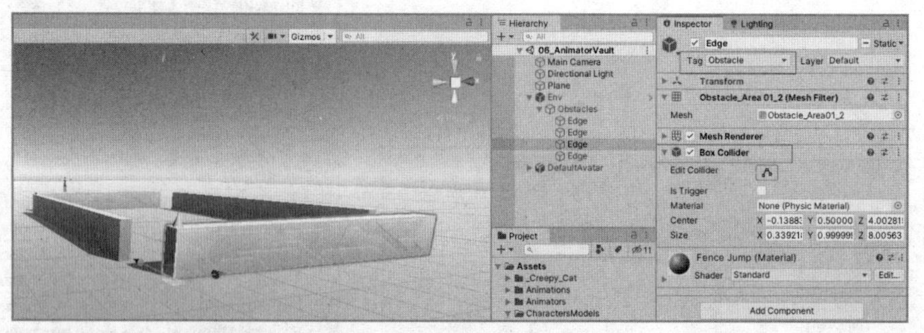

图 8-45 障碍物设置

步骤 3 编辑 Animator。

打开 DefaultAvatarController03 动画控制器文件，将资源中的人物跳跃动画 DefaultAvatar@Vault 加入 Animator 窗口，增加 Bool 类型的参数 Vault，用于控制跳跃动画的播放，如图 8-46 所示。设置 Vault 动画节点与 Blend Tree 节点之间的关系，如图 8-47 所示。

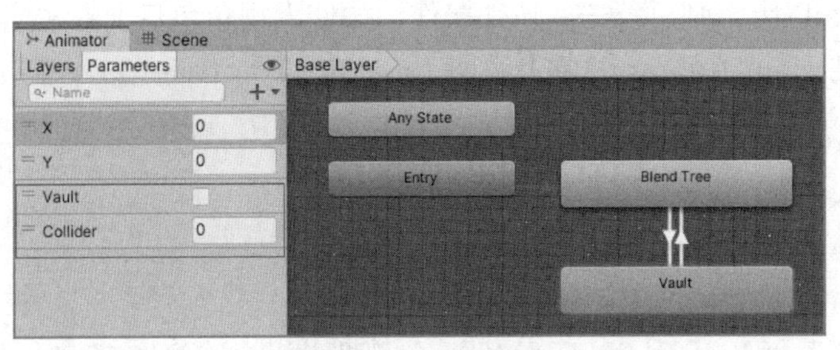

图 8-46　参数设置

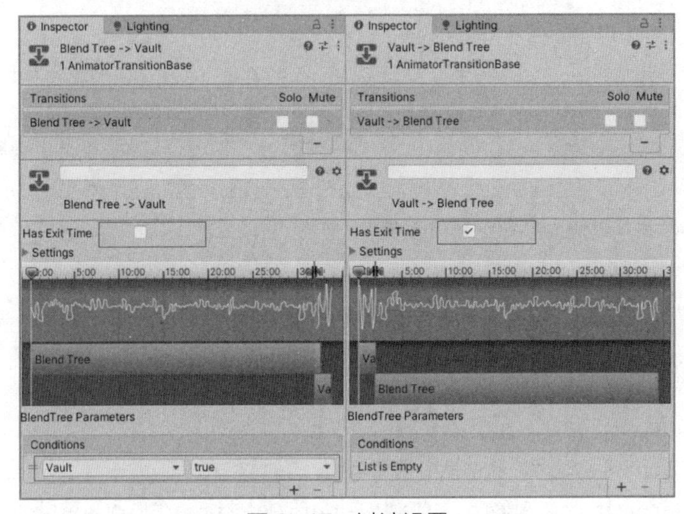

图 8-47　过渡设置

步骤 4　在 Animator 窗口增加 Float 类型的参数 Collider。

在 Project 面板中选中 DefaultAvatar@Vault 动画剪辑文件，在 Inspector 面板中找到 Curves 属性，单击⊕，增加变量 Collider，如图 8-48 所示，同时单击右侧的绿色图形，打开 Curve 窗口，在绿色线的适当位置右击并选择 Add Key 命令，增加两个关键帧，调整两个关键帧间的线条，使之位于 0.5 数值之上，如图 8-49 所示。

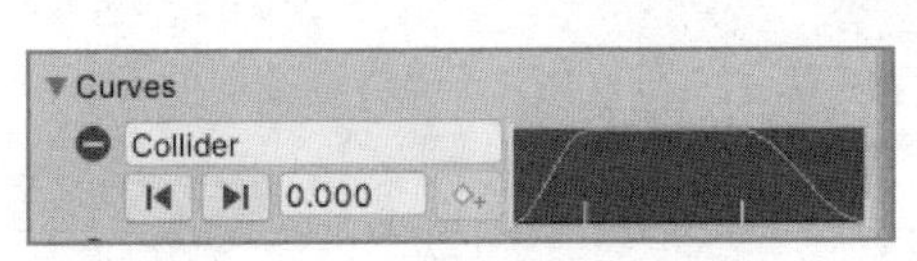

图 8-48　增加变量 Collider

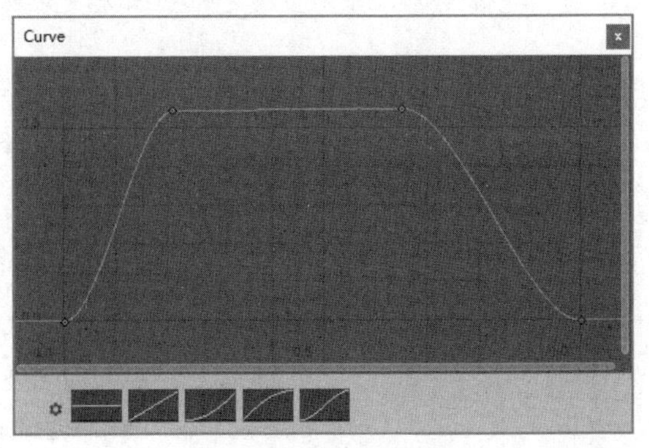

图 8-49　添加关键帧

该曲线的含义是：随着 Vault 动画的播放，在两个关键帧之间的时间里，Animator 中的变量 Collider 的值保持在 0.5 以上。这么做是为了在该动画播放期间判断 Collider 变量的值，若在 0.5 以上，则进行一些特殊操作，如使人物角色身上的碰撞体不可用等。

步骤 5 在 DefaultAvatar 对象上添加 AnimatorController03.cs 脚本，代码如下。

```
代码清单（AnimatorController03.cs）:
using System.Collections;
using System.Collections.Generic;
using UnityEngine;
public class AnimatorController03 : MonoBehaviour{
    private Animator animator;
    private float dValue = 0.5f;
    private Vector3 m_Target = Vector3.zero;        //动画匹配的目标位置
    private CharacterController characterController;
    bool vault = false;                             //是否启用跳跃动画
    private int colliderID = Animator.StringToHash("Collider");    //将Animator中添加的参数转换为容易识别的变量名
    void Start()    {
        animator = this.GetComponent<Animator>();
        characterController = this.GetComponent<CharacterController>();
    }
    void Update()    {
        #region 角色运动（除跳跃）的控制
            animator.SetFloat("X",Input.GetAxis("Horizontal") * dValue);
            animator.SetFloat("Y", Input.GetAxis("Vertical") * dValue);
            if (Input.GetKeyDown(KeyCode.LeftShift))    dValue = 1;
            if (Input.GetKeyUp(KeyCode.LeftShift))  dValue = 0.5f;
        #endregion
        ProcessVault();
        characterController.enabled = animator.GetFloat(colliderID) <= 0.5f; //根据动画进行程度决定角色控制器是否可用
    }
    void ProcessVault()    {
        if (animator.GetCurrentAnimatorStateInfo(0).IsName("Blend Tree"))    {
            RaycastHit hit;
            if (Physics.Raycast(transform.position+Vector3.up*0.3f,transform.forward,out hit,6f)) {
                if (hit.collider.tag=="Obstacle")    {
                    Vector3 point = hit.point;
                    point.y = hit.collider.transform.position.y + hit.collider.bounds.size.y+0.05f;
```

```
                    m_Target  =point;
                    vault =  hit.distance>4f && hit.distance < 4.5f;
                }
            }
        }
        animator.SetBool("Vault", vault);
        if  (animator.GetCurrentAnimatorStateInfo(0).IsName("Vault")  &&
animator.IsInTransition(0) == false)      {
         animator.MatchTarget(m_Target, Quaternion.identity, AvatarTarget.
LeftHand,
         new MatchTargetWeightMask(Vector3.one, 0), 0.4f, 0.5f);
        }
    }
    void ProcessMatchTarget()    {
        animator.MatchTarget(m_Target,  new  Quaternion(),  AvatarTarget.
LeftHand,
                new MatchTargetWeightMask(Vector3.one, 0), 0.32f, 0.4f);
    }
}
```

步骤 6 在 Main Camera 对象上添加 CameraFollow.cs 脚本，使摄像机能够跟随主角移动，代码如下。

```
代码清单（CameraFollow.cs）:
using System.Collections;
using System.Collections.Generic;
using UnityEngine;
public class CameraFollow : MonoBehaviour {
    public Transform follow;      //camera 要跟随的目标，此例中应赋值为人物主角
    public float distanceAway = 5.0f;       //camera 在目标对象后面的距离
    public float distanceUp = 2.0f;         //camera 在目标对象上方的距离
    public float smooth = 1.0f;             //插值系数
    private Vector3 targetPosition;         //目标位置
     void LateUpdate ()    {
        targetPosition  =  follow.position  +  Vector3.up  *  distanceUp  -
follow.forward * distanceAway;
        if  (Vector3.Distance(this.transform.position,  targetPosition)  <
0.05f)      {
            transform.position = targetPosition;
        }  else {
            transform.position = Vector3.Lerp(transform.position, targetPosition,
```

```
Time.deltaTime * smooth);
            }
            transform.LookAt(follow);
        }
    }
```

步骤 7 运行程序，当角色走近障碍物且执行到跳跃动画时，能够看到角色的左手按在障碍物表面通过，实现了跳跃动画的精确控制，如图 8-50 所示。

图 8-50 运行演示

8.5 本章小结

本章重点介绍了 Mecanim 动画系统的使用细节，它具有重定向、可融合等诸多新特性，读者能够体会到该系统制作动画的强大功能，但要做出令人满意的动画效果，还需要在熟练掌握知识点的同时，在实际项目中勤加练习。

在 Unity 中，除了对单个物体设置动画，在项目中也可以对很多对象同时设置动画，诸如过场动画、3D 动画片等，读者可以在此章内容的基础上再学习使用 Unity 的 TimeLine（时间线），这是一种影视动画与游戏内容强交互的开发工具。

在动画制作中，也可以选用一些功能强大的插件，如 DoTween 动画插件，读者可以在资源商店下载免费版本，它是一款针对 Unity 的快速高效、类型安全的面向对象的补间动画引擎，对 Unity 原生 API 进行了扩展，直观、易用且高效。

8.6 本章习题

（1）Mecanim 系统中，Body Mask 的作用是什么？

（2）若要将角色 1 的动画复用到角色 2 身上，需要满足怎样的条件？

（3）状态机行为脚本和动画剪辑中的事件达到的效果有何异同？

（4）动画状态机的复用和动画复用（重定向）有何异同？

第 9 章

导航寻路功能

学习目标
- 掌握基本导航寻路功能的使用方法。
- 掌握导航代理组件的使用方法。
- 了解网格的分层。
- 掌握导航障碍物的设置方法。

为了增强虚拟现实的功能，场景中常常会设置多种类型的跳转或者交互，有时也会应用自动寻路系统使玩家角色能够自动走到任务点。本章将详细介绍 Unity 提供的导航寻路功能。

9.1 基本导航寻路功能

9.1.1 导航寻路功能的基础知识

导航寻路功能是一种系统内置的强大寻路算法系统，可用于方便快捷地开发出各种复杂应用，大量应用于各种射击、动作和冒险类游戏中。使用它可以实现游戏中人物的自动寻路，如绕过障碍、爬上与跳下障碍物、按类别寻找属于自己的道路等。下面将对其中比较重要的 3 个组件及路径烘焙进行详细讲解。

1. Nav Mesh Agent 组件

使用 Nav Mesh Agent 组件可实现对指定对象自动寻路的代理，需要将其挂载到需要寻路的对象上。该组件自带许多参数，需要修改这些参数来设置对象的宽度、高度及转向速度等，如图 9-1 所示。其中部分常用参数的含义如下。

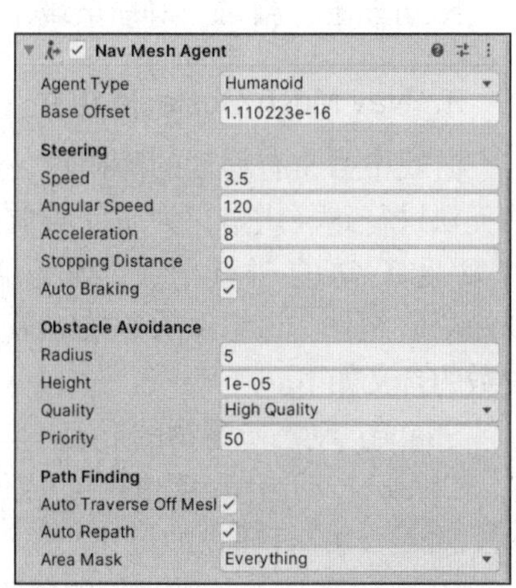

图 9-1 Nav Mesh Agent 组件的参数

Base Offset：偏移值。

Speed：移动速度。

Angular Speed：转向速度。

Acceleration：加速度。

Stopping Distance：停下时与目标点的距离。

Auto Braking：是否自动停止无法到达目的地的路线。

Radius：半径。

Height：高度。

Quality：质量。

Auto Traverse Off Mesh Link：是否自动穿过自定义路线。

Auto Repath：原有路线变化时是否重新寻路。

Area Mask：遮罩区域。

提示

如果使用 Nav Mesh Agent 组件移动角色，则角色将忽略一切碰撞，也就是说，没有进行路径烘焙或没有使用 Nav Mesh Obstacle 组件的物体即使带有碰撞体，角色在移动时也会穿透它。

2. Off Mesh Link 组件

如果场景中两个静态物体分离，没有连接在一起，则当完成路径烘焙后，使用 Nav Mesh Agent 组件无法通过其中一个物体找到另一个物体。为了能够在两个彼此分离的物体间寻路，需要使用 Off Mesh Link 组件,其参数如图 9-2 所示，各参数的含义如下。

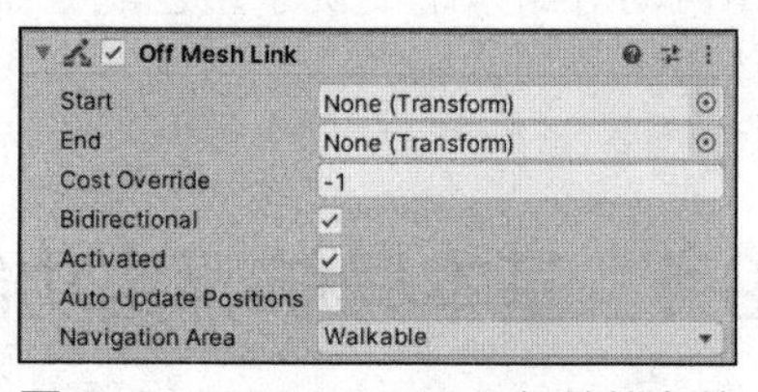

图 9-2　Off Mesh Link 组件的参数

Start：分离网格链接的开始点的物体。

End：分离网格链接的结束点的物体。

Cost Override：修改链接寻找目标的成本。

Bidirectional：是否允许组件在开始点和结束点间双向移动。

Activated：是否激活路线。

Auto Update Positions：运行游戏时，如果开始点或结束点发生变化，路线是否也随之发生变化。

Navigation Area：导航区域，有可行走、不可行走和跳跃 3 种状态。

3. Nav Mesh Obstacle 组件

游戏中常常有移动的障碍物，这种动态障碍物无法进行路径烘焙，为了使导航的角色能够与其发生正常的碰撞，需要使用 Nav Mesh Obstacle 组件。该组件的参数如图 9-3 所示，各参数的含义如下。

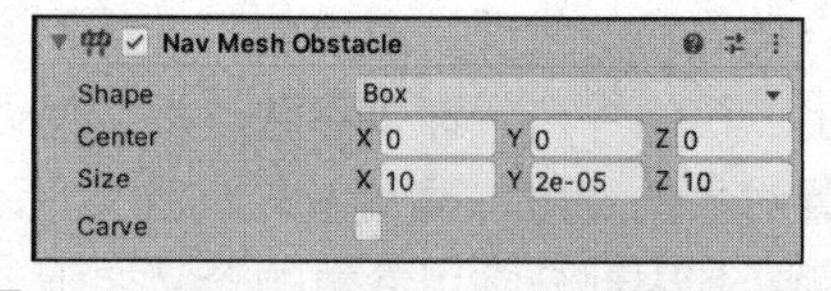

图 9-3　Nav Mesh Obstacle 组件的参数

Shape：动态障碍物的形态。

Center：动态障碍物的中心点位置。

Size：动态障碍物的尺寸。

Carve：是否允许被导航的角色穿透。

4．路径烘焙

要实现导航寻路功能，除了使用以上 3 种组件外，还需要对路径进行烘焙，即指定哪些对象可以通过、哪些对象不可通过。可选择菜单栏中的 Window->Navigation 命令，打开 Navigation 面板。其中 Object、Bake 选项卡分别如图 9-4、图 9-5 所示，常用参数的含义如下。

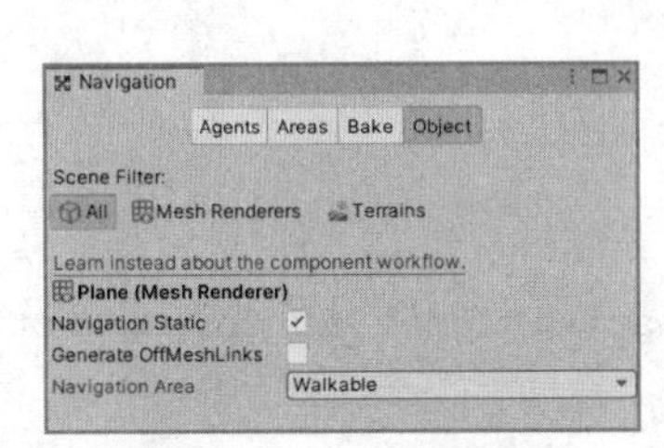

图 9-4　Object 选项卡

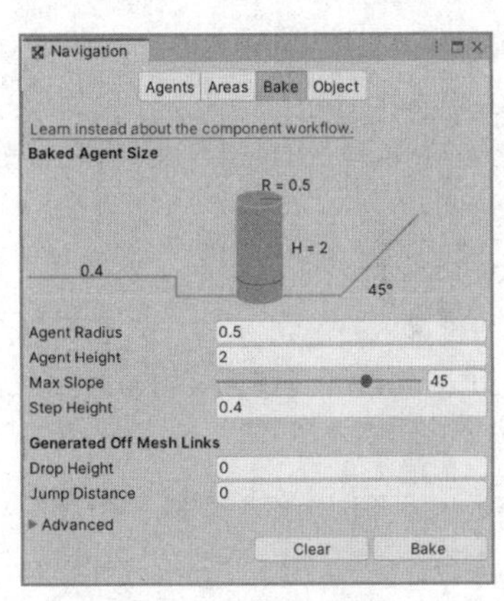

图 9-5　Bake 选项卡

Navigation Static：是否将物体设置为静态；需要烘焙的物体都必须是静态的，烘焙前须将其勾选。

Navigation Area：导航区域。

Agent Radius：半径。

Agent Height：高度。

Max Slope：可通过的最大坡度。

Step Height：可通过的台阶高度。

Drop Height：允许的最大下落距离。

Jump Distance：允许的最大跳跃距离。

微课视频

9.1.2　实践练习——基本导航寻路

创建图 9-6 所示的场景，使胶囊体跟随立方体移动。

步骤 1　创建 Plane、胶囊体（主角）和 Cube（目标物体）对象。

步骤 2　给主角添加 Nav Mesh Agent 组件。

步骤 3　对主角行走的路线进行烘焙。选中 Plane 对象，在 Navigation 面板中勾选 Navigation Static 复选框。

步骤 4　在 Navigation 面板中选择 Bake 选项卡，单击 Bake 按钮。

图 9-6　参考场景效果

步骤 5 编写脚本代码后保存，具体代码如下。

步骤 6 将脚本挂载到主角上并测试程序。

```
代码清单（Navmesh.cs）:
using UnityEngine.AI;
public Transform TraFindDestination;                              //寻路目标
private NavMeshAgent _Agent;                                      //寻路组件
void Start () {
    _Agent = this.GetComponent<NavMeshAgent>();
}
void Update () {
    //寻路
    if(_Agent && TraFindDestination)
    {
        _Agent.SetDestination(TraFindDestination.transform.position);
    }
}
```

9.2 导航代理组件

9.2.1 斜坡

创建图 9-7 所示的场景，在 9.1.2 小节的基础上设置陡坡，使主角胶囊体跟随球体移动。

步骤 1 创建两个 Cube 模型，将它们分别调整为扁平状，摆放成斜坡，设置斜坡与地面夹角为 45 度。

步骤 2 创建 Plane 模型作为斜坡的地面，设置成合适的大小，在地面上放置胶囊体和球体模型。

步骤 3 同时选中 Plane 和两个 Cube 对象，在 Inspector 面板中勾选 Static 复选框，将它们设置为静态对象，如图 9-8 所示。

图 9-7 参考场景

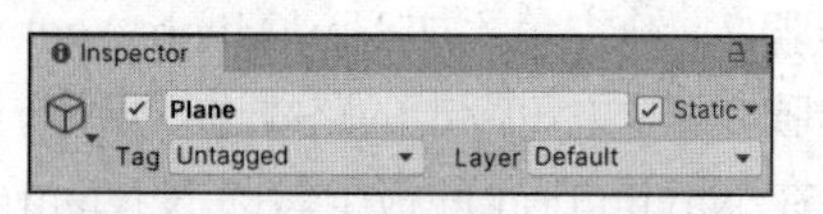

图 9-8 勾选 Static 复选框

步骤 4 选中主角胶囊体准备运动的路径进行路径烘焙，将最大坡度设置为 46，如图 9-9 所示。

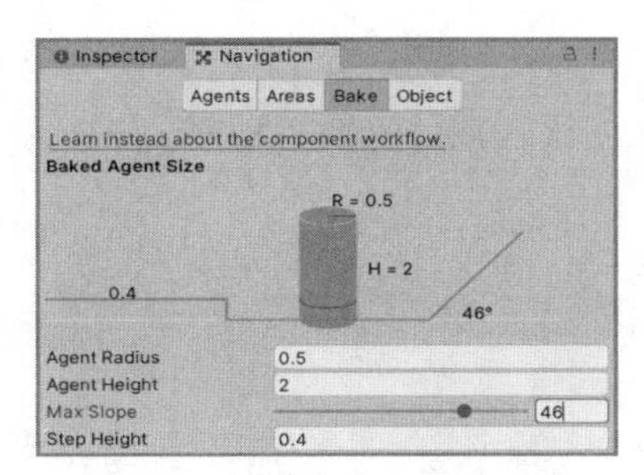

图 9-9　路径烘焙的参数设置

步骤 5　编写脚本代码，具体代码见 MeshLink.cs。运行并测试程序。

9.2.2　Off Mesh Link 组件

微课视频

创建图 9-10 所示的场景，使用 Off Mesh Link 组件使主角通过梯子爬上高台。

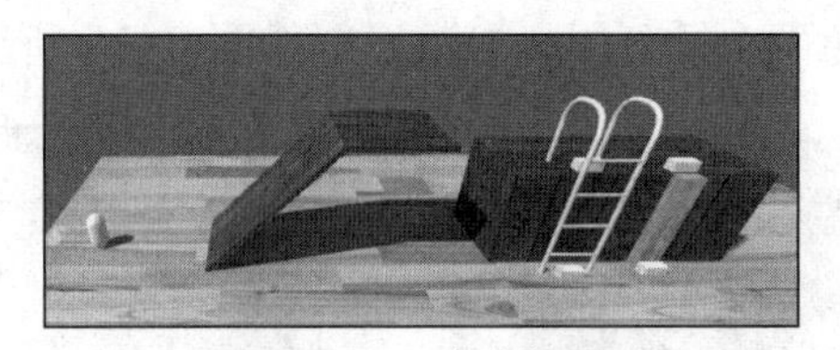

图 9-10　参考场景

步骤 1　制作场景右侧的高台和梯子。

步骤 2　给梯子添加 Off Mesh Link 组件，并设置其 Start 和 End 参数值。注意这两个点在烘焙时不需要选为静态的，即不需要烘焙。

步骤 3　选中主角的行走路径并烘焙。

步骤 4　编写脚本代码，具体代码如下。

步骤 5　运行并测试程序。

```
代码清单（MeshLink.cs）：
Ray myray;
RaycastHit hit;
NavMeshAgent myNavPlayer;
void Start () {
    //获取主角的 Nav Mesh Agent 组件
    myNavPlayer = transform.GetComponent<NavMeshAgent>();
}
void Update () {
    //从主摄像机发射出一条射线
    myray = Camera.main.ScreenPointToRay(Input.mousePosition);
    Debug.DrawRay(myray.origin, myray.direction * 100, Color.red);
    if(Input.GetMouseButtonDown(0))
    {
        if(Physics.Raycast(myray,out hit))
```

```
            {
              myNavPlayer.SetDestination(hit.point);
            }
        }
    }
```

9.3 网格分层

微课视频

网格分层用于解决使特定游戏对象走特定路径的问题。

制作 6 个主角，包括 3 个红色胶囊体和 3 个蓝色胶囊体，使红色主角走红色桥，使蓝色主角走蓝色桥，场景如图 9-11 所示。

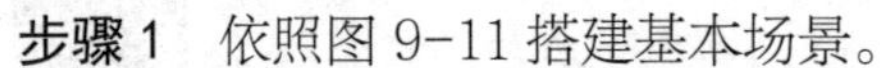

步骤 1 依照图 9-11 搭建基本场景。

步骤 2 给主角添加 Nav Mesh Agent 组件和寻路脚本（见代码清单 Examples_09_03.cs）。

步骤 3 给红色、蓝色两个桥分层，参数设置如图 9-12 所示。

图 9-11 搭建的场景

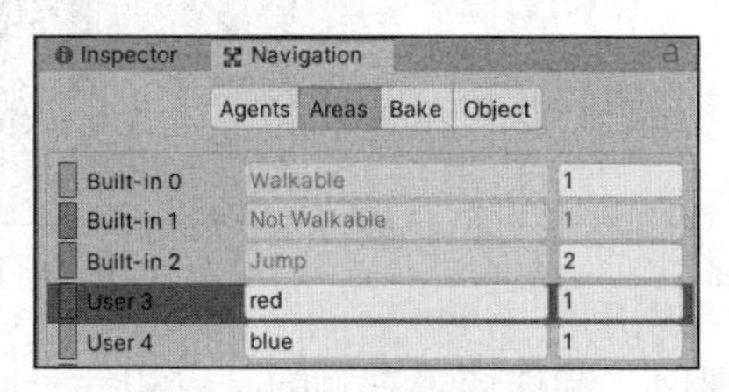

图 9-12 分层的参数设置

步骤 4 选中所有主角预备经过的地形路径，勾选 Navigation 面板中的 Navigation Static 复选框。路径在烘焙之前需要设置为静态的对象。

步骤 5 选择红色桥，在 Navigation 面板中的 Object 选项卡中设置 Navigation Area 为 red。

步骤 6 选择蓝色桥，在 Navigation 面板中的 Object 选项卡中设置 Navigation Area 为 blue。

步骤 7 选中所有经过的地形路径进行烘焙，烘焙后的效果如图 9-13 所示。

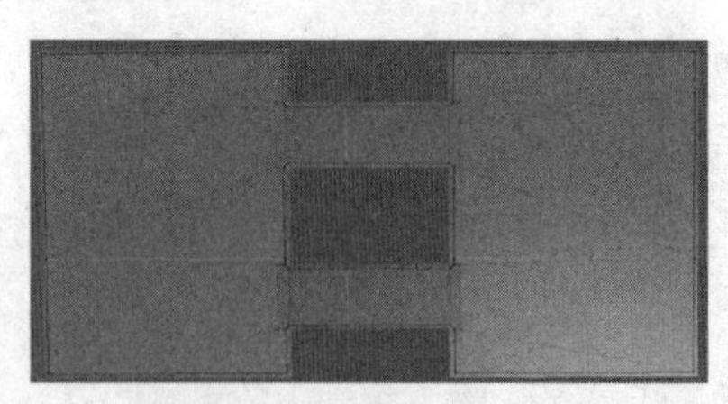

图 9-13 烘焙后的效果

步骤 8 制作 6 个主角，分别为 3 个红色胶囊体和 3 个蓝色胶囊体。

步骤 9 全选主角，为它们统一添加 Nav Mesh Agent 组件。

步骤 10 创建目标 Cube 对象。

步骤 11 书写脚本代码，具体代码如下。

步骤 12 在主角的 Area Mask 下拉列表中选择需要的选项，如图 9-14 所示。

步骤 13 全选主角，为其挂载脚本代码并测试程序。

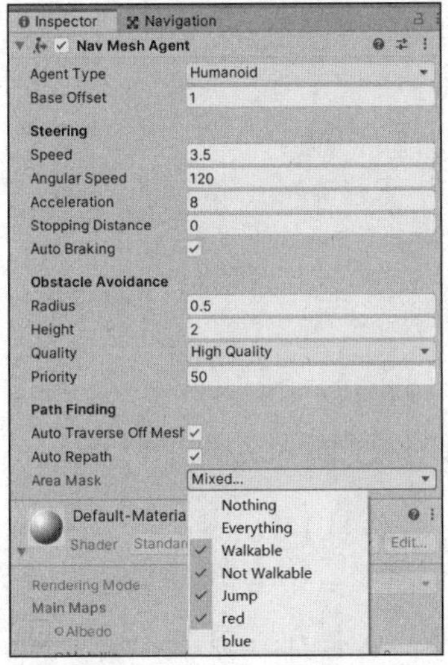

图 9-14 参数设置

```
代码清单（MeshLayer.cs）：
NavMeshAgent myNavPlayer;
public GameObject targetPoint;
void Start()
{
    myNavPlayer = transform.GetComponent<NavMeshAgent>(); //获取主角的 Nav Mesh Agent 组件
}
void Update()
{
    myNavPlayer.SetDestination(targetPoint.transform.position);
}
```

9.4 导航障碍物

创建图 9-15 所示的场景，实现主角跟着目标物体移动，当主角（胶囊体）靠近桥时，由于受到障碍物的阻挡停止前进。按下鼠标左键障碍物消失，释放鼠标左键障碍物恢复。

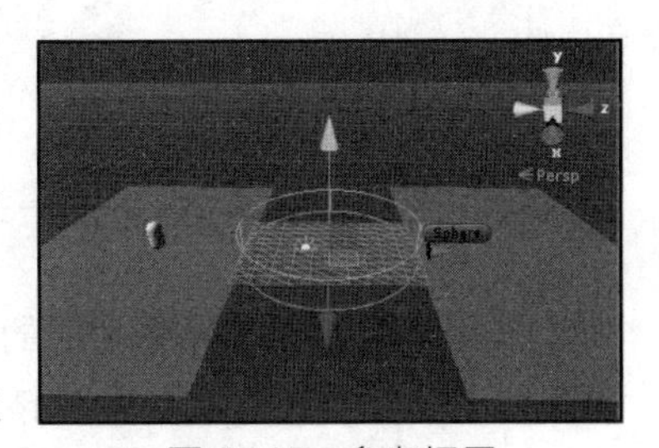

图 9-15 参考场景

步骤 1 创建图 9-15 所示的场景。

步骤 2 给主角添加 Nav Mesh Agent 组件与脚本 Examples_09_04.cs，具体代码如下。

步骤 3 给桥（蓝色区域）添加 Nav Mesh Obstacle 组件。

步骤 4 修改障碍物至合适高度。

步骤 5 测试程序。

微课视频

```
代码清单（MeshObstacle.cs）：
NavMeshAgent myNavPlayer;
public GameObject targetPoint;
private NavMeshObstacle obj;
public GameObject qiao;
void Start()
{
    myNavPlayer = transform.GetComponent<NavMeshAgent>();
    obj = qiao.GetComponent<NavMeshObstacle>();
}
void Update()
{
    myNavPlayer.SetDestination(targetPoint.transform.position);
    if (Input.GetButtonDown("Fire1"))
    {
        if (obj)
        {
            obj.enabled = false;  //设置组件不存在，即可以通过
            qiao.GetComponent<Renderer>().material.color = Color.green;
        }
    }
        if (Input.GetButtonUp("Fire1"))
        {
            if (obj)
            {
                obj.enabled = true;
                qiao.GetComponent<Renderer>().material.color = Color.red;
            }
        }
}
```

9.5 本章小结

本章介绍了导航寻路功能的知识，这些知识在中大型虚拟现实场景中被广泛应用，用于开发仿真程度较高的场景和精细的 AI 寻路系统。

9.6 本章习题

（1）简述 Off Mesh Link 组件在导航寻路中的作用。

（2）虚拟现实场景中常常有移动的障碍物，这种动态障碍物无法进行路径烘焙，为了使角色能够与其发生正常的碰撞，可使用 Unity 提供的哪个组件？

（3）简述路径烘焙的过程。

（4）移动的障碍物所走的路线应该怎么处理？

第 10 章

Unity 数据持久化技术

学习目标

- 学会使用 PlayerPerfs 持久化技术进行简单、少量数据的存取。
- 掌握常用的 JSON 文件的读取、存储方法。
- 能够完成相关实操案例。

将游戏运行过程中产生的数据存储到硬盘、将硬盘中的数据读取到游戏中的操作，就是数据持久化技术。该技术在游戏和虚拟现实项目中被广泛使用，将内存中的数据模型与存储模型相互转换，使游戏数据永久保存，增强游戏的可玩性。

Unity 中常见的持久化技术有 PlayerPerfs、JSON、XML、二进制、网络存储等，本章主要介绍前两种持久化技术。

10.1 PlayerPerfs 持久化技术

PlayerPerfs 可以翻译为“玩家偏好”，用于存取游戏数据。它简单有效，虽然功能不强大，但可满足小项目中对少量数据的持久化存储需求。

PlayerPerfs 采用键值对的方式对数据进行存储，只能存储 Int、Float、String 类型的数据。其中键为 String 类型，值可以为 Int、Float、String 类型。

10.1.1 数据的存取

1. 存储数据

存储数据时，直接调用相关方法，只会把数据存到内存，当游戏结束时，Unity 自动把数据存到硬盘，若游戏非正常结束，则数据不会被保存。示例代码如下。

以下为 Int 类型数据存储。

```
PlayerPrefs.SetInt("Index",1);              //将键“Index”和值“1”存入
```

以下为 Float 类型数据存储。

```
PlayerPrefs.SetFloat("Height",183.5f);  //将键“Height”和值“183.5”存入
```

以下为 String 类型数据存储。

```
PlayerPrefs.SetString("Name","Tom");    //将键“Name”和值“Tom”存入
```

2. 保存数据

保存数据时，调用如下方法后，数据会被立即存储到硬盘。

```
PlayerPerfs.Save();
```

3. 读取数据

读取数据时，根据数据类型调用相应读取方法。

以下为 Int 类型数据读取。

```
PlayerPrefs.GetInt("Index");        //读取键“Index”的值
```

以下为 Float 类型数据读取。

```
PlayerPrefs.GetFloat("Height");    //读取键“Height”的值
```

以下为 String 类型数据读取。

```
PlayerPrefs.GetString("Name");     //读取键“Name”的值
```

提示

下面方法中若没有“键”，则返回第二个参数默认值。

```
PlayerPrefs.GetInt("Index",100);
```

4. 判断数据是否存在

```
PlayerPrefs.HasKey("Name");        //判断“Name”键是否存在，返回逻辑值真或假
```

5. 删除数据

删除数据时，根据要求调用不同的方法，示例代码如下。

```
删除指定键值对: PlayerPerfs.DeleteKey("Index");   //删除键“Index”及对应的值
删除所有存储的信息: PlayerPerfs.DeleteAll();
```

10.1.2 实践练习——音量设置持久化

在虚拟现实或游戏项目中，设置面板是经常出现的，在其中可以对项目的基础配置（如音量、游戏难度等级等）进行调整。本练习模拟设置面板中音量大小的数据存储，设置面板的效果如图 10-1 所示。项目运行后，可以设置音量大小，退出并重新运行项目后，音量依旧保持为上次设置的大小。具体步骤如下。

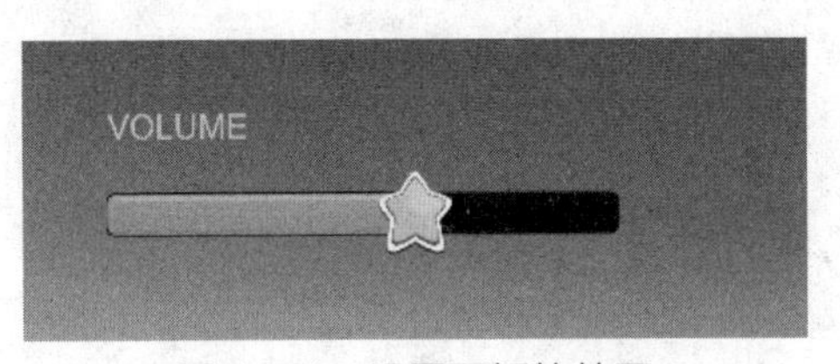

图 10-1 设置面板的效果

微课视频

步骤 1 新建场景，在 Hierarchy 面板中右击，选择 UI->Slider 命令。导入本书提供的资源包 2D Casual UI HD.unitypackage，找到类似图 10-1 所示的素材图片，改变 Slider 组件的外观，相关参数设置如图 10-2 所示。

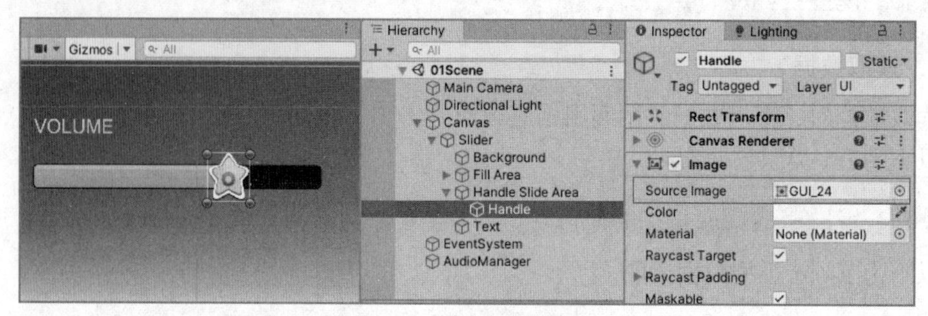

图 10-2 相关参数设置

步骤 2 在 Hierarchy 面板中新建空对象，将其更名为 AudioManager，为其添加 Audio Source 组件，设置该组件的 AudioClip 参数值为事先准备的.mp3 或.wav 音频文件，并勾选 Play On Awake 复选框，如图 10-3 所示。

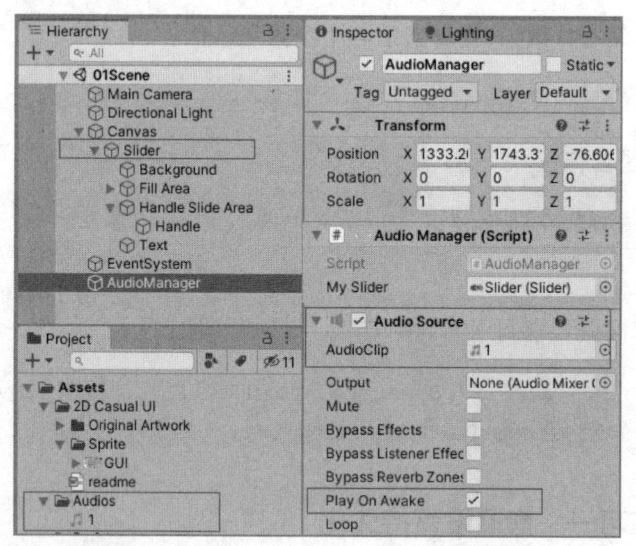

图 10-3 Audio Source 组件的参数设置

步骤 3 为 AudioManager 对象添加 AudioManager.cs 脚本（并设置该对象的 MySlider 参数值），利用 PlayerPrefs 类和 Slider 组件进行音量值的获取及保存，具体代码如下。

```
代码清单（AudioManager.cs）：
using System.Collections;
using System.Collections.Generic;
using UnityEngine;
using UnityEngine.UI;
public class AudioManager : MonoBehaviour{
    public Slider mySlider;
```

```
    AudioSource audioSource;
    void Awake()    {
        if (PlayerPrefs.GetFloat("Volumns") != 0)
            mySlider.value = PlayerPrefs.GetFloat("Volumns");//获取音量信息
        audioSource = GetComponent<AudioSource>();
        mySlider.onValueChanged.AddListener((value) =>  //对 Slider 组件注册
监听事件
        {   audioSource.volume = mySlider.value;   });
    }
    void OnDestroy()    {
        PlayerPrefs.SetFloat("Volumns", mySlider.value);  //存储音量值
    }
}
```

10.2 JSON 持久化技术

10.2.1 JSON 简介

JSON（JavaScript Object Notation）是国际通用的一种轻量级的数据交换格式，主要用于在网络通信中传输数据，或对本地数据进行存储和读取。它易于阅读和编写，也易于机器解析和生成，可有效提升网络传输效率。JSON 文件的内容示例如图 10-4 所示。

```
{
        "name":"郭靖",
        "age":28,
        "sex":true,
        "students":[
                {"name":"张三","age":16,"sex":true},
                {"name":"王芳","age":15,"sex":false}
                ],
        "home":{"address":"北京","street":"西四环"},
        "son":null
}
```

图 10-4　JSON 文件的内容示例

JSON 文件以“.json”为扩展名，是有层级结构的描述性的纯文本文件，易于读写。与 XML 文件相比，JSON 文件的配置更简单，但可读性比 XML 文件差。

10.2.2 JSON 的基本语法

1. 编辑 JSON 文件的常用工具

（1）系统自带的记事本、写字板应用程序。

（2）通用的文本编辑器 Sublime Text 等。

（3）网页上的 JSON 编辑器。

2. 创建 JSON 文件

直接创建文本文件，将其扩展名改为“.json”，然后使用喜欢的工具编辑即可。

3. 语法规则

（1）注释。

JSON 的注释方式与 C#的注释方式一致，有以下两种。

- 双斜杠：//注释内容。
- 斜杠加星号：/* 注释内容 */。

（2）JSON 文件结构。

JSON 文件是一种键值对结构，其中的符号及含义如表 10-1 所示。

表 10-1　　JSON 文件的符号及含义

符号	含义
大括号 {}	对象
中括号 []	数组
冒号 :	键值对对应关系
逗号 ,	分隔数据
双引号 ""	键名/字符串

JSON 文件中键值对的表示方式如下。

键名：值

其中值的类型有整型、浮点型、字符串、布尔型、数组、对象、null。

（3）JSON 文件中的数据及对应的类。

JSON 文件中的数据需要读取到类的对象中使用，在数据和类对象间转换时，需要事先定义好二者间的映射关系。现有一个教师信息的数据集合：郭靖，28 岁，男，学生（张三，16 岁，男；王芳，15 岁，女），家庭住址（北京，西四环），无儿子，将其用一个典型的 JSON 文件表示，代码如下。

```
代码清单:
{
    "name":"郭靖",
    "age":28,
    "sex":male,
    "students":[
        {"name":"张三","age":16,"sex":male},
        {"name":"王芳","age":15,"sex":female}
        ],
    "home":{"address":"北京","street":"西四环"},
    "son":null
}
```

也可以利用面向对象思想，设计若干个类来描述以上数据集合，代码如下。

```
代码清单:
public class Teacher{
    public string name;
    public int age;
    public bool sex;
    public List<Person> students;
    public Home home;
    public Person son;
}
public class Person{
    public string name;
    public int age;
    public bool sex;
}
public class Home{
    public string address;
    public int street;
}
```

10.2.3 将 Excel 数据转为 JSON 数据

1. 在 Excel 中配置数据

Excel 是常用的工具，使用它编辑数据非常便捷。游戏策划人员通常使用 Excel 完成游戏数据的配置；然后由程序员将此类配置数据转换为 JSON 数据即可。Excel 中的数据一般以首行作为字段名，其余行表示数据，示例如图 10-5 所示。

	A	B	C	D	E	F
1	hp	speed	volume	resName	scale	
2	4	6	5	Airplane/Airplane1	15	
3	3	7	4	Airplane/Airplane2	15	
4	2	8	3	Airplane/Airplane3	15	
5	10	3	10	Airplane/Airplane4	6	
6	6	5	7	Airplane/Airplane5	10	
7						
8						

图 10-5　Excel 中的数据示例

2. Excel 数据转为 JSON 数据

将 Excel 数据转为 JSON 数据的参考步骤如下。

步骤 1　在搜索引擎中搜索“Excel 转 JSON”。

步骤 2　打开在线转换的网站。

步骤 3　进行数据转换并保存转换后的 JSON 数据。

10.2.4 读取和存储 JSON 文件的两种方式

1．JsonUtility 方式

微课视频

JsonUtility 是 Unity 自带的用于解析 JSON 文件的公共类，使用它能够将内存中的对象序列化为 JSON 格式的字符串，也能够将 JSON 字符串反序列化为类对象。

（1）使用 JsonUtility 进行序列化（把内存中的数据存储到硬盘上）。

语法格式为：JsonUtility.ToJson(对象名);。

示例代码如下。

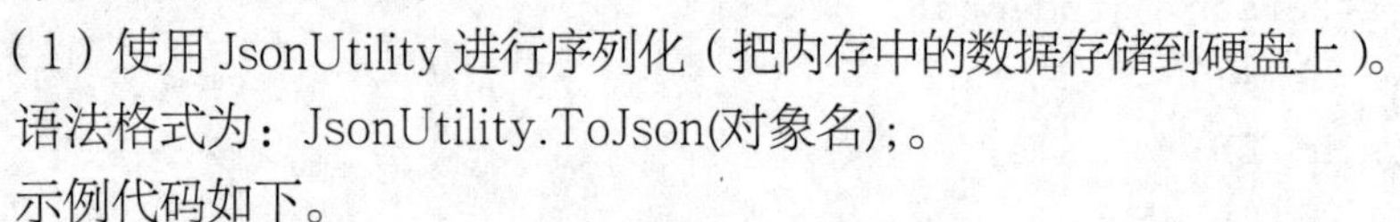

```
string jsonStr = JsonUtility.ToJson(t);      //t 为对象名
File.WriteAllText(Application.persistentDataPath + "/Demo.json", jsonStr);
```

（2）使用 JsonUtility 进行反序列化（把硬盘上的数据读取到内存中）。

语法格式为：JsonUtility.FromJson(字符串);。

示例代码如下。

```
//读取文件中的 JSON 字符串
jsonStr = File.ReadAllText(Application.dataPath + "/ Demo.json");
//将 JSON 字符串转换成类对象
Demo  t2 = JsonUtility.FromJson(jsonStr, typeof(Demo)) as Demo;
Demo  t3 = JsonUtility.FromJson<Demo>(jsonStr);
```

提示

- 使用 JsonUtility 无法直接读取数据集合。
- JSON 的文档编码格式必须是 UTF-8，否则无法加载。
- 自定义类需要加上序列化特性[System.Serializable]。
- 要想序列化私有变量，需要加上特性[SerializeField]。
- Float 类型的数据序列化时可能会有一些误差。
- 如果 JSON 中的数据少了，则将其读取到内存中的类对象中时不会报错。

（3）使用 JsonUtility 实现“郭靖”“小龙女”对象信息的读取和存储，具体步骤如下。

步骤 1 新建文本文件，输入图 10-4 所示的内容，更改文件名为 Test.json，并将该文件拖曳至 Unity 中 Project 面板中的 Assets 文件夹下，如图 10-6 所示。

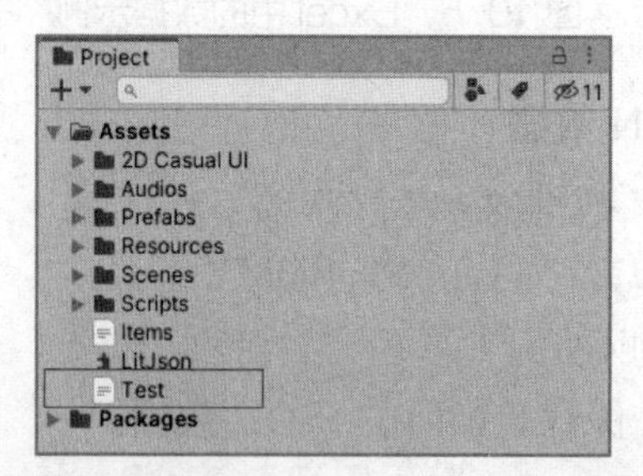

图 10-6 拖曳 Test.json 至 Assets 文件夹下

步骤 2 在 Unity 中新建 3 个类文件，注意类名及代码内容，具体如图 10-7 所示。

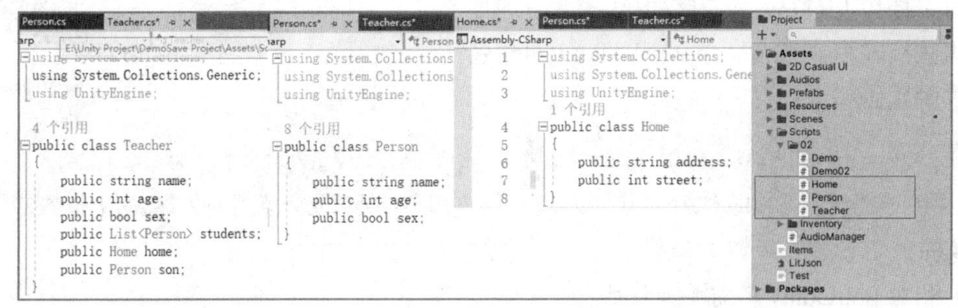

图 10-7 类文件

步骤 3 在 Unity 中新建脚本文件 Demo.cs，并添加该脚本到场景中的 Main Camera 上，实现读取和存储数据，代码如下。

```
代码清单（Demo.cs）：
using System.Collections;
using System.Collections.Generic;
using UnityEngine;
using System.IO;
public class Demo: MonoBehaviour{
    void Start(){
        //1.将文件信息读取到对象
        string jsonStr = File.ReadAllText(Application.dataPath + "/Test. json");
        Teacher t1 = JsonUtility.FromJson<Teacher>(jsonStr);
        //2.将对象信息写入文件
        Teacher t = new Teacher();
        t.name = "小龙女";
        t.age = 18;
        t.sex = false;
        t.students = new List<Person>() { new Person() { name="小明",
age=22, sex=true },new Person(){name="小强",age=23,sex=false }};
        t.son = null;
        string jsonStr2 = JsonUtility.ToJson(t);     //将 t 对象转换为字符串
        File.WriteAllText(Application.persistentDataPath + "/Test02.json",
jsonStr2);//将字符串写入文件
    }
}
```

2. LitJson 方式

LitJson 是一个第三方库，用于处理 JSON 的序列化和反序列化，使用 C#编写，优点是文件小、速度快、易于使用。从 LitJson 官网前往 GitHub 获取最新版本代码，再将代

微课视频

码复制到 Unity 工程中，即可开始使用 LitJson。

（1）使用 LitJson 进行序列化。

语法格式为：JsonMapper.ToJson(对象名);。

示例代码如下。

```
string jsonStr = JsonMapper.ToJson(t);      //t 为对象名
File.WriteAllText(Application.persistentDataPath + "/Demo.json", jsonStr);
```

提示

- 相对 JsonUtility 不需要加特性。
- 不能序列化私有变量。
- 支持字典类型，字典的键建议类型为 string，因为 JSON 的特点，JSON 中的键会加上双引号。
- 需要引用 LitJson 命名空间。
- LitJson 可以准确地保存 null 类型。

（2）使用 LitJson 进行反序列化。

语法格式为：JsonMapper.ToObject(字符串);。

示例代码如下。

```
jsonStr = File.ReadAllText(Application.dataPath + "/Demo.json");
JsonData data = JsonMapper.ToObject(jsonStr);
//通过泛型转换更加方便，建议使用这种方式
Demo t2 = JsonMapper.ToObject<Demo>(jsonStr);
```

提示

- LitJson 可以直接读取数据集合。
- 文本编码格式须是 UTF-8，否则无法加载。
- 类结构需要无参构造函数，否则反序列化时报错。
- 虽然支持字典类型，但键为数值时会有问题，需要使用字符串类型。

（3）利用 LitJson 中的方法，实现“郭靖”“小龙女”对象信息的读取和存储。

步骤 1　参照上一个案例的前两个步骤。

步骤 2　前往 LitJson 官网，下载 LitJson 库，将下载后的 LitJson.dll 文件拖入 Unity 项目的 Assets 文件夹中，如图 10-8 所示。

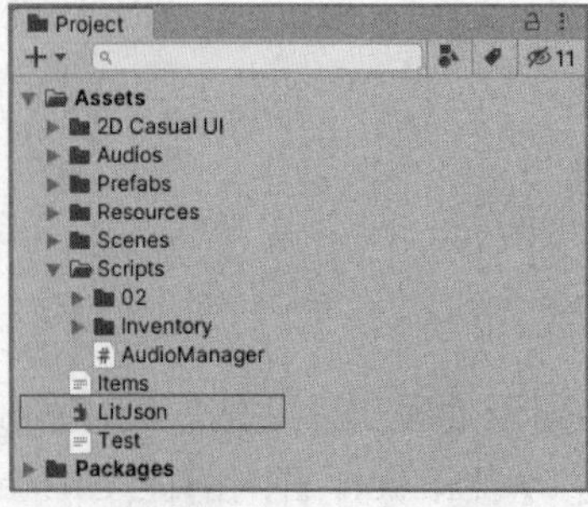

图 10-8　导入库文件

步骤 3 在 Unity 中新建脚本文件 Demo02.cs，并添加该脚本到场景中的 Main Camera 上，如图 10-9 所示。

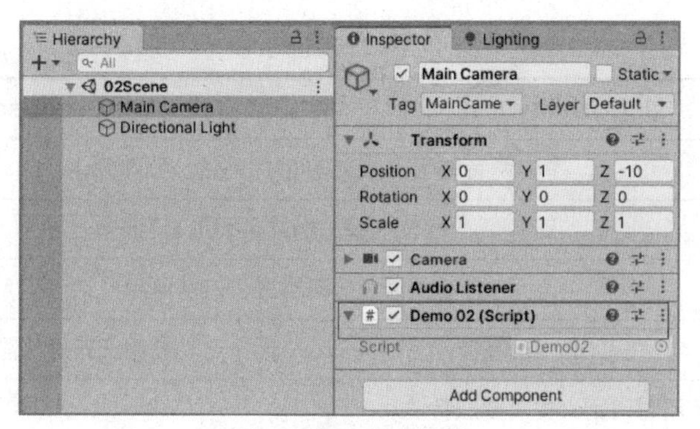

图 10-9 脚本位置

实现读取和存储数据的代码如下。

```
代码清单（Demo02.cs）:
using System.Collections;
using System.Collections.Generic;
using UnityEngine;
using LitJson;
using System.IO;
public class Demo02: MonoBehaviour{
    void Start()    {
        //1.将文件信息读取到对象
        string jsonStr = File.ReadAllText(Application.dataPath + "/Test.
json");
        Person t1 = JsonMapper.ToObject<Person>(jsonStr);
        //2.将对象信息写入文件
        Teacher t = new Teacher();
        t.name = "小龙女";
        t.age = 18;
        t.sex = false;
        t.students = new List<Person>() { new Person() { name = "小明", age
= 22, sex = true }, new Person() { name = "小强", age = 23, sex = false } };
        t.son = null;
        string jsonStr2 = JsonMapper.ToJson(t);
        File.WriteAllText(Application.persistentDataPath + "/Test02.json",
jsonStr2);
    }
}
```

3．JsonUtility 与 LitJson 方式对比

两种方式的对比如表 10-2 所示。

表 10-2　　两种方式的对比

	JsonUtility 方式	LitJson 方式
相同点	两者均用于 JSON 的序列化、反序列化	
	.json 文档编码格式必须是 UTF-8	
	都是通过静态类进行方法调用	
不同点	是 Unity 自带的	是第三方库，需要引用命名空间
	使用时自定义类需要加特性	不需要加特性
	支持私有变量（加特性）	不支持私有变量
	不支持字典	支持字典（但是键只能是字符串）
	不能直接将数据反序列化为数据集合（数组字典）	可以将数据反序列化为数据集合（数组字典）
	对自定义类不要求有无参构造	对自定义类要求有无参构造
	存储空对象时会存储默认值而不是 null	存储空对象时会存储 null

提示

根据实际需求选择，建议使用 LitJson，原因如下。

LitJson 不用加特性、支持字典类、支持直接反序列化为数据集合、存储 null 更准确。

10.3　实操案例

背包系统是游戏中非常基础的系统，其中存储了玩家的道具等重要信息，这些信息不会随着游戏的关闭而消失，这就需要在运行或结束游戏时，对背包系统中的装备数据进行读取和存储。本案例将实现游戏开始时对玩家装备数据进行读取并显示装备的功能。

微课视频

设计好的背包面板如图 10-10 所示，程序运行后，能将文件中事先写好的装备信息读取，并显示对应图标到背包面板中。

步骤1　在Unity 中新建项目和场景，导入资源包 UI.unitypackage，导入插件 LitJson.dll，在 Project 面板中新建文件夹 Resources，将导入的图片资源文件夹 Sprites 放入其下，并将提供的 JSON 数据文件 Items.json 导入项目中，如图 10-11 所示。JSON 文件内容已事先编辑完毕，打开该文件，部分内容如图 10-12 所示。

微课视频

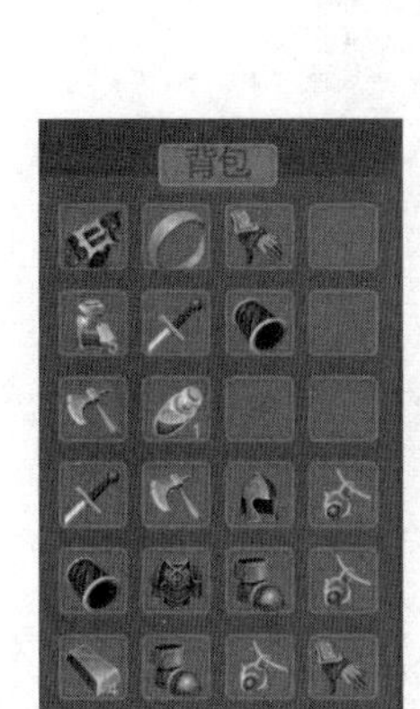

图 10-10 背包面板

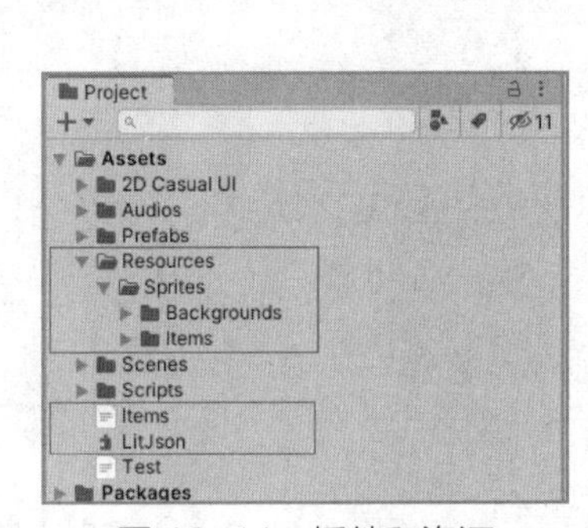

图 10-11 插件和资源

ItemsJson - 记事本

文件(F) 编辑(E) 格式(O) 查看(V) 帮助(H)

```
[
    {
        "id": 1,
        "name": "血瓶",
        "type": "Consumable",
        "quality": "Common",
        "description": "这个是用来加血的",
        "capacity": 10,
        "buyPrice": 10,
        "sellPrice": 5,
        "sprite": "Sprites/Items/hp"
    },
    {
        "id": 2,
        "name": "蓝瓶",
        "type": "Consumable",
        "quality": "Common",
        "description": "这个是用来加蓝的",
        "capacity": 10,
        "buyPrice": 10,
        "sellPrice": 5,
        "sprite": "Sprites/Items/mp"
    },
```

图 10-12 JSON 文件

步骤 2 在 Hierarchy 面板中右击，选择 UI->Panel 命令，新建一个 Panel 对象，更名为 KnapsackPanel，调整大小，在其下新建子物体 Panel 并更名为 SlotPanel，添加显示标题的图片和文本，在 SlotPanel 对象上添加组件 Grid Layout Group，调整其参数值为适合大小，如图 10-13 所示。

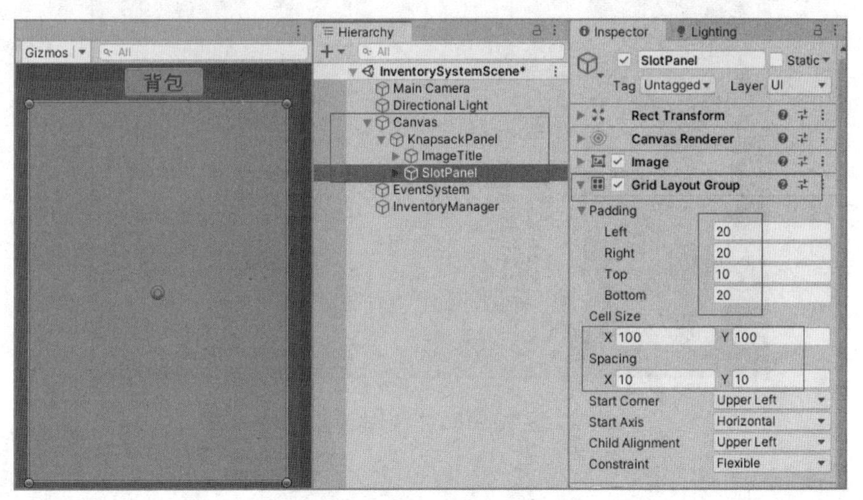

图 10-13 背包布局

步骤 3 在 SlotPanel 下添加 Button 对象，更名为 Slot，将其设置为预制体，复制 Slot 多份，直至填充满 SlotPanel 对象，效果如图 10-14 所示。

步骤 4 在 Canvas 中新建 Image 对象，更名为 ItemUI，设置其 Source Image 为资源文件中的 apple 图片，添加 ItemUI.cs 脚本，将该对象设置为预制体，如图 10-15 所示，代码如下。

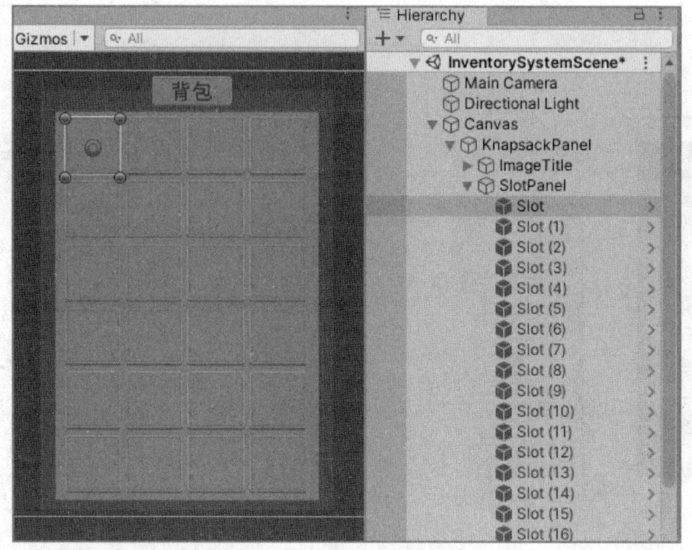

图 10-14　格子布局

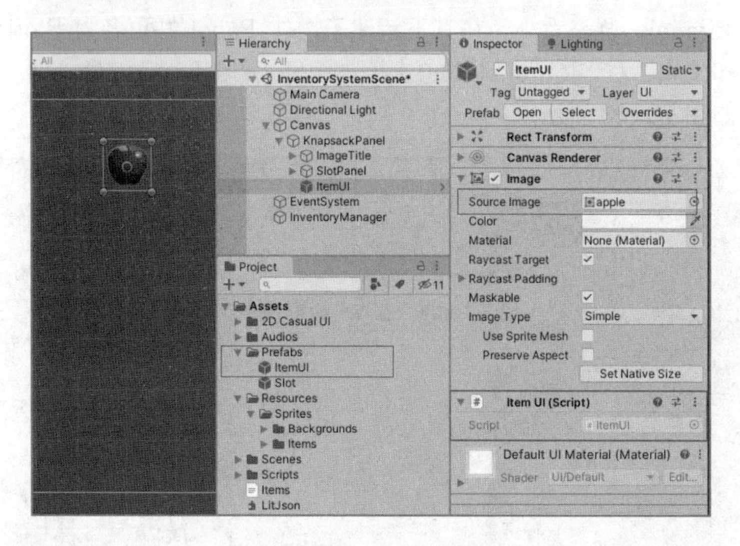

图 10-15　预制体设置

代码清单（ItemUI.cs）：

```
using System.Collections;
using System.Collections.Generic;
using UnityEngine;
using UnityEngine.UI;
public class ItemUI: MonoBehaviour{
    private Image itemImage;
    public Image ItemImage    {
        get{  if (itemImage == null)  itemImage = GetComponent<Image>();
            return itemImage;        }
    }
```

```
    public void SetItem(Item item)    {
        ItemImage.sprite = Resources.Load<Sprite>(item.Sprite);    //update UI
    }
}
```

步骤 5 修改预制体 Slot，在其上添加 Slot.cs 脚本，并设置 Item Prefab 的值为预制体 ItemUI，如图 10-16 所示，代码如下。

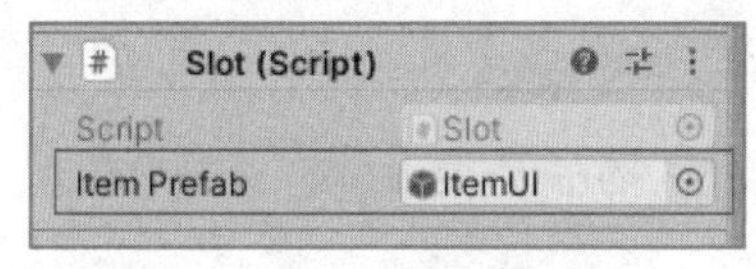

图 10-16 预制体赋值

```
代码清单（Slot.cs）:
using System.Collections;
using System.Collections.Generic;
using UnityEngine;
public class Slot : MonoBehaviour{
    public GameObject itemPrefab;        //ItemUI
    public void StoreItem(Item item) {      // 把 ItemUI 实例化放在自身下面
            if (transform.childCount == 0)        {
            GameObject itemGameObject = Instantiate(itemPrefab);
            itemGameObject.transform.SetParent(this.transform);
            itemGameObject.transform.localPosition = Vector3.zero;
            itemGameObject.transform.localScale = Vector3.one;
            itemGameObject.GetComponent<ItemUI>().SetItem(item);
        }
    }
}
```

步骤 6 修改 SlotPanel 对象，在其上添加 Inventory.cs 脚本，代码如下。

```
代码清单（Inventory.cs）:
using System.Collections;
using System.Collections.Generic;
using UnityEngine;
public class Inventory : MonoBehaviour{
    protected Slot[] slotList;
    void Start()    {
        slotList = GetComponentsInChildren<Slot>();
        LoadInventory();
    }
    public void LoadInventory()    {
```

```
        List<Item> items = InventoryManager.Instance.itemListNow;
        for (int i = 0; i <items.Count; i++) {
            Item item = InventoryManager.Instance.GetItemById(i+1);
            if (item == null)  return;
            slotList[i].StoreItem(item);
        }
    }
}
```

步骤 7 在项目中添加自定义物品基类 Item，代码如下。

```
代码清单(Item.cs):
using System.Collections;
using System.Collections.Generic;
using UnityEngine;
public class Item{
    public int ID { get; set; }                          //利用属性方便控制访问权限
    public string Name { get; set; }
    public string Type { get; set; }
    public string Quality { get; set; }
    public string Description { get; set; }         //描述
    public int Capacity { get; set; }                //容量
    public int BuyPrice { get; set; }                //购买价格
    public int SellPrice { get; set; }               //出售价格
    public string Sprite { get; set; }               //图片路径
    public Item(int id,string name, string type, string quality,string des,
        int capacity,int buyPrice,int sellPrice,string sprite)    {
        this.ID = id;
        this.Name = name;
        this.Type = type;
        this.Quality = quality;
        this.Description = des;
        this.Capacity = capacity;
        this.BuyPrice = buyPrice;
        this.SellPrice = sellPrice;
        this.Sprite = sprite;
    }
}
```

步骤 8 在 Hierarchy 面板中创建空物体，其上增加 InventoryManager.cs 脚本，代码如下。

```
代码清单(InventoryManager.cs):
```

```
using System.Collections;
using System.Collections.Generic;
using UnityEngine;
using LitJson;
using System.IO;
public class InventoryManager : MonoBehaviour{
    private static InventoryManager _instance;              //单例模式
    public static InventoryManager Instance    {
        get { if (_instance==null)
                _instance = GameObject.Find("InventoryManager").GetComponent
<InventoryManager>();
            return _instance;
        }
}
void Awake()    {
        ParseItemJson();
    }
    public  List<Item> itemListNow;              //读取出的物品信息列表集合
    void ParseItemJson() {                       //解析物品信息
        string   itemsJson   =   File.ReadAllText(Application.dataPath   +
"/Items.json");
        JsonData listItems = JsonMapper.ToObject(itemsJson);     //解析集合
        itemListNow = new List<Item>();
        for (int i = 0; i < listItems.Count; i++)  {   //解析出每个属性的值
            int id = (int)listItems[i]["id"];
            string name =(string)listItems[i]["name"];
            string type = (string)listItems[i]["type"];
            string quality = (string)listItems[i]["quality"];
            string description = (string)listItems[i]["description"];
            int capacity = (int)listItems[i]["capacity"];
            int buyPrice = (int)listItems[i]["buyPrice"];
            int sellPrice = (int)listItems[i]["sellPrice"];
            string sprite = (string)listItems[i]["sprite"];
            Item itemObj = null;
            itemObj  =  new  Item(id,  name,  type,  quality,  description,
capacity, buyPrice, sellPrice, sprite);
            itemListNow.Add(itemObj);          //解析后的物品放入此 List 集合
        }
    }
    public Item GetItemById(int id)    {
```

```
        foreach (Item item in itemListNow)
            if (item.ID == id)     return item;
        return null;
    }
}
```

步骤 9 运行项目，可见图 10-10 所示的背包面板，其中资源图标被正确加载显示。

10.4 本章小结

本章介绍了常用的数据持久化方法，重点介绍了 LitJson 类中相关的读取和存储方法。对于比较简单的数据存储需求（如 UI 界面的配置）使用 Unity 自带的 PlayerPrefs 类，简单快捷。需要存储复杂的数据对象时，使用 JSON 和 XML，而 JSON 较为轻量级，读取速度较快，适合做游戏的存档、读档功能，也可以做数据配置。XML 较为重量级，文件格式复杂，冗余信息多，比较占带宽，优点是可通过 Excel 配置数据，可读性良好，策划配表方便，适合大量的数据配置需求，关于 XML 的详细使用可以参考其他资料。

本章在“实操案例”中实现了背包系统数据读取功能，读者可以在此基础上试着开发背包系统的存储功能。

10.5 本章习题

（1）叙述解析 JSON 数据的过程。

（2）JSON 有哪两种表示结构？

（3）简述 JSON 和对象的区别。

（4）XML 和 JSON 的优缺点有哪些？

（5）数据库表 student 的内容如下。

id	name	age
001	张三	20
002	李四	21
003	王五	22

请用标准的 JSON 格式描述。

第 11 章 虚拟现实产品的开发

学习目标

- 知道如何使用 HTC VIVE。
- 下载安装 Steam，创建 Steam 账户。
- 掌握 SteamVR Plugin、VRTK 等的使用方法。

当今世界，虚拟现实设备能带给人的沉浸感比以往任何时候都要强，而且我们正在用全新的方式与虚拟现实设备进行交互。从最初提出虚拟现实技术到现在，已经过了半个多世纪的时间，它在教育、军事、工业、艺术与娱乐、医疗、城市仿真、科学计算可视化等领域都有极其广泛的应用。如今，随着移动虚拟现实设备的发展，以及云渲染、大数据等技术的落地，虚拟现实技术有了更广阔的发展前景。本章以 HTC VIVE 为例，介绍如何使用 Unity 和 SteamVR Plugin 进行虚拟现实产品的开发。

11.1 HTC VIVE

2015 年 3 月 2 日，在巴塞罗那举行的世界移动通信大会上，HTC 公司发布消息：它和 Valve 公司合作推出了一款 VR 头显。这款头显的名称为 HTC VIVE，屏幕刷新率为 90Hz，搭配两个无线控制器，并具备手势追踪功能。图 11-1 所示为正在使用 HTC VIVE 的用户。

图 11-1 正在使用 HTC VIVE 的用户

HTC VIVE 通过 3 个部分为用户提供沉浸式体验：一个头显、两个无线控制器（简称手柄）、一个能在空间内同时追踪头显与手柄的定位系统。

头显上采用了一块 OLED 屏幕，单眼有效分辨率为 1200 像素×1080 像素，双眼合并分辨率为 2160 像素×1200 像素，这样的分辨率大大降低了画面的颗粒感，使用户几乎感觉不到纱门效应，数据显示延迟为 22ms，实际体验零延迟，使用户不会出现恶心和眩晕的感觉。

定位系统采用 Valve 的专利，不需要借助摄像头，可靠激光和光敏传感器来确定运动物体的位置，也就是说，HTC VIVE 允许用户在一定范围内走动。

HTC VIVE 为用户打开了通向虚拟世界的大门。

11.2 Steam

11.2.1 Steam 的下载和安装

Steam 是 Valve 公司旗下的游戏和软件平台，是目前全球较大的综合性数字发行平台。Steam 官方网站的首页如图 11-2 所示。其具体安装步骤如下。

步骤 1 单击首页右上方的“安装 Steam”按钮，弹出图 11-3 所示的安装界面。

图 11-2 Steam 官方网站的首页

图 11-3 安装 Steam 的界面

步骤 2 单击“安装 STEAM”按钮，下载 SteamSetup.exe 安装文件到计算机上，然后运行该安装文件，弹出“Steam 安装”窗口，如图 11-4 所示。

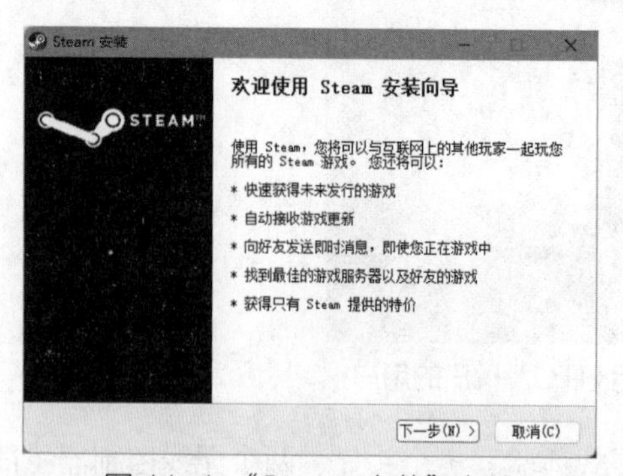

图 11-4 “Steam 安装”窗口

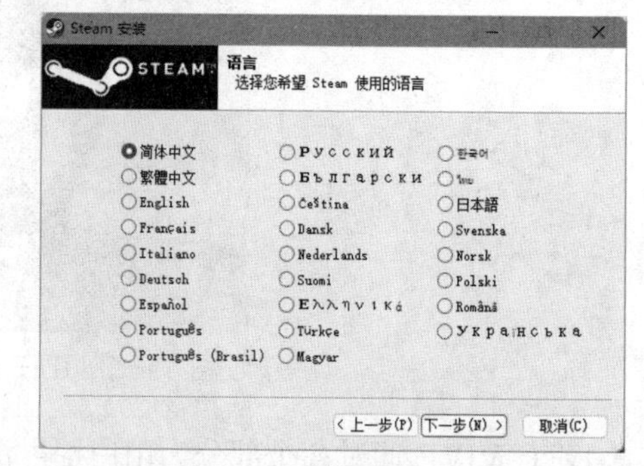

图 11-5 “语言”界面

步骤 3 单击“下一步”按钮，进入“语言”界面，如图 11-5 所示。

步骤 4 选中“简体中文”单选项，然后单击“下一步”按钮，进入“选定安装位置”界面，如图 11-6 所示。

步骤 5 选择安装 Steam 的目标文件夹后，单击“安装”按钮，系统会自动进行安装。经过一段时间后，弹出图 11-7 所示的安装完成界面。

图 11-6 “选定安装位置”界面

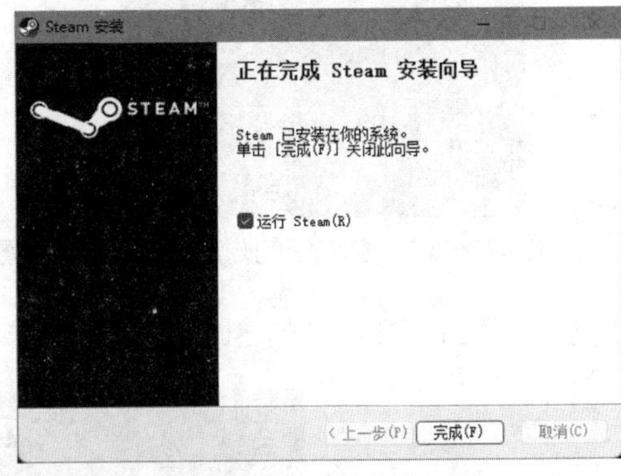

图 11-7 安装完成界面

步骤 6 单击“完成”按钮，弹出一个自动升级窗口，如图 11-8 所示。

步骤 7 经过一段时间后，Steam 升级完毕，弹出图 11-9 所示的登录界面。

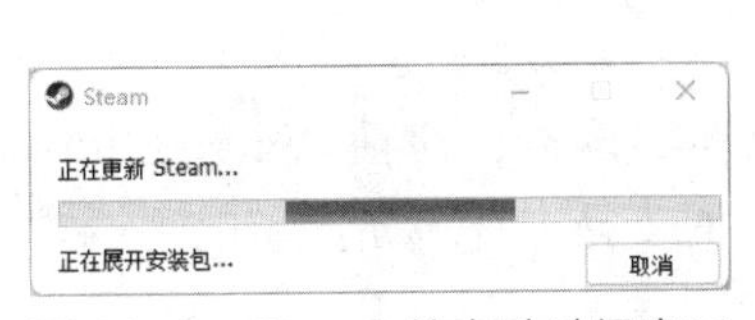

图 11-8 Steam 的自动升级窗口

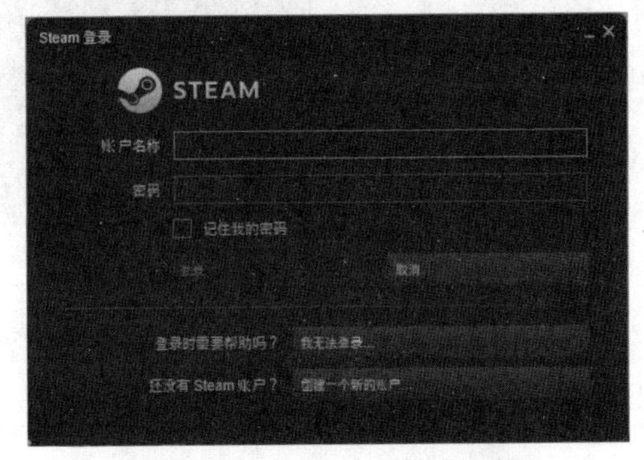

图 11-9 Steam 的登录界面

11.2.2 创建 Steam 账户

如果没有 Steam 账户，则单击图 11-9 所示的“创建一个新的账户”按钮，进入图 11-10 所示的“创建您的账户”界面。按照要求填写相关信息，并在该界面的底部勾选“我已年满 13 周岁并同意《Steam 订户协议》和《Valve 隐私政策》的条款。”复选框，然后单击“继续”按钮。

Steam 会向注册时填写的电子邮箱发送一封电子邮件，其中包含一个链接。登录电子邮箱并单击该链接，就可顺利完成 Steam 账号的注册。

通过图 11-9 所示的 Steam 登录界面，使用注册的账户名称和密码登录 Steam。登录后在搜索框中输入 SteamVR，在弹出的列表中选择 SteamVR 选项，如图 11-11 所示。

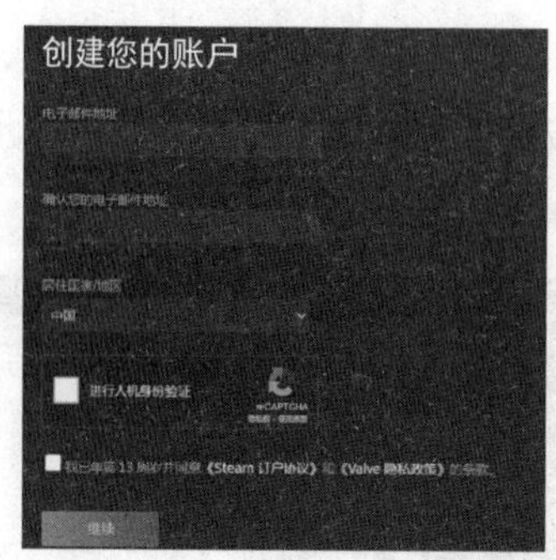

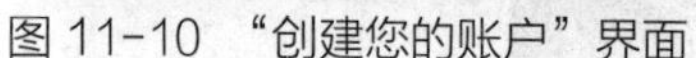

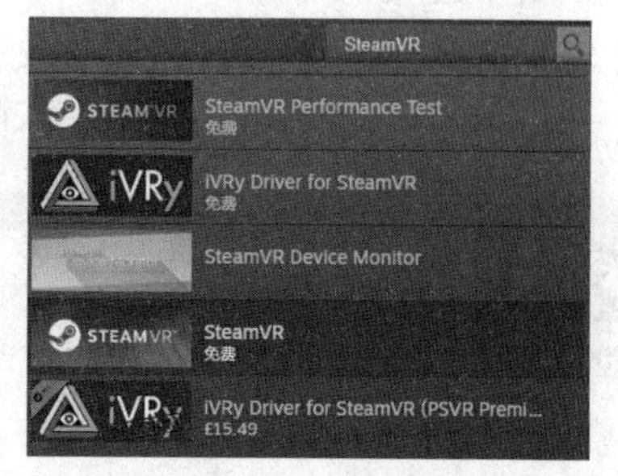

图 11-10 “创建您的账户”界面　　图 11-11 在 Steam 中搜索并选择 SteamVR 选项

进入图 11-12 所示的 SteamVR 界面，单击“马上开玩”按钮。

图 11-12 SteamVR 界面

SteamVR 的功能强大，支持目前主流的虚拟现实设备，包括 Valve Index、HTC VIVE、Oculus Rift 及 Windows Mixed Reality，同时支持上述设备配备的手柄。

11.3 SteamVR Plugin

为了使用 Unity 开发出更好的 VR 产品，Valve 公司在 SteamVR 的基础上为 Unity 开发出了 SteamVR Plugin。该插件提供了驱动 HTC VIVE 硬件设备的 API。有了这个插件，开发 VR 产品的效率将大大提升。该插件还提供了三大功能：为 VR 控制器加载 3D 模型、处理来自 VR 控制器的输入数据、处理用户的互动输入。为了大力支持开发者研发出更多的 VR 产品，这个插件免费提供给广大的开发者使用。

11.3.1 SteamVR Plugin 的导入

打开 Unity，创建一个 3D 项目，在菜单栏中选择 Window -> Asset Store 命令，在浏览器中打开 Unity 资源商店官网，在搜索框中输入并搜索 SteamVR Plugin，然后单击“添加至我的资源”按钮，下载该资源包，如图 11-13 所示。

图 11-13　下载 SteamVR Plugin 资源包

完成下载后，自动弹出资源包管理界面，如图 11-14 所示。

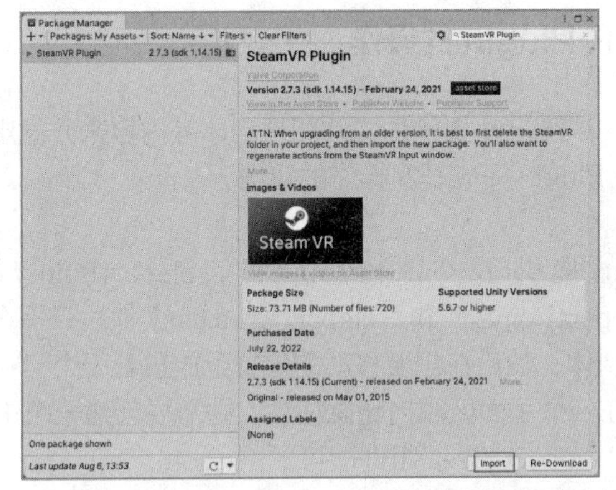

图 11-14　SteamVR Plugin 的资源包管理界面

单击 Import 按钮，弹出图 11-15 所示的 Import Unity Package（导入资源包）界面，单击 Import 按钮，完成资源包的导入工作。

将 SteamVR Plugin 资源包全部导入 Unity 工程后，弹出图 11-16 所示的 Valve.VR.SteamVR_UnitySettingsWindow 界面，然后单击 Accept All 按钮。

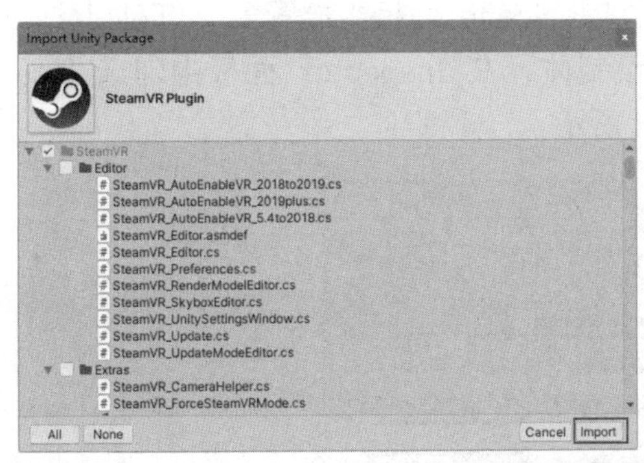

图 11-15　将 SteamVR Plugin 资源包导入 Unity 工程

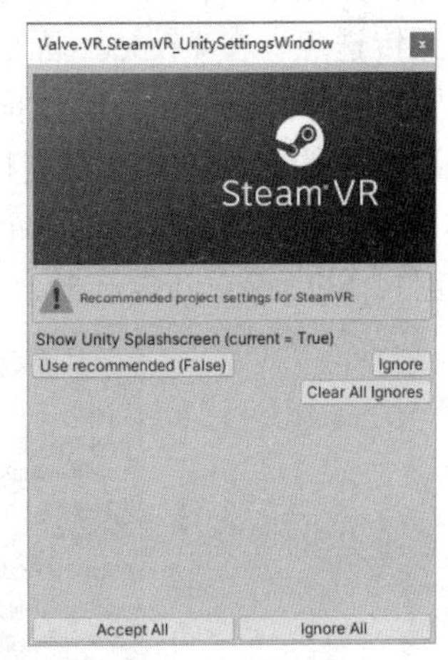

图 11-16　Valve.VR.SteamVR_UnitySettingsWindow 界面

如果弹出图 11-17 所示的 Accept All 界面，则说明资源包的设置已经完成。

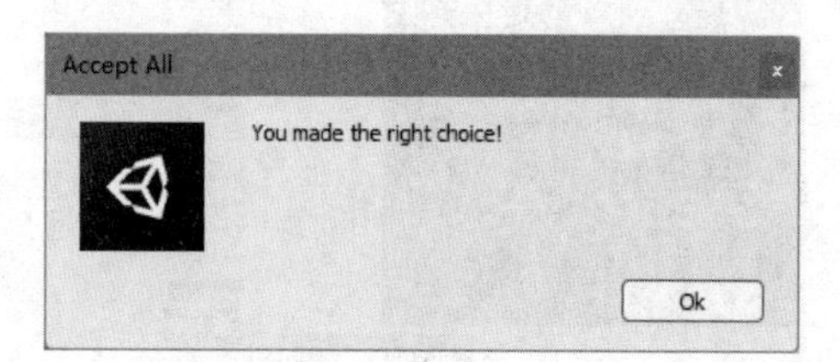

图 11-17 SteamVR Plugin 资源包设置完成

至此就完成了开发虚拟现实应用的全部准备工作。

11.3.2 SteamVR Plugin 的操作

可以使用 SteamVR Plugin 提供的文件和预制体等内容来开发虚拟现实应用。下面介绍几个使用 SteamVR Plugin 完成基本操作的实例。

实例 1：移动

SteamVR Plugin 提供了 Teleporting 和 TeleportPoint 两个预制体，以及 Teleporting.cs、TeleportPoint.cs 和 TeleportArea.cs 文件。只需在虚拟现实场景中放置一个 Teleporting 预制体，然后在想要移动的位置上放置若干个 TeleportPoint 预制体即可实现移动。如果想在一个平面区域内随意移动，则需要创建一个 Plane 对象，然后在这个 Plane 对象上挂载 Teleport Area 组件即可。

下面实现在虚拟现实场景中的移动功能。

场景搭建 新建一个场景，并命名为 Moving。在 Project 面板中找到 Player 预制体，直接将其拖曳至 Hierarchy 面板中。将场景中的 Main Camera 对象删除（或者使其处于非激活状态）。连接好 HTC VIVE 设备，打开手柄，戴上头显，运行程序，观察效果。可以看到两只戴着手套的手，没有手柄。按 Trigger 键，手指握紧；按 Button 键，除食指外，其他手指握紧；按圆盘键，可以看到大拇指随着手指动作的变化而变化。

放置传送点 在 Project 面板中找到 Teleporting 预制体，将其拖曳至 Hierarchy 面板中。将 TeleportPoint 预制体拖曳至 Hierarchy 面板中，并在 Scene 面板中调整好其位置。通过拖曳的方式（或者复制粘贴的方式）在 Scene 面板中放置多个 Teleport Point 预制体。选中其中的某个 TeleportPoint 预制体，在 Inspector 面板中勾选 Teleport Point 组件中的 Locked 复选框，如图 11-18 所示。

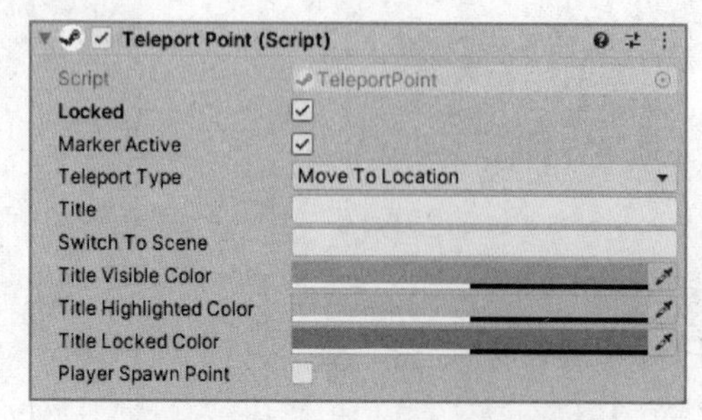

图 11-18 勾选 Locked 复选框

运行程序，戴好头显进入虚拟现实场景后，看不到任何移动点。此时，按住 HTC VIVE 手柄上的圆盘键，传送点会显示出来，控制抛物线的落点在传送点上，松开圆盘键，则用户可以移动到传送点处。

放置传送平面 创建一个 Plane 对象，修改其 Transform 参数值，如图 11-19 所示。

在 Inspector 面板中单击 Add Component 按钮，为 Plane 对象添加 Teleport Area 组件。选中 Plane 对象，对其进行复制和粘贴操作，然后调整新 Plane 对象的位置，最后勾选 Locked 复选框，如图 11-20 所示。

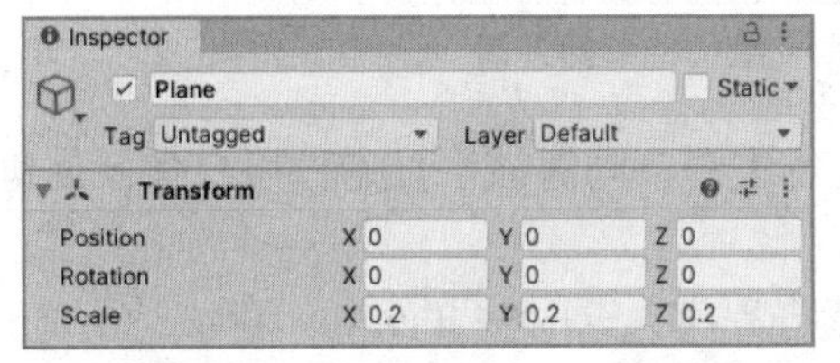

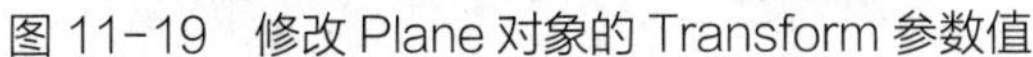
图 11-19 修改 Plane 对象的 Transform 参数值

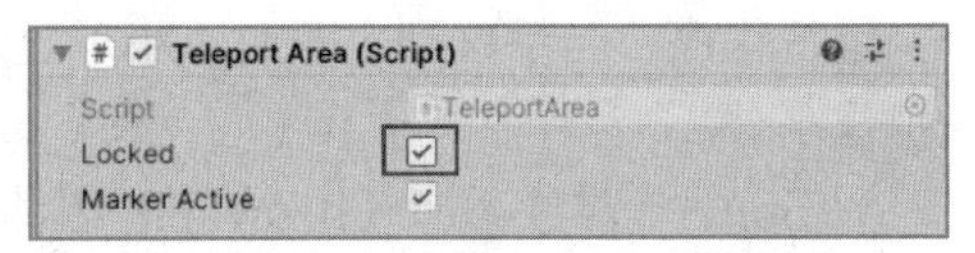

图 11-20 勾选 Locked 复选框

运行程序。未勾选 Locked 复选框的 Plane 对象可以在任何位置传送，勾选了 Locked 复选框的 Plane 对象无法传送。

实例 2：抓取和投掷

SteamVR Plugin 提供了 Interactable、Throwable 和 Steam VR_Skeleton_Poser 组件，下面综合使用这些组件来实现抓取和投掷功能。

场景搭建 新建一个场景，命名为 Grab 并保存，在 Project 面板中找到 Player 预制体，将其拖曳至 Hierarchy 面板中，然后将场景中的 Main Camera 对象隐藏或者直接删除。

连接好 HTC VIVE 设备，打开手柄，戴上头显，运行程序，观察效果。可以看到两只戴着手套的手没有手柄。按 Trigger 键，手指握紧；按 Button 键，除食指外，其他手指握紧；按圆盘键，大拇指随着手指动作的变化而变化。

创建一个 Cube 对象，并调整其大小和位置，设置其 Tranform 参数值如图 11-21 所示。在程序运行时，该对象作为桌子使用。

创建 Sphere 对象 创建一个 Sphere 对象，设置其 Transform 参数值如图 11-22 所示。

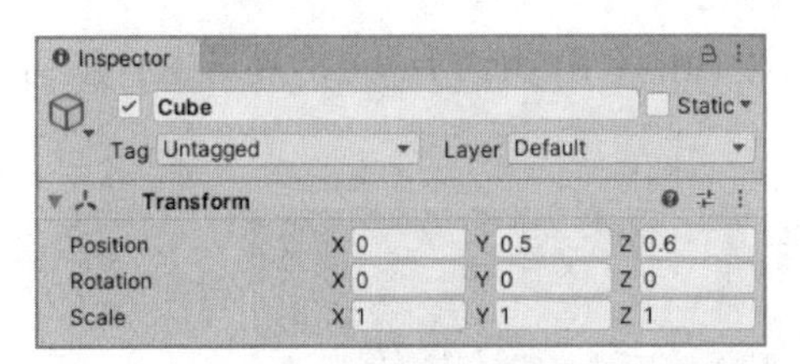

图 11-21 Cube 对象的 Transform 参数值设置

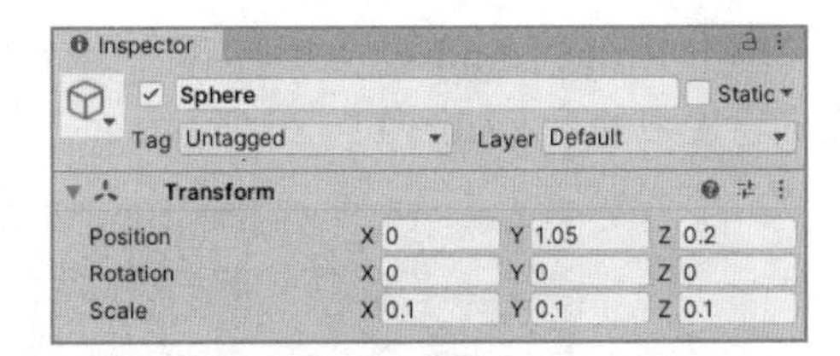

图 11-22 Sphere 对象的 Transform 参数值设置

需要使用 Sphere 对象（小球）与手柄进行抓取的交互操作。为了完成交互操作，需要为 Sphere 对象添加 Rigidbody 组件，使小球实现受到重力影响的效果。

添加交互组件 为 Sphere 对象添加 Interactable 组件。Interactable 组件的作用是使小球具备与系统手柄交互的功能。其参数设置如图 11-23 所示。

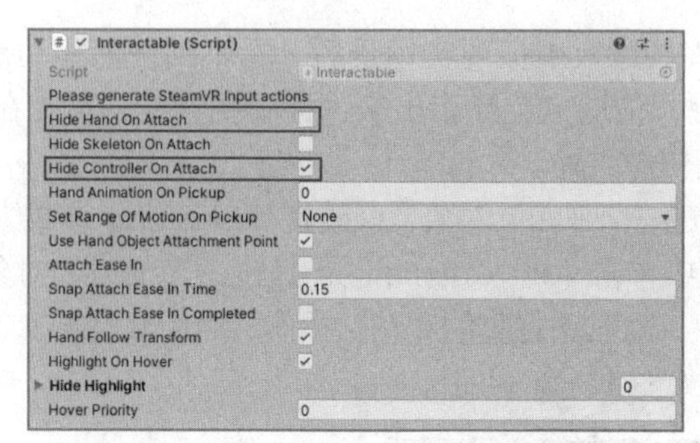

图 11-23　Interactable 组件的参数设置

运行程序，当手碰到小球时，小球显示黄色边框，同时被手推走，用户按任何键都无法抓住小球。

为 Sphere 对象添加 Throwable 组件。运行程序，这时按 Trigger 键或 Button 键都可以将小球抓住，但是手的抓取姿势不对。

为 Sphere 对象添加 Steam VR_Skeleton_Poser 组件。展开 Pose Editor 选项，找到 Create 按钮左侧的图标，如图 11-24 所示。

单击图标，在弹出的界面中选择 SphereSmallPose 选项。这时在 Scene 面板中可以看见一只抓住 Sphere 对象的右手，如图 11-25 所示。

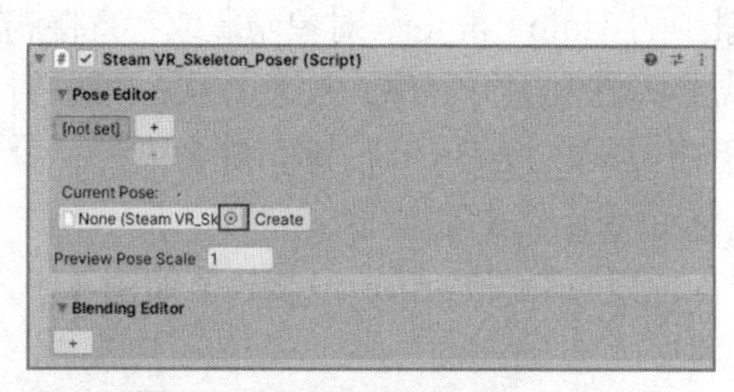

图 11-24　Pose Editor

图 11-25　显示的手

单击 Right Hand 右侧的图标，或者取消勾选 Show Right Preview 复选框，就可以隐藏场景中的手，如图 11-26 所示。

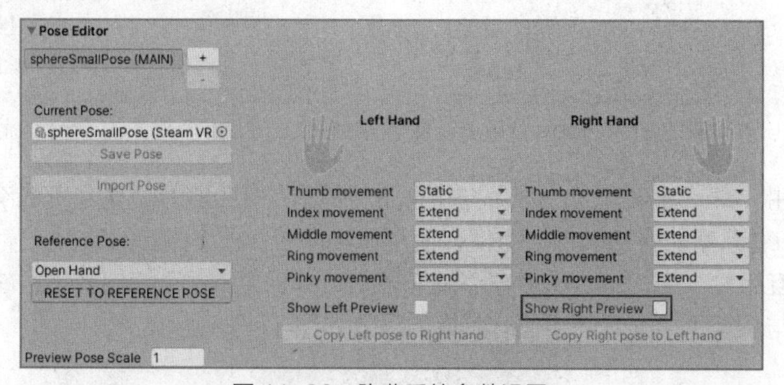

图 11-26　隐藏手的参数设置

运行程序，用手柄触碰小球，按住 Button 键或 Trigger 键，可以将小球抓起来。如果要投掷小球，则在投掷小球的同时，松开 Button 键或 Trigger 键即可。小球飞出去的初速度取决于手柄的移动速度，这是由 Throwable 组件中的 Release Velocity Style 参数决定的，默认参数值是 Get From Hand。至此，抓取和投掷小球的功能全部实现。

11.4 实操案例

下面使用 Unity 结合 SteamVR Plugin 开发城市漫游系统，用户可以佩戴 HTC VIVE 头显，在不同场景漫游时实现不同的交互。

在该实例中，除了需要导入 SteamVR Plugin 外，还需要导入 Virtual Reality Toolkit（简称 VRTK）。VRTK 是基于 SteamVR 创建的非常有用的脚本和预设工具集合，是创建 VR 游戏的好帮手。VRTK 依赖于 SteamVR，所以在使用它之前需要先导入 SteamVR Plugin。在 Unity 资源商店中下载 VRTK，如图 11-27 所示。

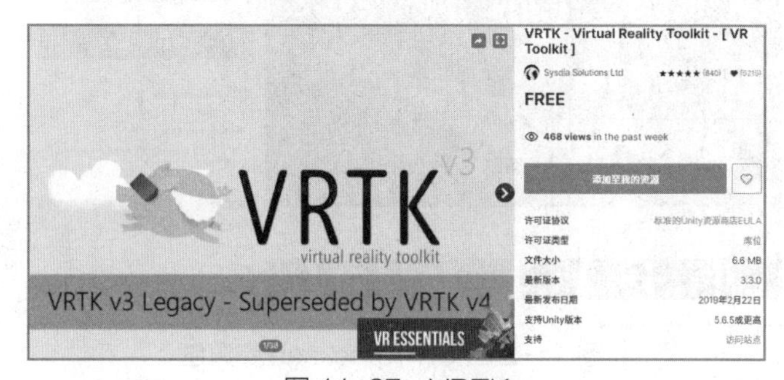

图 11-27　VRTK

部分场景的参考效果如图 11-28、图 11-29 所示。

图 11-28　场景参考效果（1）

图 11-29　场景参考效果（2）

步骤 1　从 Unity 资源商店下载 Toon Gas Station 和 CITY package 资源包分别如图 11-30、图 11-31 所示。在 Project 面板中新建两个场景，分别命名为 CityScene 和 TownScene。分别在两个场景的 Hierarchy 面板中新建两个 GameObject 对象，均命名为 Environment。将 CITY package 的场景资源作为 CityScene 场景的 Environment 对象的子对象，将 Toon Gas Station 的场景资源作为 TownScene 场景的 Environment 对

象的子对象。

图 11-30　Toon Gas Station 资源包

图 11-31　CITY package 资源包

步骤 2　新建项目并导入 SteamVR Plugin 和 VRTK，Project 面板如图 11-32 所示。

SDKManager 的设置：在 Hierarchy 面板中新建一个 GameObject 物体，更名为[SDKManager]，再新建一个 GameObject 物体作为[SDKManager]的子物体，更名为 SteamVR。

CameraRig 的设置：删除 Hierarchy 面板中的 Main Camera，将 Project 面板中的 SteamVR->Prefabs->[CameraRig]对象添加到场景中，用于模拟“人”。

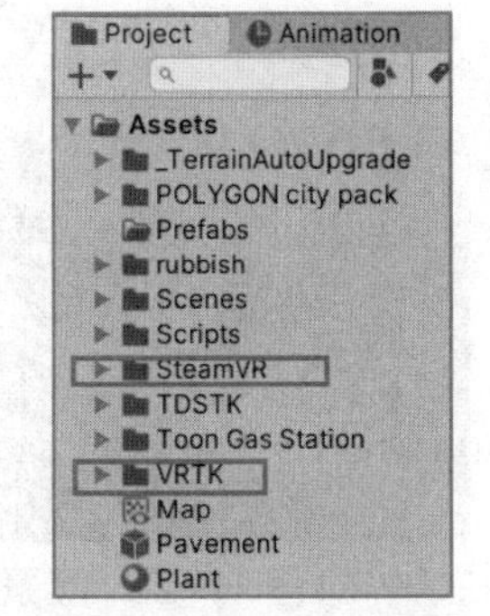

图 11-32　Project 面板

SteamVR 的设置：为 SteamVR 添加 VRTK_SDK Setup 组件，修改 Quick Select 属性值为 StreamVR（若 Actual Objects 和 Model Aliases 没有自动识别，则取消选择 Auto Populate）。手动为 Actual Objects 的 Boundaries、HeadSet、Left Controller、Right Controller 分别添加 Hierarchy 面板中的[CameraRig]、Camera（eye）、Controller（left）、Controller（right），将 Controller（left）、Controller（right）对象下的 Model 赋值给 Model Aliases 的 Left Controller、Right Controller。

Simulator 的设置：为[SDKManager]对象添加 VRTK_SDK Manager 组件，单击[SDKManager]的 VRTK_SDK Manager 组件下的 Auto Populate 按钮（硬件设备会自动添加），在 Hierarchy 面板中创建[SDKManager]对象的子物体 GameObject，更名为 Simulator。将 Project 面板下的资源 VRTK->Source->SDK->Simulator->[VRSimulator_CamerRig]添加到场景中，作为 Simulator 的子物体，为 Simulator 添加 VRTK_SDK Setup 组件，修改 Quick Select 属性为 Simulator，并单击[SDKManager]的 VRTK_SDK Manager 组件下的 Auto Populate 按钮。

VRTKScript 的设置：在 Hierarchy 面板中新建一个 GameObject 物体，更名为[VRTKScript]，并创建两个子物体 GameObject，分别更名为 LeftController、RightController，将这两个子物体赋给[SDKManager]对象的 VRTK_SDK Manager 组件的 Script Aliases。继续创建[VRTKScript]的子物体 GameObject，更名为 Head，为 Head 添加 VRTK_SDKObjectAlias 组件，将 Sdk Object 属性改为 Headset。继续创建[VRTKScript]的子物体 GameObject，更名为 Body，为 Body 对象添加 VRTK_SDKObjectAlias 组件，将 Sdk Object 属性改为 Boundary，相关参数设置如图 11-33 所示。

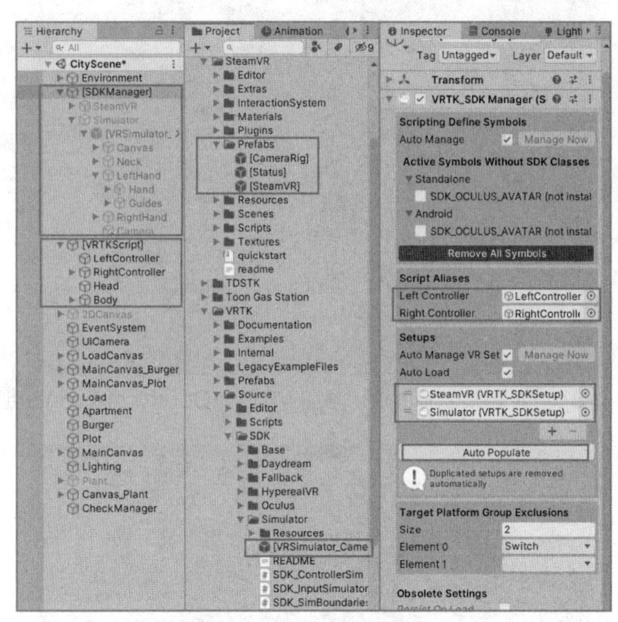

图 11-33 相关面板

步骤 3 相关操作、按键及说明如表 11-1 所示。

表 11-1 相关操作、按键及说明

操　作	按　键	说　明
Toggle Control Hints	F1	控制按键提示的显示与隐藏
Toggle Mouse Lock	F4	用于控制鼠标、按键是否锁定
Move Player/Playspace	W、A、S、D	用于控制主角 Player 对象的移动

续表

操　作	按　键	说　明
HMD	左 Alt	“鼠标外观”与“移动手”图标的功能切换
Rotation	左 Shift	控制“移动手”图标的旋转功能
Controller Hand	Tab	控制左右手之间的切换
Axis	左 Ctrl	用于在 *x*/*y* 轴和 *x*/*z* 轴之间切换
Touchpad Press	Q	用于发射射线
Grip Press	Mouse 0（鼠标左键）	用于抓取物体

步骤 4　分别为 LeftController 和 RightController 添加 VRTK_ControllerEvents 组件，如图 11-34、图 11-35 所示。

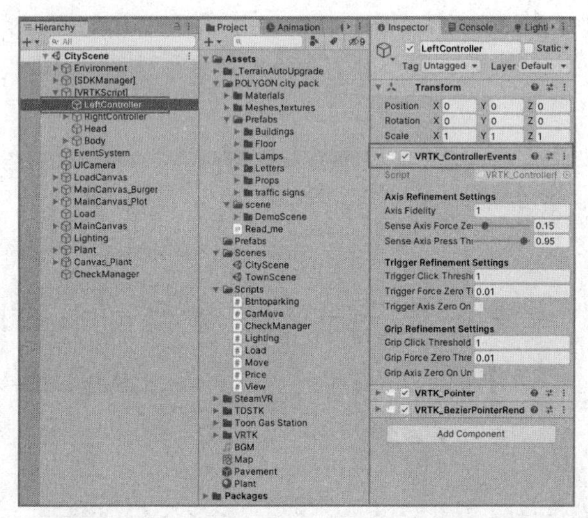

图 11-34　为 LeftController 添加 VRTK_ControllerEvents 组件

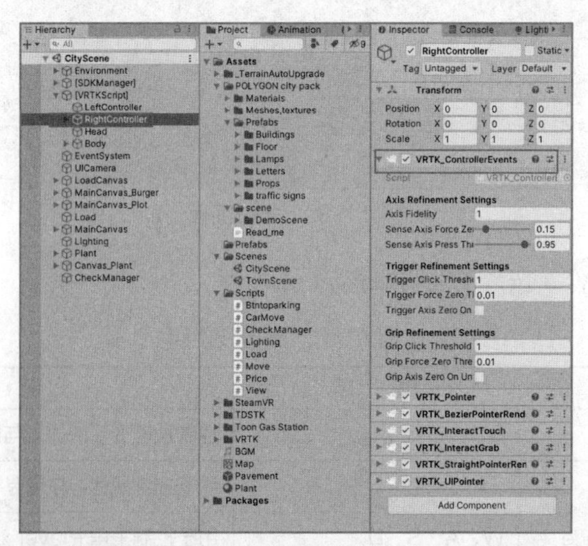

图 11-35　为 RightController 添加 VRTK_ControllerEvents 组件

VRTK Pointer 组件的设置：为 LeftController 添加 VRTK Pointer 组件，用于发射光标指针；附加贝塞尔光标渲染器 VRTK BezierPointerRenderer 组件或者直线光标渲染器 VRTK StraightPointerRenderer，用于绘制光标。将 VRTK BezierPointerRenderer 或 VRTK StraightPointerRenderer 组件赋给 VRTK Pointer 组件的 Pointer Renderer，如图 11-36 所示。

瞬移功能的实现：为[VRTKScripts]下的 Body 添加 VRTK_HeightAdjustTeleport 组件,即可完成瞬移。若场景中的某特定地方不作为瞬移点，则可以为[VRTKScripts]下的 Body 添加 VRTK_PolicyList 组件，并将该组件赋给 VRTK_HeightAdjustTeleport 组件下的 Target List Policy，将 VRTK_PolicyList 组件的 Operation 属性值设置为 Ignore，同时为不作为瞬移点的物体添加一个标签、层级或脚本。以设置层级为例，将 Body 的 VRTK_PolicyList 组件的 Check Types 设置为 Layer，并在 Size 文本框中输入层级数量，并输入层级名，如图 11-37 所示，添加标签与脚本的步骤与此类似。

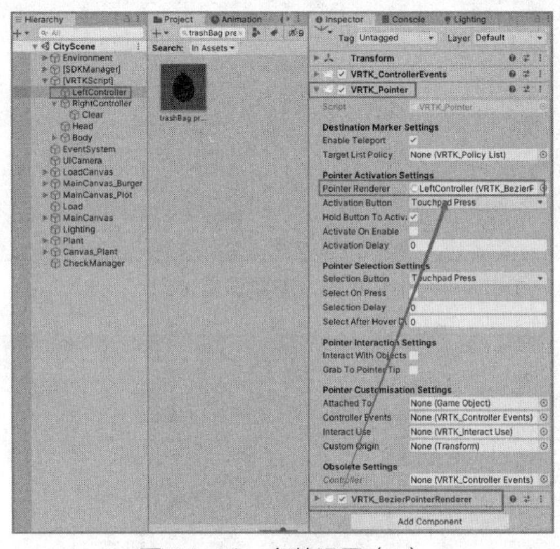

图 11-36　参数设置（1）

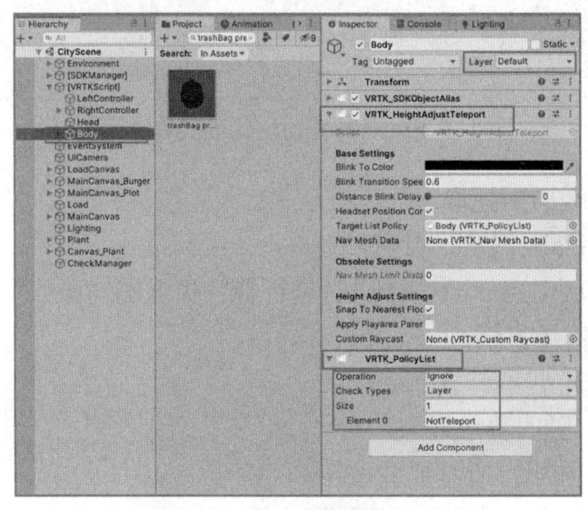

图 11-37　参数设置（2）

为需要拾取的移动手添加 VRTK_InteractTouch 组件与 VRTK_InteractGrab 组件，其参数设置如图 11-38 所示。然后为要拾取的物体添加碰撞器组件与可交互对象组件 VRTK_InteractableObject，并为交互对象启用抓取参数 Is Grabbable；创建一个空对象作为 RightController 的子对象，为子对象添加 Rigidbody 组件，并勾选 Is Kinematic 复选框，让子对象在被抓取时不受影响，其参数设置如图 11-39 所示。将 RightController 的 VRTK_InteractGrab 组件的 Controller Attach Point 参数赋值为上述创建的子对象，这样在抓取物体后它会作为 RightController 的子对象。

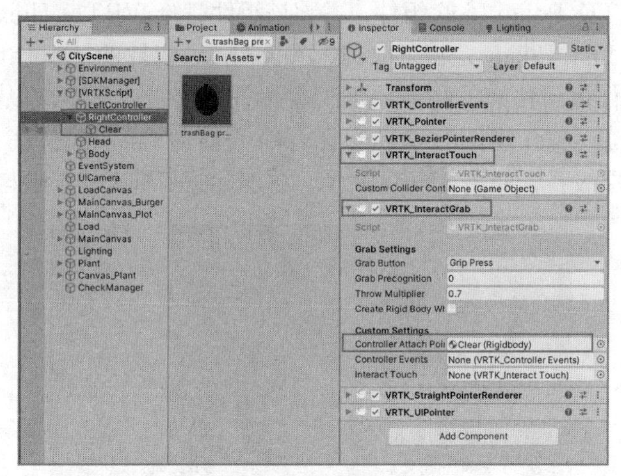

图 11-38 参数设置（3）

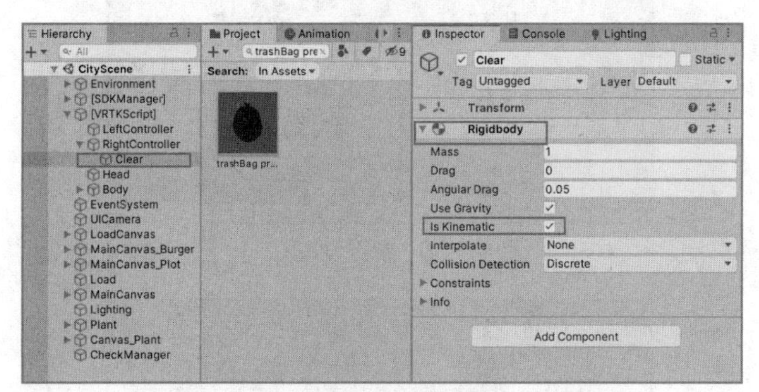

图 11-39 Rigidbody 组件的参数设置

Is Grabbable：是否启用抓取。

Hold Button To Grab：是否持续抓取。

Stay Grabbable On Teleport：传送时是否释放抓取的对象。

Valid Drip：释放物体方式。

No Drop：抓取对象后不释放。

Drop Anywhere：随时释放对象。

Grab Override Button：覆盖抓取按钮。

Grab Attach Mechanic Script：抓取器对象。

Secondary Grab Action Script：抓取行为对象。

新建一个 Camera 并命名为 UICamera，将其赋给画布的 Render Camera 参数。将 UICamera 的 Camera 组件的 Clear Flags 参数值设置为 Depth only，将 Culling Mask 参数值设置为 UI，再设置 Depth 的值，该值一定要大于[SDKManager]下的[CameraRig]的 Camera(Head)的主摄像机的 Depth 值，并取消选择主摄像机的 Culling Mask 下拉列表中的 UI 选项。若画布 Canvas 的 RenderMode 模式为 World Space，则需要设置画布大小，画布大小与世界的比例大约为 1 : 100。具体参数设置如图 11-40 所示。

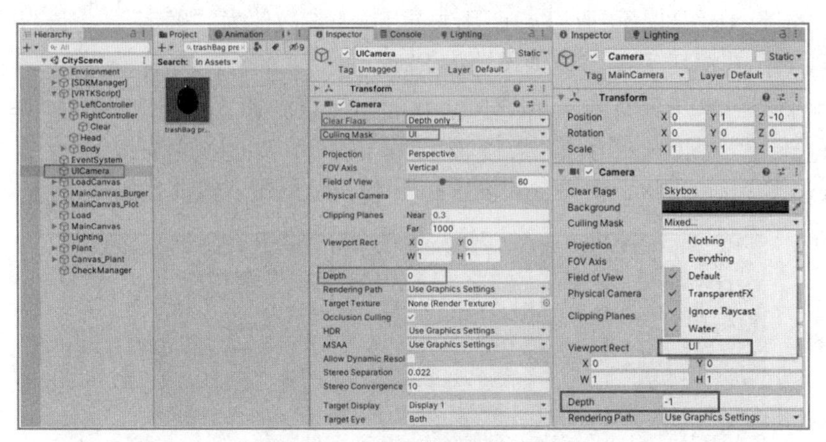

图 11-40 组件的参数设置

步骤 5 实现拾取垃圾功能。为 trashBag prefab 预制体增添 Box Collider 组件、VRTK_InteractableObject 组件与 VRTK_ChildOfControllerGrabAttach 组件，并启用 VRTK_InteractableObject 组件的抓取参数 Is Grabbable，将 trash Bag prefab 预制体的 VRTK_ChildOfControllerGrabAttach 赋给 VRTK_InteractableObject 的 Grab Attach Mechanic Script 参数，保存预制体。具体参数设置如图 11-41 所示。

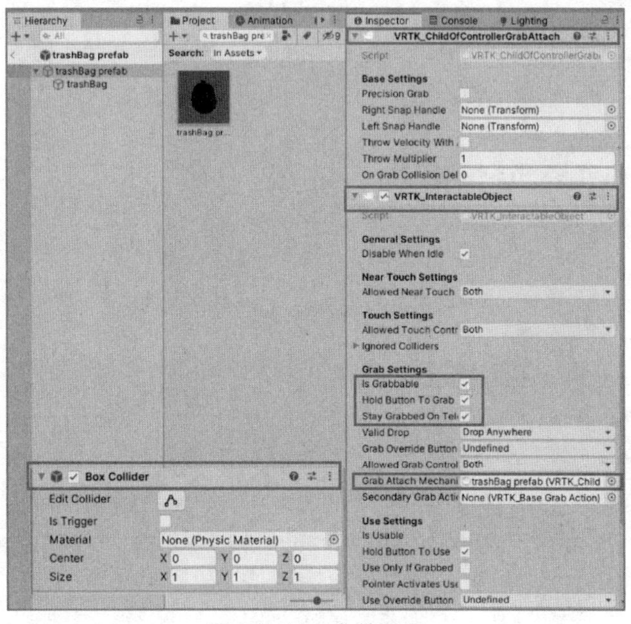

图 11-41 参数设置

实现场景中的小区、汉堡店、公寓等地方的卫生指标查看功能，下面以小区为例进行介绍。

新建一个 Canvas 并命名为 MainCanvas_Plot，将其 Render Mode 参数值设置为 World Space，为其添加 Graphic Raycaster 和 VRTK_UICanvas 组件，创建 Canvas 的 Text 组件，并将该 Text 组件更名为 TitleText，将该 Text 组件的 Text 参数值设置为“小区卫生查看”。创建 Canvas 的 Button 按钮，并将其更名为 OKButton，创建 OKButton 的 Text 组件，更改 Text 组件的 Text 参数值为“确定”，将该 Text 组件更名为 PlotText，并将其 Tag 参数值设置为 Plot。

新建一个空对象并更名为 CheckManager，为其添加 CheckManager.cs 脚本，为 OKButton 按钮添加响应事件，将该对象的 On Click( )参数值设置为 Check Manager.PlotButtonClick，相关参数设置如图 11-42 所示。具体代码如下。

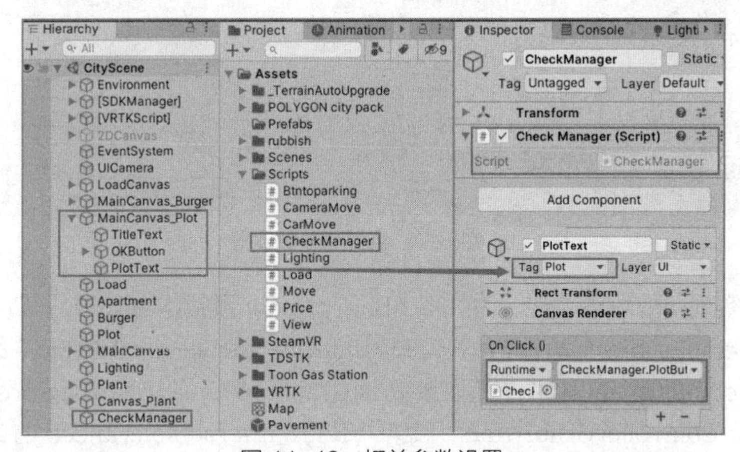

图 11-42　相关参数设置

```
代码清单(CheckManager.cs):
using System.Collections;
using System.Collections.Generic;
using UnityEngine;
using UnityEngine.UI;
public class CheckManager : MonoBehaviour{
  public void PlotButtonClick()
  {     GameObject.FindWithTag("Plot").GetComponent<Text>().text = "卫生
指数: ★★☆☆☆";     }
  public void ApartmentButtonClick()
  {     GameObject.FindWithTag("Apartment").GetComponent<Text>().text =
"卫生指数: ★★★★★";     }
  public void BurgerButtonClick()
  {     GameObject.FindWithTag("Burger").GetComponent<Text>().text = "卫
生指数: ★★★☆☆";     }
}
```

添加花草。创建一个空对象，将其更名为 Plant，并摆放在花园入口，将其 Tag 参数设置为 Plant。添加 Cube 对象，为其添加材质制作花泥。选择一些植物预制体作为 Plant 的子对象，为植物预制体添加 VRTK_InteractableObject 与 VRTK_ChildOfControllerGrabAttach 组件，然后使 Plant 失活（后续代码中会将该对象激活）。

新建一个 Canvas 并命名为 Canvas_Plant，将其 Render Mode 参数值设置为 World Space，为其添加 Graphic Raycaster 和 VRTK_UICanvas 组件，在 MainCanvas_Plot 画布上右击，将 Text 文本更名为 ContentText，设置该 Text 组件的 Text 参数值为“种花人到指定花园入口，花草才会出现”，为 Simulator 下的[VRSimulator_CameraRig]添加 Move.cs 脚本。相关参数设置如图 11-43 所示。具体代码如下。

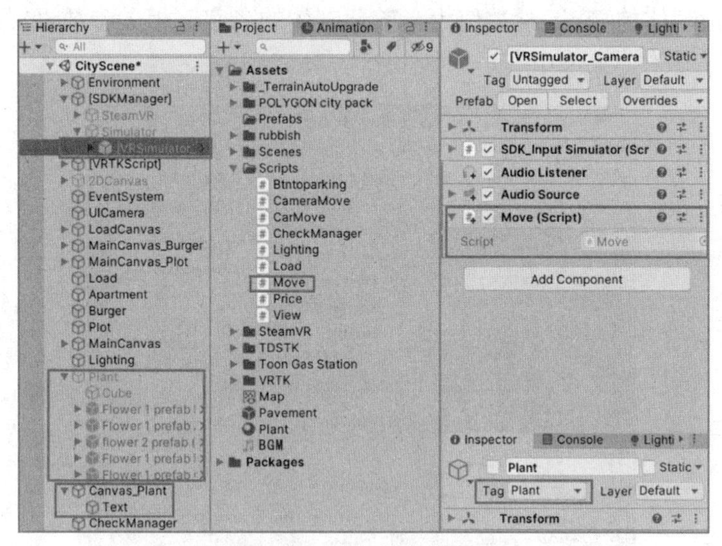

图 11-43　相关参数设置

```
代码清单（Move.cs）:
using System.Collections;
using System.Collections.Generic;
using UnityEngine;
public class Move : MonoBehaviour{
 void Update(){
            //数据仅供参考，可视具体情况而定
 if((this.transform.position.x>=-79&&this.transform.position.x<=-77)&&
(this.transform.position.z>=58&&this.transform.position.z<=60)&&this.trans
form.position.y==-8.25){
            GameObject.FindWithTag("Plant").transform.position = new
Vector3(-81,-9,60);
            }
 }
}
```

将场景中的违规车辆置入停车场，下面以一辆车为例进行设置。

新建一个 Canvas 并命名为 Canvas_Car，将其 Render Mode 参数设置为 World Space，为其添加 Graphic Raycaster 和 VRTK_UICanvas 组件，为 Canvas_Car 对象创建 Button 按钮，并更名为 CarButton6G（命名中“6G”为所用资源中车预制体型号），将 CarButton6G 对象的 Text 组件的 Text 参数设置为“违规车辆需送往停车场（单击）”。

新建一个空对象，将其更名为 CarMove，并为其添加 BtnToParking.cs 脚本。为 CarButton6G 按钮添加响应事件，使其被用户点击时能够响应 BtnToParking.cs 脚本中的 Car_6Gbtn 方法（Car_+车预制体型号+btn）。为车辆预制体添加 CarMove.cs 脚本，同时修改车辆预制体的 Tag 参数值为当前预制体的名字。相关参数设置如图 11-44、图 11-45 所示。具体代码如下。

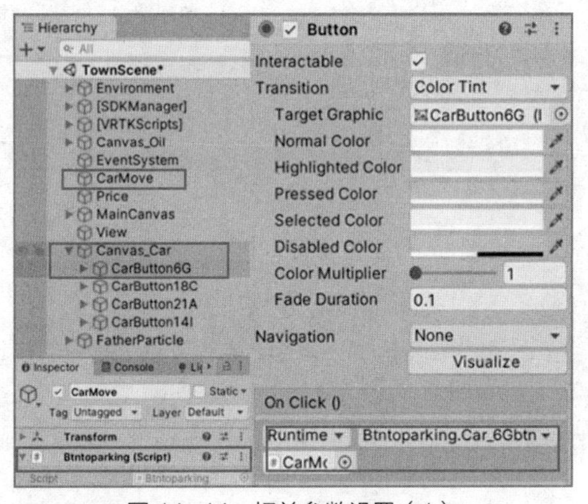

图 11-44　相关参数设置（1）

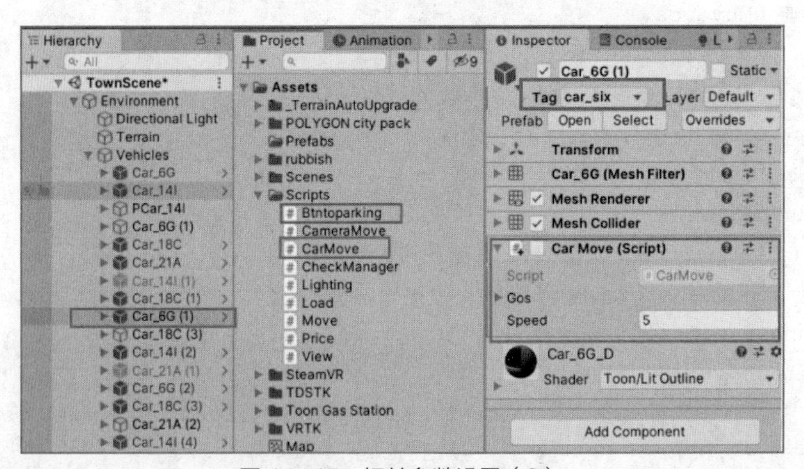

图 11-45　相关参数设置（2）

```
代码清单（BtnToParking.cs）：
using System.Collections;
```

```
using System.Collections.Generic;
using UnityEngine;
using UnityEngine.UI;
public class Btntoparking : MonoBehaviour{
  public void Car_6Gbtn(){
        GameObject.FindWithTag("car_six").GetComponent<CarMove>().enabl
ed = true;
        GameObject go = GameObject.Find("CarButton6G");
        Destroy(go);
  }
  public void Car_14Ibtn(){
    GameObject.FindWithTag("car_onetwoone").GetComponent<CarMove>().ena
bled = true;
    GameObject go = GameObject.Find("CarButton14I");
    Destroy(go);
  }
  public void Car_21Ibtn(){
    GameObject.FindWithTag("car_twoone").GetComponent<CarMove>().enable
d = true;
    GameObject go = GameObject.Find("CarButton21A");
    Destroy(go);
  }
  public void Car_18Ibtn(){
    GameObject.FindWithTag("car_oneeight").GetComponent<CarMove>().enab
led = true;
    GameObject go = GameObject.Find("CarButton18C");
    Destroy(go);
  }
}
```

```
代码清单(CarMove.cs):
using System.Collections;
using System.Collections.Generic;
using UnityEngine;
public class CarMove : MonoBehaviour{
  public GameObject[] gos; //获取每个目标点，存储在 GameObject 数组中。注意数
组元素的顺序不能乱
  public float speed = 1;  //用于控制移动速度
  int i = 0;               //表示记录的是第几个目标点
  float des;               //用于存储与目标点的距离
  void Update(){
```

```
            //看向目标点
            this.transform.LookAt(gos[i].transform);
            //计算与目标点间的距离
            des = Vector3.Distance(this.transform.position, gos[i].transform.
position);
            //移向目标
            transform.position = Vector3.MoveTowards(this.transform.position,
 gos[i].transform.position, Time.deltaTime * speed);
            //如果移动到当前目标点，就移向下个目标
            if (des < 0.1f && i < gos.Length - 1)
            {   i++;   }
        }
    }
```

实现查看油价的功能。新建一个 Canvas 并命名为 Canvas_Oil，将其 Render Mode 参数值设置为 World Space，为其添加 Graphic Raycaster 和 VRTK_UICanvas 组件。为 Canvas_Oil 对象添加 Button 按钮，并将其更名为 OilPriceButton，将 OilPriceButton 的 Text 组件的 Text 参数值设置为“查看今日油价”，并将该 Text 组件更名为 TipText，用于 Button 响应后的油价显示。

新建一个空对象并更名为 Price，为其添加 Price.cs 脚本，为 OilPriceButton 按钮添加响应事件，将该对象的 On Click( )参数值设置为 Price.ButtonClick，相关参数设置如图 11-46 所示。具体代码如下。

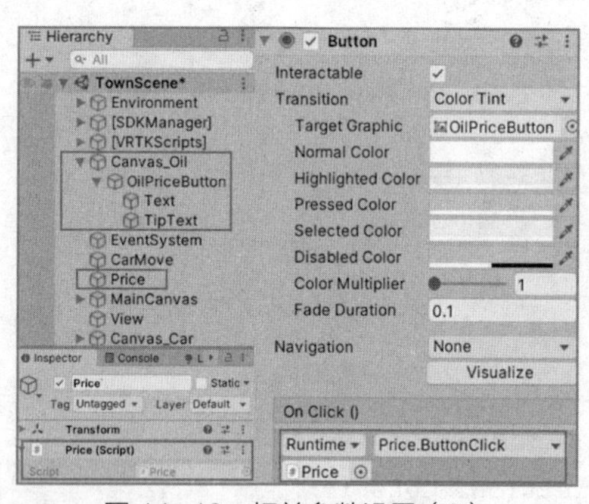

图 11-46　相关参数设置（3）

```
代码清单（Price.cs）:
using System.Collections;
using System.Collections.Generic;
using UnityEngine;
using UnityEngine.UI;
public class Price : MonoBehaviour{
  public void ButtonClick()
```

```
        {     GameObject.FindWithTag("Price").GetComponent<Text>().text = "9
2 号汽油  7.04\n"+"95 号汽油  7.56\n" + "0 号柴油  6.77";    }
    }
```

步骤 6 实现跳转场景的功能。新建一个 Canvas 并命名为 LoadCanvas，将其 Render Mode 参数设置为 World Space，为其添加 Graphic Raycaster 和 VRTK_UICanvas 组件。为 LoadCanvas 对象添加子物体 Button 按钮，将 Button 按钮的 Text 组件更名为 TipText，设置该 Text 组件的 Text 参数值为“进入下一场景”。

新建一个空对象，并更名为 Load，为其添加 Load.cs 脚本，代码如下。为 Button 按钮添加响应事件，将 Button 对象的 On Click()参数值设置为 Load.ButtonClick。

```
代码清单（Load.cs）:
using System.Collections;
using System.Collections.Generic;
using UnityEngine;
using UnityEngine.SceneManagement;
using UnityEngine.UI;
public class Load : MonoBehaviour{
  public void ButtonClick()
  {     SceneManager.LoadScene("TownScene");    }
}
```

制作小地图。在 MainCanvas 下添加 RawImage 对象，在 Project 面板的 Assets 下新建 Render Texture 资源，并更名为 Map，将 Map 赋给 RawImage 对象的 Texture 参数，并在 Simulator 的子对象 RightHand 下添加 Camera 对象，将 Map 赋给 Camera 对象的 Target Texture 参数。相关参数设置如图 11-47 所示。

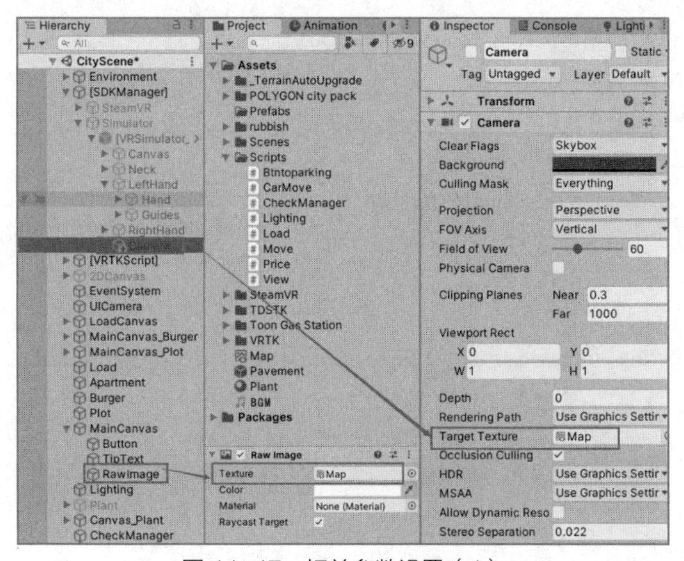

图 11-47 相关参数设置（4）

实现环境切换。在 CityScene 场景中为 MainCanvas 添加 Text 组件，将其更名为 TipText，将该 Text 组件的 Text 参数设置为“切换白天和傍晚”。为 MainCanvas 添加 Button 按钮，并删除 Button 下的 Text 组件。

新建一个空对象，并更名为 Lighting，为其添加 Lighting.cs 脚本。为 Button 按钮添加响应事件，将 Button 按钮的 On Click( )参数值设置为 Lighting.ButtonClick，相关参数设置如图 11-48 所示。具体代码如下。

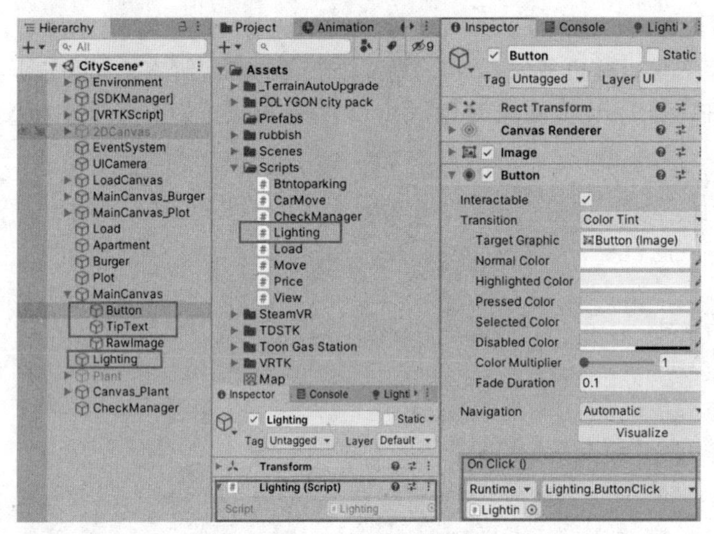

图 11-48 相关参数设置（5）

```
代码清单（Lighting.cs）:
using System.Collections;
using System.Collections.Generic;
using UnityEngine;
public class Lighting : MonoBehaviour{
  bool isLighting = true;
  public void ButtonClick(){
    if(isLighting == true)
    {    GameObject.Find("Directional light").transform.localEulerAngle
s = new Vector3(0, 90, 0);
      isLighting = false;
    } else
      {    GameObject.Find("Directional light").transform.localEulerAng
les = new Vector3(0, 0, 0);
        isLighting = true;
      }
    }
}
```

实现视角切换功能。在 TownScene 场景的 MainCanvas 下添加 Text 组件，并更名为 TipText，将该 Text 组件的 Text 参数值设置为“切换视角”。在 MainCanvas 下添加 Button 对象，删除 Button 对象下的 Text 组件。

新建一个空对象并更名为 View，为其添加 View.cs 脚本，为 Button 按钮添加响应事件，将 Button 按钮的 On Click( )参数值设置为 View.ButtonClick，相关参数设置如图 11-49 所示。具体代码如下。

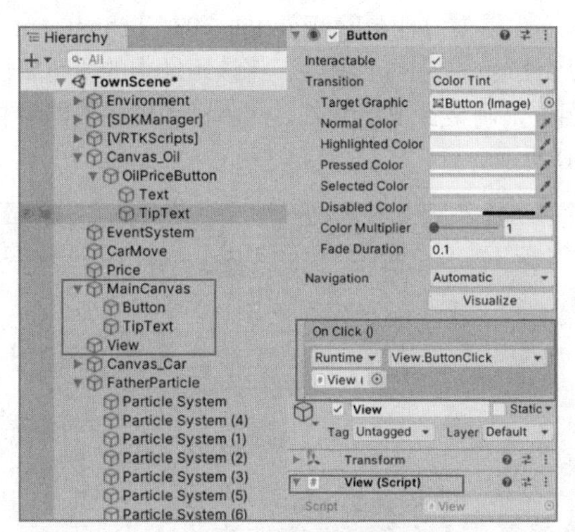

图 11-49 相关参数设置（6）

```
代码清单（View.cs）:
using System.Collections;
using System.Collections.Generic;
using UnityEngine;
public class View : MonoBehaviour{
  bool isDown = true;
  public void ButtonClick()
  {
    GameObject v = GameObject.FindWithTag("Camera");
    if (isDown == true){
        v.transform.position = new Vector3(v.transform.position.x, 25f,
v.transform.position.z);
        isDown = false;
    }else{
        v.transform.position = new Vector3(v.transform.position.x, 0, v
.transform.position.z);
        isDown = true;
    }
  }
}
```

步骤 7 设置特效。在场景中创建一个 Particle System 组件，将其 Duration 参数值设置为 88.42，将 Start Lifetime 参数值设置为 6.14，将 Start Size 参数值设置为 0.6，将 Emission 下的 Rate over Time 参数值设置为 3.8，Rate over Distance 参数值设置为 0，在 Shape 下拉列表中选择 Cone 选项，将 Angle 参数值设置为 90，将 Radius 参数值设置为 1，修改 Start Color 参数值以形成萤火的效果。在场景中再创建一个空物体，更名为 FatherParticle，Reset（重置）FatherParticle 的 Transform 组件的参数值。为 FatherParticle 添加 Particle System 组件，将该组件中的所有属性，取消勾选。复制多份 Particle System 组件，调整各 Particle System 组件中不同参数，以实现合适的漫天萤火效果，如图 11-50 所示。

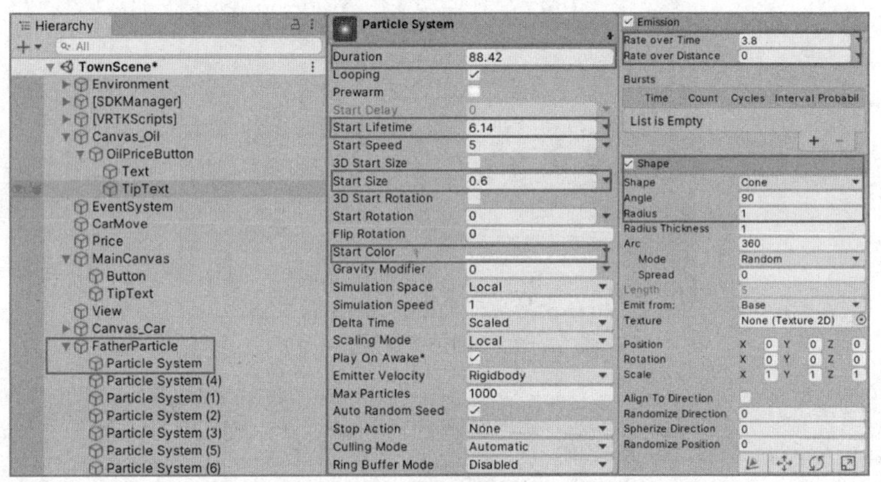

图 11-50 相关参数设置（7）

步骤 8 设置音效。为两个场景的[SDKManager]下的 Simulator 的[VRSimulator-CameraRig]添加 Audio Source 组件，设置 AudioClip 参数值为背景音乐文件，并勾选 Loop 复选框，如图 11-51 所示。

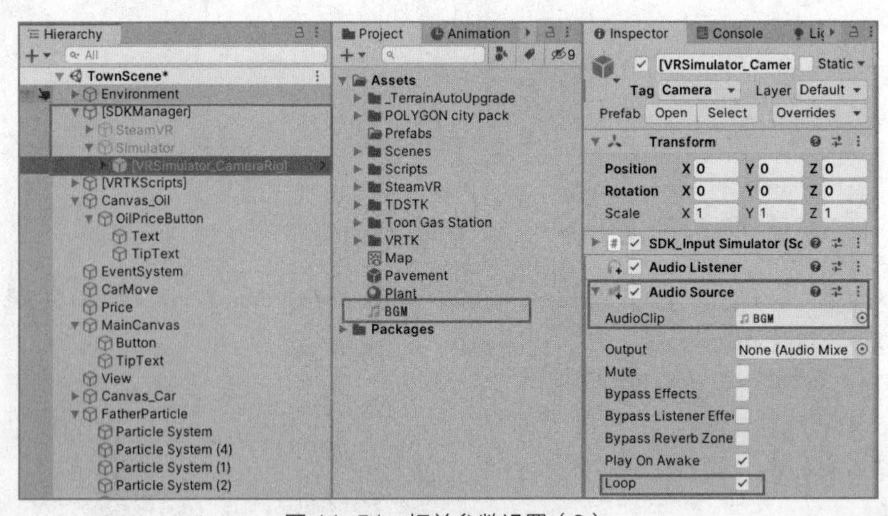

图 11-51 相关参数设置（8）

11.5 本章小结

本章首先介绍了虚拟现实的开发平台，以及 SteamVR Plugin 的功能；然后介绍了使用 HTC VIVE 手柄结合 SteamVR Plugin 进行移动和抓取的方法；最后结合 VRTK 和 SteamVR Plugin，开发了城市漫游系统。

11.6 本章习题

（1）如何使用 HTC VIVE 手柄在虚拟现实场景中进行移动？

（2）使用 HTC VIVE 手柄拾取的对象需要包含哪些组件？

（3）相比于 SteamVR Plugin，使用 VRTK 开发虚拟现实产品具有哪些优势？

第 12 章 增强现实产品的开发

学习目标

- 了解增强现实开发的主流工具。
- 掌握使用 Vuforia 开发增强现实产品的方法。
- 完成本章的实操案例练习。

增强现实（Augmented Reality，AR）技术是把现实世界中某一区域原本不存在的信息，基于某种媒介仿真后叠加到真实世界中，以实现对现实的增强，从而使这些信息被人类感官感知的技术。使用 AR 技术可以在屏幕上把虚拟世界与现实世界叠加并使它们互动，该技术广泛应用于军事、医疗、建筑、教育、工程、影视娱乐等领域，为人们提供丰富且印象深刻的增强现实体验。

移动端 AR 应用程序主要分为图像识别与追踪、物体识别与追踪、环境感知与重建、人脸识别与追踪等几大类。

本章主要介绍移动端 AR 应用程序的开发。

12.1 增强现实工具

1999 年，第一个 AR 开源框架 ARToolKit 出现，通过它可以很容易地开发 AR 应用程序；之后逐渐出现一系列 AR 应用；2016 年，Pokemon Go 增强现实游戏风靡全球，此后很多行业都采用 AR 技术来提高效率、简化运营、提高生产力和提升客户满意度。

下面介绍目前主流的 AR 软件开发工具包（Software Development Kit,SDK）。

12.1.1 Vuforia

Vuforia 是一种适用于移动设备的 AR SDK，是世界上主流的 AR 通用解决方案，既支持 iOS、Android 和 UWP 的原生开发，又支持在 Unity 中开发易于移植到其他平台的 AR 应用程序。其核心功能如表 12-1 所示。

表 12-1 Vuforia 的核心功能

功　能	说　明
Model Targets	模型目标
Area Targets	区域目标

续表

功　能	说　明
Ground Plane	地平面
Image Targets	图像目标
VuMark	定制图标
Cylinder Targets	圆柱目标
Multi Targets	多目标
Instant Image Targets	即时图像目标
Cloud Recognition	云识别
Virtual Buttons	虚拟按钮

12.1.2 ARKit

2017 年 6 月，在 Apple 全球开发者大会（World Wide Developers Conference，WWDC）上，Apple 公司正式推出了 AR 开发套件 ARKit。Apple 公司对 ARKit 的描述为：它是通过整合设备摄像头采集的图像信息与设备运动传感器（包括 LiDAR）信息，在应用中提供 AR 体验的开发套件，即 ARKit 是一种用于开发 AR 应用的 SDK。

ARKit 通过移动设备（包括手机与平板电脑）的单目摄像头采集的图像信息（包括 LiDAR 采集的信息），实现平面检测识别、场景几何、环境光估计、环境光反射、图像识别、3D 物体识别、人脸检测、人体动作捕捉等高级功能，并在此基础上创建虚实结合的场景。

12.1.3 ARCore

2017 年 8 月，Google 宣布推出面向 Android 平台的 AR SDK，名为 ARCore，它用于构建 AR 体验的平台。ARCore 利用丰富的 API 让 Android 智能手机感知环境、理解现实世界并进行交互，为用户提供 AR 体验。ARCore 使用以下 3 个关键功能将虚拟内容与通过手机摄像头拍摄的现实世界相结合。

（1）运动跟踪：允许手机了解和跟踪其相对于世界的位置。

（2）环境理解：允许手机检测所有类型表面的大小和位置，如水平、垂直和倾斜表面，以及地面、咖啡桌和墙壁等。

（3）光照估计：允许手机估计环境的当前光照条件。

12.1.4 AR Foundation

为了实现 AR 开发入门，建议使用 AR Foundation 为 Unity 支持的手持式 AR 设备和可穿戴 AR 设备创建应用程序。AR Foundation 允许在 Unity 中以多平台方式使用 AR 平台。AR Foundation 不会自行实现任何 AR 功能，可用于定义一个多平台 API，允许使用多个平台通用的功能。使用它可以将应用程序发布到多平台，它会根据发布的平台自主选择底层 SDK。要在目标设备上使用 AR Foundation，还需要为 Unity 正式支持的每个目标平台下载并安装单独的插件，具体如下。

- Android 平台需安装 ARCore XR 插件。
- iOS 平台需安装 ARKit XR 插件。
- Magic Leap 平台需安装 Magic Leap XR 插件。
- HoloLens 平台需安装 Windows XR 插件。

AR Foundation 包含一系列 MonoBehaviour 和 API，可通过不同平台的 AR SDK 实现以下 AR 功能。

（1）图像追踪：检测和追踪 3D 图像。

（2）平面检测：检测真实世界中的水平和竖直平面。

（3）空间追踪：追踪设备在真实物理空间的位置和朝向。

（4）面部追踪：检测和追踪人的脸部信息。

（5）光线估计：对真实世界中的色温、亮度进行估算。

（6）环境探头：通过生成环境反射贴图，模仿真实物理空间的某个特定区域。

（7）锚点：设备检测到的位置和朝向信息。

（8）点云：通过测量设备（摄像机或激光扫描仪）获取的物体表面的点数据集合。

12.1.5 EasyAR

EasyAR 是视辰信息科技（上海）有限公司的 AR 解决方案系列的子品牌，其服务涉及手机 App 互动营销、户外大屏幕互动、网络营销互动等领域。

EasyAR 的主要功能包括稀疏空间地图、稠密空间地图、运动跟踪、表面跟踪、3D 物体跟踪、平面图像跟踪、录屏等。

12.1.6 VoidAR

VoidAR 是一家 AR 底层技术服务商，致力于开发图像识别等 AR 服务，与医疗、文化、教育等领域的公司合作，构建提供 AR 解决方案的平台。它的 Void SLAM 方案专为高质量、稳定的 AR 显示而开发，基于单目摄像头能在现有手持设备和各种智能眼镜上实现 Hololens 的 SLAM 效果，大大降低高质量 AR 应用的门槛。

VoidAR 的主要功能包括真实环境融合、Void SLAM 云识别、图像识别、多目标识别、自定义图像空间构建、目标动态加载、视频回放、网络视频播放、AR 录屏、环境光照等。

12.1.7 AR SDK 小结

在众多的 AR SDK 中，只有根据具体情况，有针对性地选择 AR SDK，才能更好地完成项目开发，对此有以下建议。

- 对于初学者或者大部分 AR 项目来说，可选择 Unity+Vuforia。
- 要实现 SLAM 等高级功能可选择 Unity+AR Foundation 或 UE+ARKit、ARCore。
- 要实现私人定制功能可选择 Unity+EasyAR、VoidAR 等。
- 要嵌入已有 App，根据实际情况选择合适的方案。

在进行 AR 项目开发时，注意 SDK 与引擎、平台的关系，部分 SDK 与引擎、平台的关系如表 12-2 所示，其中“√”表示相容，“×”表示不相容。

表 12-2 部分 SDK 与引擎、平台的关系

SDK \ 引擎	Unity	Unreal Engine	Android	iOS
Vuforia	√	×	√	√
ARKit	√	√	×	√
ARCore	√	√	√	√
AR Foundation	√	×	×	×
EasyAR	√	×	√	√
VoidAR	√	×	√	√

12.2 Web 端 AR 应用

传统的 AR 应用存在一些问题：AR 眼镜设备定制程序复杂，价格昂贵；移动端 AR 中的部分功能需要借助指定设备才可使用，需要跨平台开发，有一定限制；大部分资源基于本地存储，如果想要更新资源，需要进行额外的开发，技术成本较高；需要安装 App 体验，不利于推广宣传。

这些问题的存在，让开发者开始尝试将 AR 应用放置在 Web 端。

12.2.1 WebAR

WebAR 使用 WebRTC、WebGL 和现代传感器 API 的组合技术，通过 Web 浏览器提供对基于 Web 的增强现实的实现。

WebAR 使智能手机用户不必安装大量应用程序就可以使用 AR，这使增强现实更容易实现，并且更有利于推广业务。使用 WebAR 实现产品的数字化，使 AR 商家与客户的关系进入了一个新的阶段，并极大地丰富了品牌的经营战略。

WebAR 也有缺点：各浏览器参数不统一、3D 内容加载慢、无法实现复杂的内容、无法实现复杂交互、网络限制等。可根据项目需求选择使用 WebAR。

目前常用的 WebAR 框架及说明如表 12-3 所示。

表 12-3 WebAR 框架及说明

WebAR 框架	说　明
ARToolKit	最早的开源 AR 库，全平台 WebAR 的基础
AR.js	将 jsartoolkit5 封装，并整合 three.js 和 aframe 进行渲染，支持 mage tracking.Location Based AR、Marker tracking，更新频繁（主要更新渲染部分）
jsartoolkit5	AR ToolKit5 的 s 版本
three.ar.js	Google 的开源 WebAR 项目，基于自家的 WebARonARKit 和 WebARonARCore
awe.js	用于面部检测的 js 库，比较活跃
tracking.js	颜色跟踪；用于面部检测的 js 库
model-viewer	Google 最新的 WebAR 方案，依赖 Chrome

商业 WebAR 工具主要有以下几种。

- 视辰科技 EasyAR 推出的 WebAR。
- 太虚 AR 的 WebAR。
- 8thWall。
- KiviSense。

12.2.2 KiviSense 在线 AR 制作引擎

KiviSense 是一款免编程、方便快捷的在线 AR 制作引擎，可用于快速实现 Web AR，其网站首页如图 12-1 所示。

下面利用 KiviSense 制作一款 WebAR 图像识别应用程序。

步骤 1 登录 KiviSense 网站，依次单击“立即制作->我的项目->⊞”按钮，如图 12-2 所示。

图 12-1 KiviSense 网站首页

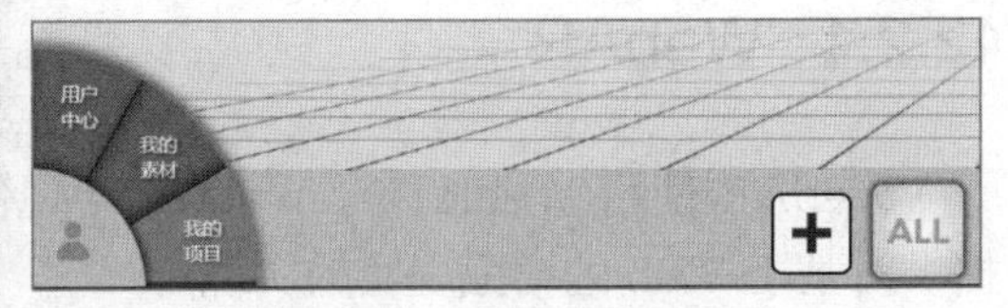

图 12-2 单击相应按钮

步骤 2 在图 12-3 所示的“新建项目”对话框中设置项目名称、项目描述、项目 Logo，选择“图像检测与跟踪”单选项，单击“保存”按钮。

步骤 3 在屏幕上方可以看到刚才设置的项目名称，单击右边的“+AR 场景”按钮，新建 AR 场景，如图 12-4 所示。

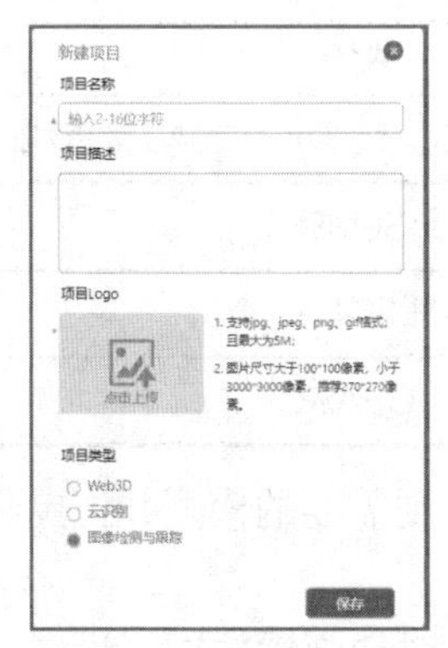

图 12-3 “新建项目”对话框

图 12-4 单击“+AR 场景”按钮

打开“选择场景类型”界面，单击“图像检测与跟踪”下方的“选择”按钮，创建一个该类型的场景，如图 12-5 所示。

步骤 4 在图 12-6 所示的“创建场景”对话框中输入场景名称，按要求选择识别图，单击“立即制作”按钮。

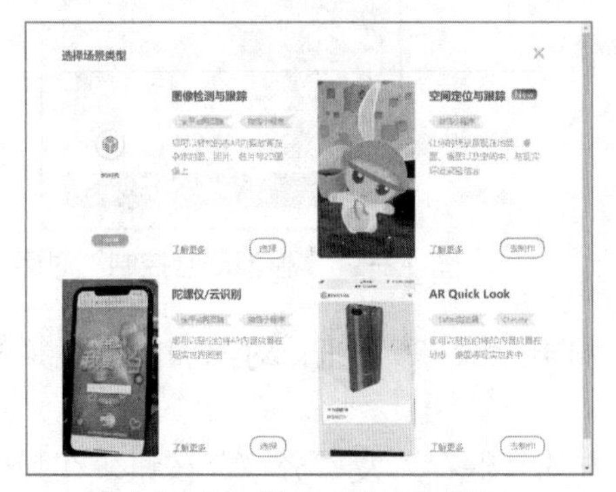

图 12-5 单击“选择”按钮

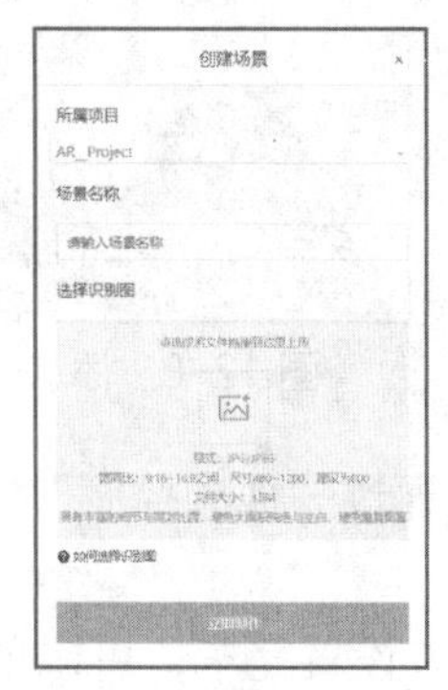

图 12-6 “创建场景”对话框

步骤 5 进入场景制作界面，如图 12-7 所示。

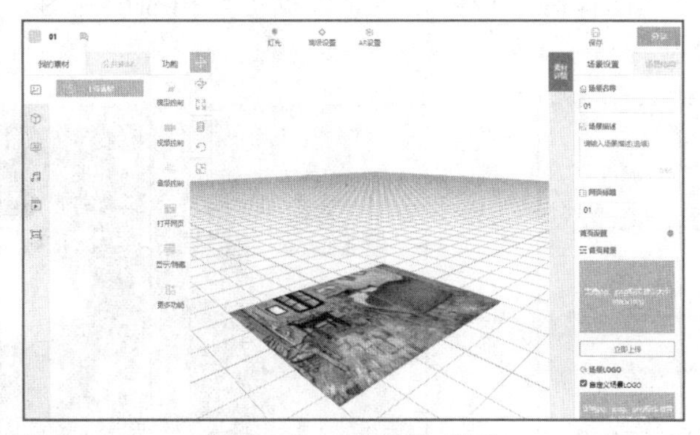

图 12-7 场景制作界面

在界面中可以上传需要的素材，主要的素材类型及素材要求如表 12-4 所示。

表 12-4　　素材类型及要求

素材类型	要　求
图片	格式为 JPG、JPEG、PNG，小于 5MB，尺寸小于 2048 像素×2048 像素
模型	格式为 GLB、GLTF、FBX、OBJ，小于 30MB
AR 视频	格式为 MP4，小于 30MB，视频编码为 H.264
音频	格式为 MP3，小于 10MB，音频编码为 LC-AAC

也可以使用系统提供的公共素材，在公共素材中找到需要的模型并拖曳到场景中，如图 12-8 所示。

步骤 6　若模型带有动画，则可以添加控制功能，对动画播放进行设置。在“功能”区域中单击“模型控制”按钮，弹出图 12-9 所示的“模型动画控制”对话框，在其中进行相应设置。

图 12-8　添加公共素材

图 12-9　“模拟动画控制”对话框

也可以通过“视频控制”“音频控制”“打开网页”等按钮，对添加的音视频等素材进行控制。

步骤 7　设置完毕，可以单击页面右上方的“保存”及“分享”按钮，在弹出的对话框中会生成二维码及链接，如图 12-10 所示。

至此，一个简单的 WebAR 应用程序制作完毕。可以使用手机扫描生成的二维码，在弹出的页面中单击“立即体验”按钮，然后根据提示扫描识别图，查看最终效果，如图 12-11 所示。

图 12-10　“场景发布”对话框

图 12-11　最终效果

12.3 实操案例

下面以 Vuforia SDK 的使用为例，介绍 Android 平台的图像追踪识别和物体追踪识别技术。

12.3.1 图像追踪识别技术

步骤 1 在已安装的 Unity 中添加相应模块。在 Unity Hub 中找到安装的软件，使用“添加模块”功能，在出现的对话框中勾选 Android Build Support 复选框，如图 12-12 所示。

步骤 2 模块安装后，打开 Unity，新建项目，使用 3D 模板，如图 12-13 所示。

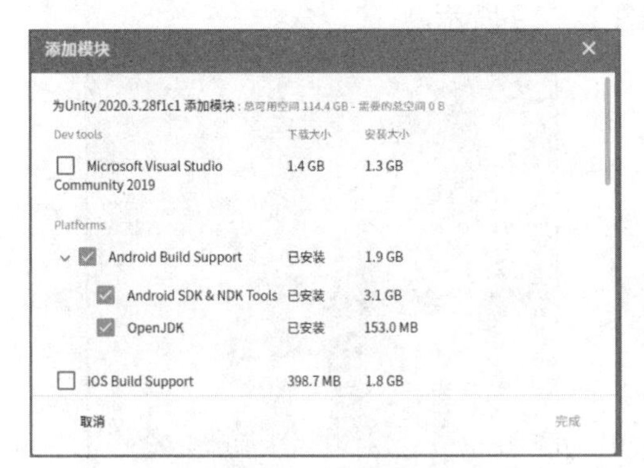

图 12-12 添加需要的模块

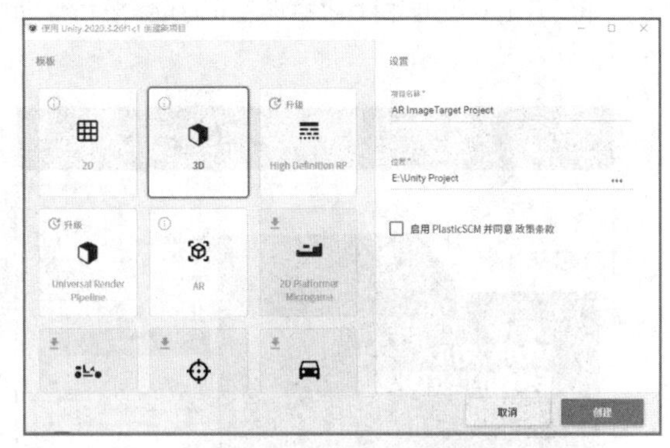

图 12-13 使用 3D 模板

步骤 3 打开 Vuforia 网站，如图 12-14 所示，注册账号并登录。

登录后在网站中选择 License Manager 选项，单击 Get Basic 按钮，如图 12-15 所示；添加 License Name，如图 12-16 所示。

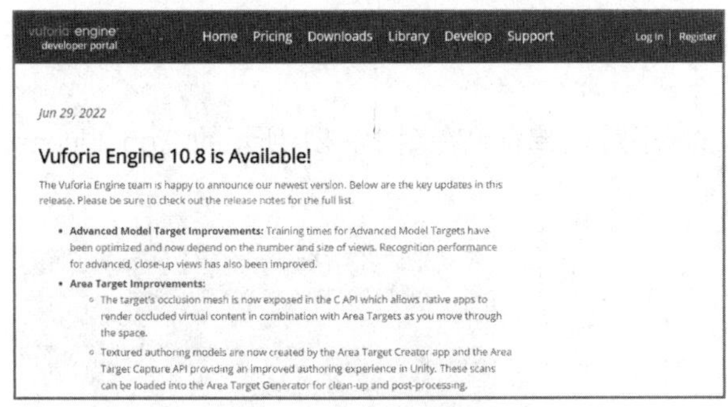

图 12-14 Vuforia 网站

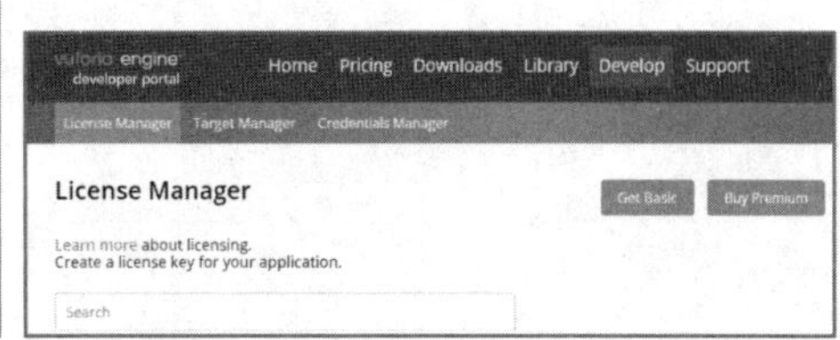

图 12-15 单击 Get Basic 按钮

单击 Confirm 按钮，即可生成该项目的密钥，如图 12-17 所示。将该页面中 License Key 选项卡中的长字符串复制并保存，以备在 Unity 中使用。

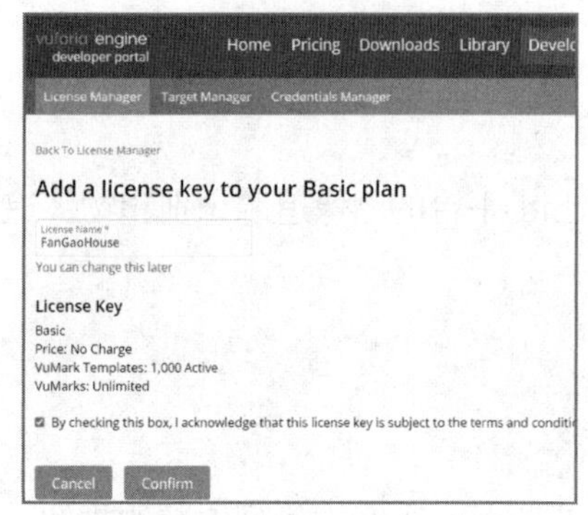

图 12-16　添加 License Name

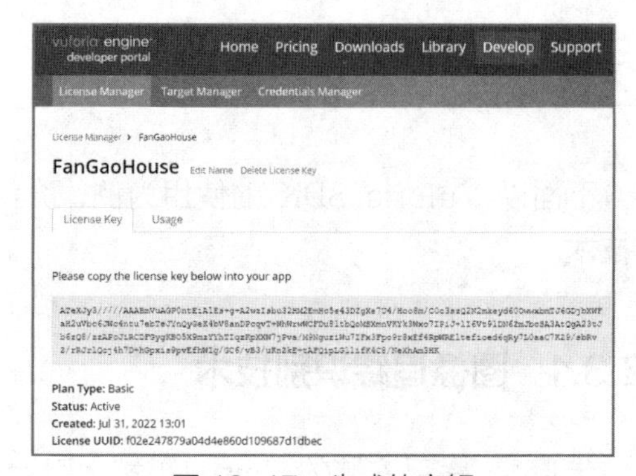

图 12-17　生成的密钥

步骤 4　在 Unity 的资源商店中下载资源包，并导入 Unity 项目，要下载的资源包如图 12-18 所示。

将 Unity 的项目切换到 Android 平台，如图 12-19 所示。

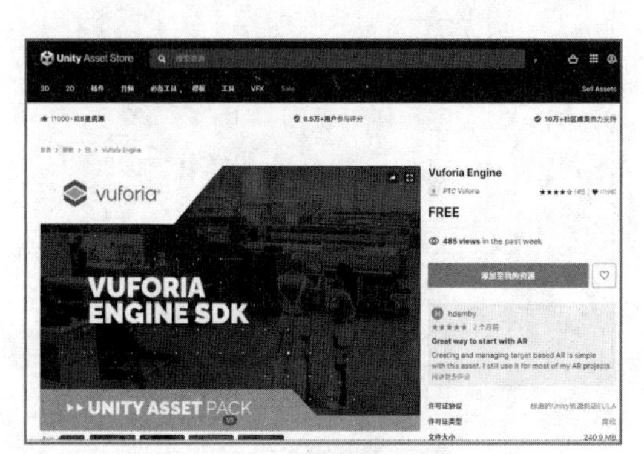

图 12-18　要下载的资源包

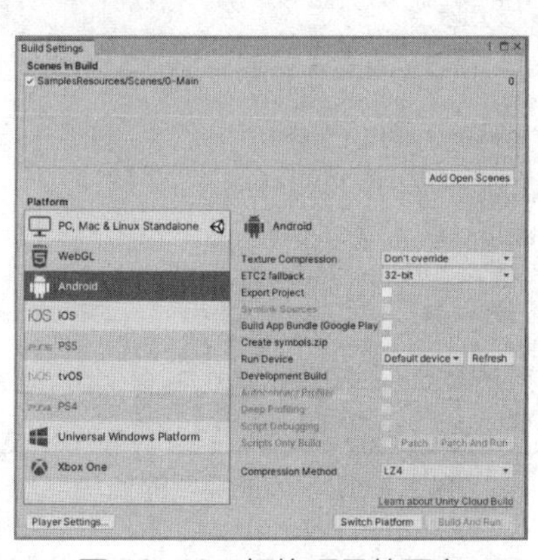

图 12-19　切换项目的平台

步骤 5　在 Unity 的新场景中删除原有的 Main Camera，在 Hierarchy 面板中右击，选择 Vuforia Engine->AR Camera 命令，新建 AR Camera 对象。

选中 AR Camera 对象，在 Inspector 面板中单击 Open Vuforia Engine configuration 按钮，如图 12-20 所示。

在 Inspector 面板中，将步骤 3 中生成的密钥字符串粘贴在图 12-21 所示的 App License Key 文本框中。

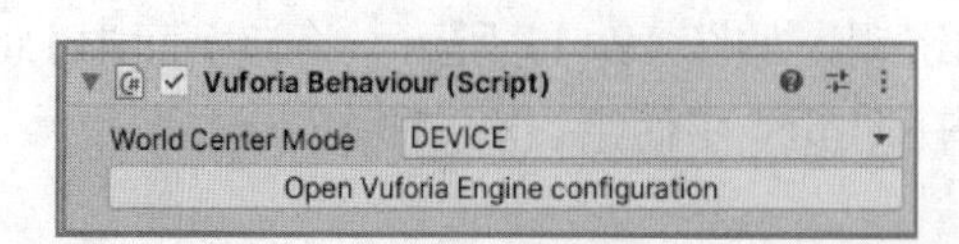

图 12-20　单击 Open Vuforia Engine configuration 按钮

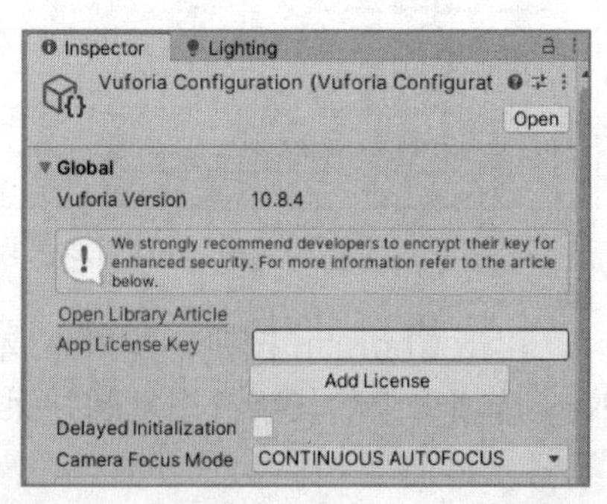

图 12-21　App License Key 文本框

步骤 6 回到 Vuforia 网站，在页面中选择 Target Manager 选项，如图 12-22 所示；单击 Add Database 按钮，输入一个数据库名，选择 Device 单选项，如图 12-23 所示。

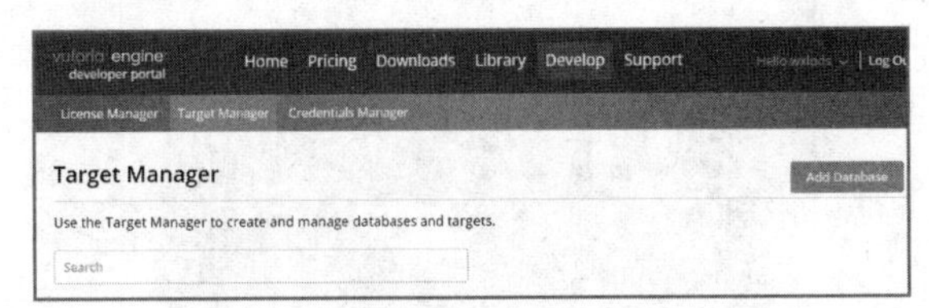

图 12-22 选择 Target Manager 选项

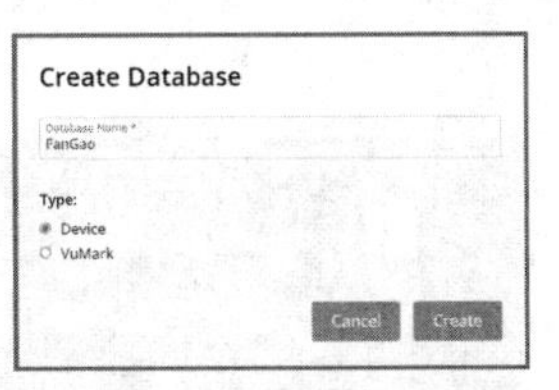

图 12-23 Create Database 界面中的设置

单击 Create 按钮，创建数据库，然后打开该数据库，如图 12-24 所示。

此时，可向该数据库中添加图片，单击 Add Target 按钮，打开图 12-25 所示的界面，选择 Image 选项，通过 Browse 按钮选择准备好的识别图（不大于 2MB），将 Width 的值设为 1，单击 Add 按钮。

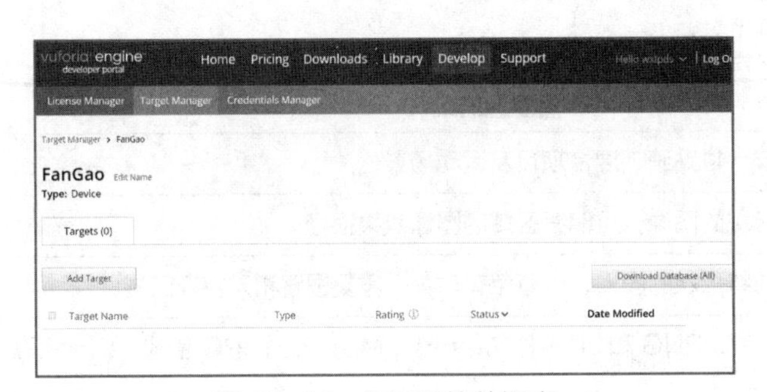

图 12-24 打开后的数据库

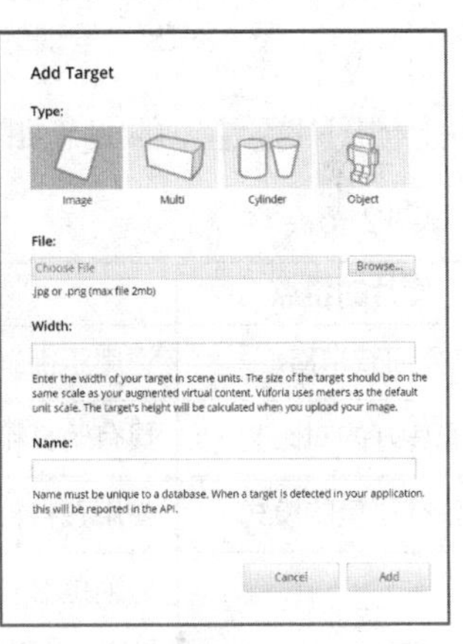

图 12-25 Add Target 界面

图片添加成功后，可观察到图片的星级（星级越高，说明图片越稳定，越容易被识别），如图 12-26 所示。

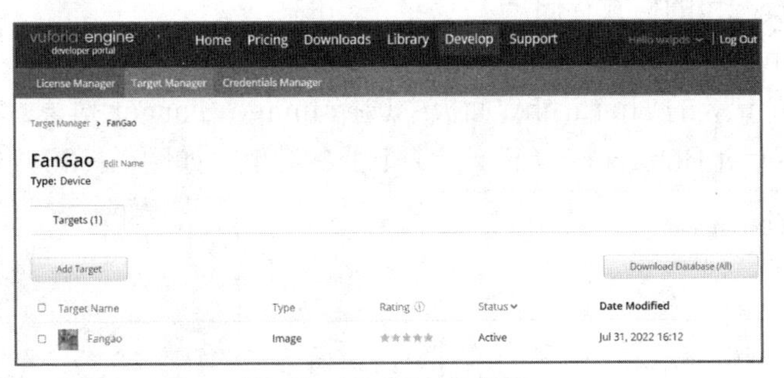

图 12-26 图片的星级

单击添加的图片，单击 Show Features 按钮，观察图片的特征点分布，尽量使用特征点多且分布较均匀的图片，如图 12-27、图 12-28 所示。

图 12-27 呈现的图片

图 12-28 图片的特征点分布

上传图片需注意的细节如表 12-5 所示。

表 12-5 上传图片需注意的细节

图片的特点	需注意的细节
细节丰富	适用于街景、人群、拼贴画、混合项目及运动场景
有良好的对比度	具有明亮和黑暗区域的图像，且明亮区域的图像效果很好
没有重复的模式	使用独特特征和独特形状的图形，以避免有对称、重复图案和无特征区域
其他	必须是 8 位或 24 位；PNG 和 JPG 格式；小于 2MB；若为 JPG 格式，则一定是 RGB 或灰度模式

步骤 7 在图 12-26 所示的界面中选中需要的图片，单击 Download Database（All）按钮，在图 12-29 所示的界面中选择 Unity Editor 单选项，下载的图片的特征点数据会以 Unity 资源包的格式存储。

将下载的 FanGao.unitypackage 文件导入 Unity 中。

步骤 8 在 Unity 的 Hierarchy 面板中选择 Image Target 对象，在 Inspector 面板中设置 Image Target Behaviour（Script）下的参数值，如图 12-30 所示。

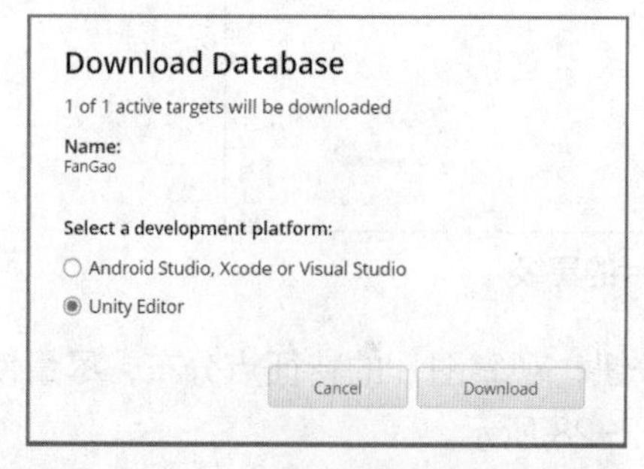

图 12-29 Download Database 界面

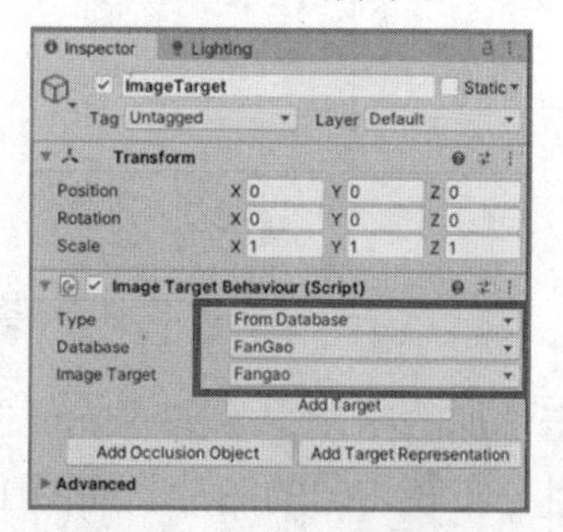

图 12-30 设置相关参数

在 Image Target 对象下创建子对象 Cube，调整 Cube 对象为适当大小，如图 12-31 所示。

此时，确保计算机的摄像头已连接且正常，将图片置于摄像头下，可看到位于图片上方的被识别出的 Cube 对象。

步骤 9 完善程序。在 Hierarchy 面板中删除 Cube 对象，导入模型及动画，如导入 DefaultAvatar 角色模型并设置适当的动画，如图 12-32 所示。将带有动画效果的模型加入场景中，将其作为 Image Target 的子对象，此时运行程序，可看到位于图片上方的角色模型。

图 12-31 创建并调整 Cube 对象

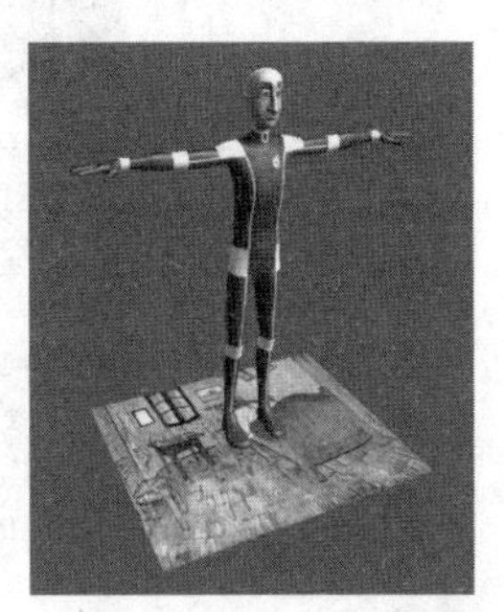

图 12-32 识别出的角色模型

步骤 10 在 Unity 中选择 Edit->Project Settings 菜单命令，在打开的对话框中，需注意 Player 界面中的设置，如图 12-33、图 12-34 所示。

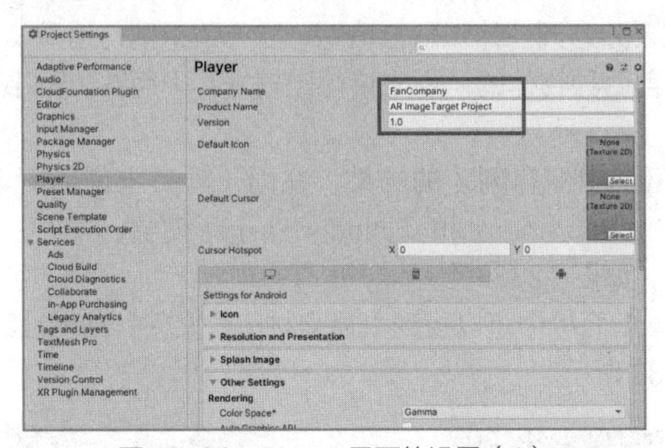

图 12-33 Player 界面的设置（1）

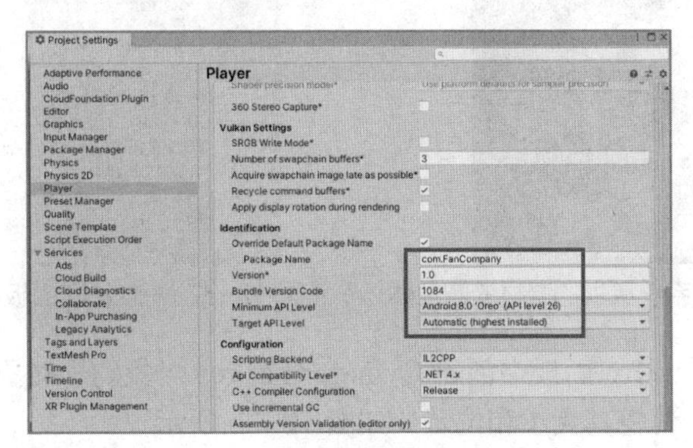

图 12-34 Player 界面的设置（2）

在 Unity 中打开图 12-35 所示的 Build Settings 对话框，添加当前场景，单击 Build 按钮，生成可执行文件。将此文件复制到 Android 平台的手机上，安装、运行此文件，可在手机上查看程序效果。

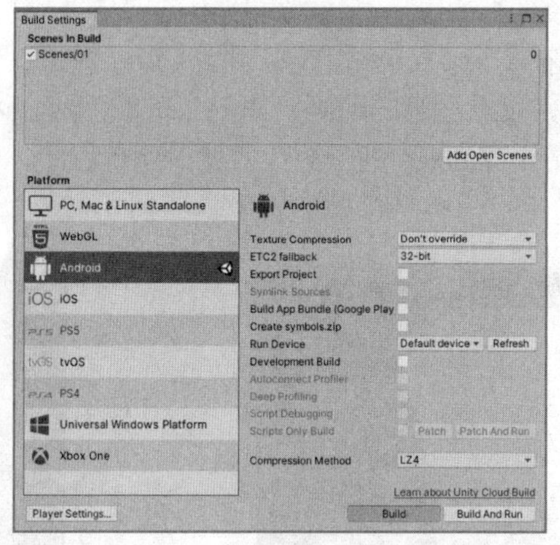

图 12-35　Build Settings 对话框

12.3.2　物体追踪识别技术

在实际生产生活中，面对各式各样的三维物体时，物体的追踪识别技术就显得尤为重要。物体追踪识别主要分为圆柱体识别与追踪、立方体识别与追踪、不规则三维物体识别与追踪。Vuforia 对前两种物体的识别支持得比较好。下面在上一小节案例的基础上继续进行项目开发。

步骤 1　在 Unity 中保存刚才的场景，在同一项目中创建新场景，删除场景中的 Main Camera，添加 AR Camera 和 CylinderTarget 对象，此时，场景中出现带有系统提供的素材的圆柱体，如图 12-36 所示。

步骤 2　在 Project 面板中可以找到上述素材图片文件，如图 12-37 所示。该图片文件可输出，如图 12-38 所示。

图 12-36　具有系统提供的素材的圆柱体

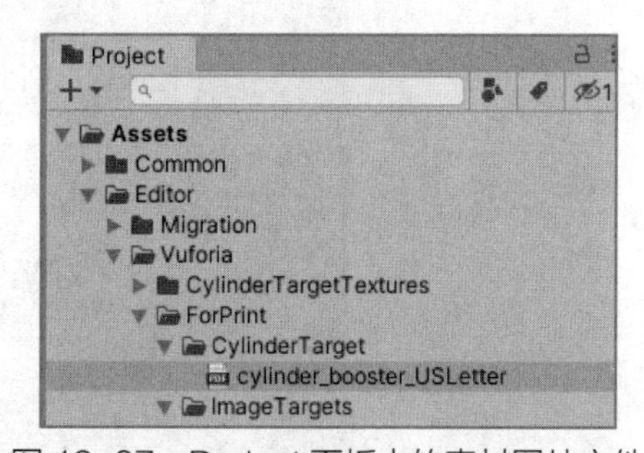

图 12-37　Project 面板中的素材图片文件

步骤 3　在 Hierarchy 面板中创建 CylinderTarget 对象的子对象 Cube（也可使用模型代替 Cube 对象），调整其大小和位置，如图 12-39 所示。

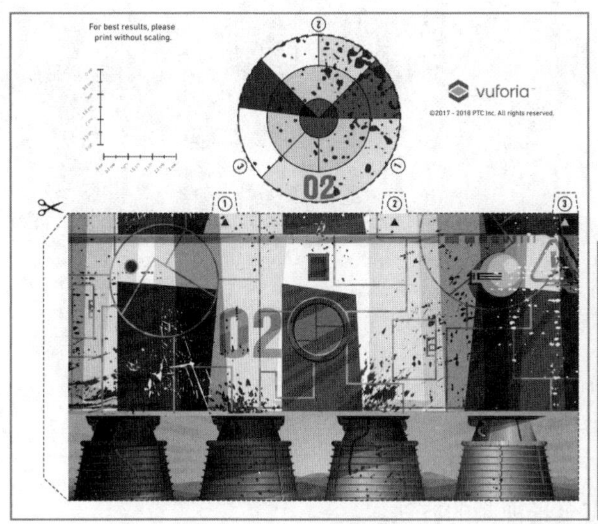

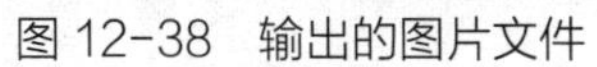

图 12-38 输出的图片文件

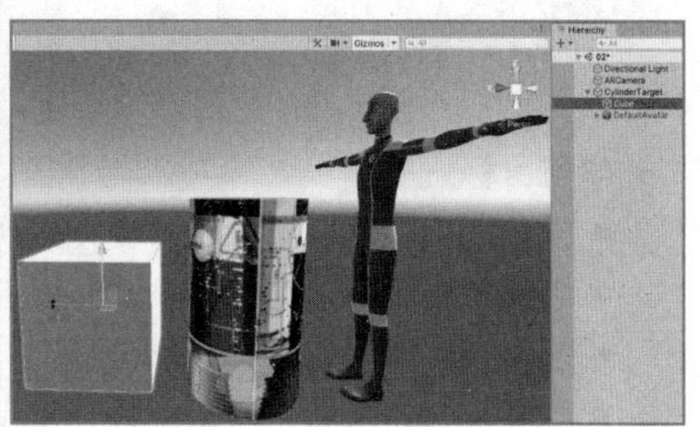

图 12-39 添加要识别的对象

步骤 4 连接摄像头，将做好的圆柱体置于摄像头视野范围内，运行程序观察效果，可发现实际物体和虚拟物体之间有互相遮挡的关系。

步骤 5 3D 物体的识别方法与图片的类似，需要在 Vuforia 网站的 Add Target 界面中选择 Multi（立方体识别）或 Cylinder（圆柱体识别）选项，然后按要求上传素材，如图 12-40 所示。

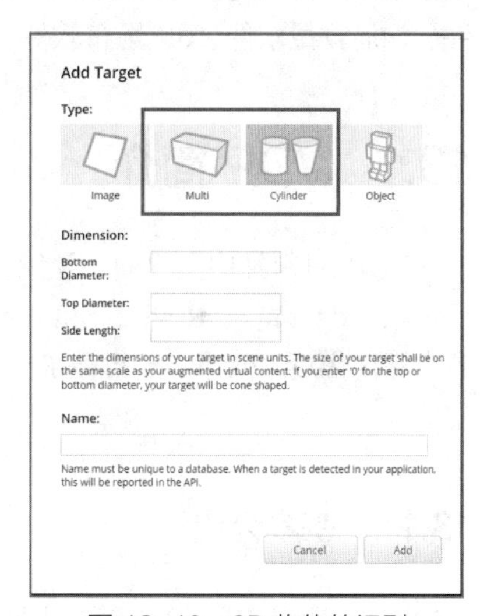

图 12-40 3D 物体的识别

12.4 本章小结

本章介绍了增强现实（AR）开发的主流工具，以实例方式展示了 AR 基本功能的实现。在 AR 内容的开发中，读者除了熟悉相关 AR 工具的使用规范，还需要熟练掌握 Unity 的各功能组件，两者相互配合，才能开发出复杂、高级的功能。所以，掌握本书各章节的内容，以及具备较好的代码编程能力，是开发出复杂增强现实内容的关键。

12.5 本章习题

完善实操案例中的两个场景，如完善 UI、添加音效等，并将两个场景关联，使之能够互相跳转。

第 13 章

综合案例——使用 VDP 进行开发

学习目标

- 学会使用虚拟现实设计平台（Virtual Design Platform，VDP）导入各类模型。
- 掌握使用 VDP 调整基本效果的方法。
- 能够使用 VDP 实现简易交互。
- 明确发布效果图、渲染视频、发布全景视频的方法。
- 能发布资源并进行预览。

本章选用展视网（北京）科技有限公司开发的 VDP。它是展视网在 2015 年推出的 VR、AR、MR（混合现实）内容的一站式制作工具，能够用于快速导入并应用多种 3D 模型数据，深入对接 AutoDesk 公司的 Revit，广联达科技股份有限公司的 BIM 算量软件、钢筋算量软件、3D 场布软件、模板脚手架软件、BIM5D、MagiCAD 等。

13.1 VDP 简介

VDP 具有纯中文界面、免编程、入门快的特点，在使用它制作 VR 内容时，可导入 Unity、3ds Max、Revit、SketchUp 等软件制作的 3D 模型进行二次深化设计。它还具有一键优化场景效果、一键添加交互设计、一键发布 VR 端口、生成 VR 全景浏览系统的功能。

13.1.1 基本介绍

VDP 运用 VR、AR 等先进技术，结合相关硬件与软件，围绕学生的识图能力、制图与表现能力、设计能力、施工组织与管理能力，构建以工作过程为导向、以任务为驱动的课程体系，用于解决理论教学和实践教学方面的诸多难题。VDP 的登录界面如图 13-1 所示。

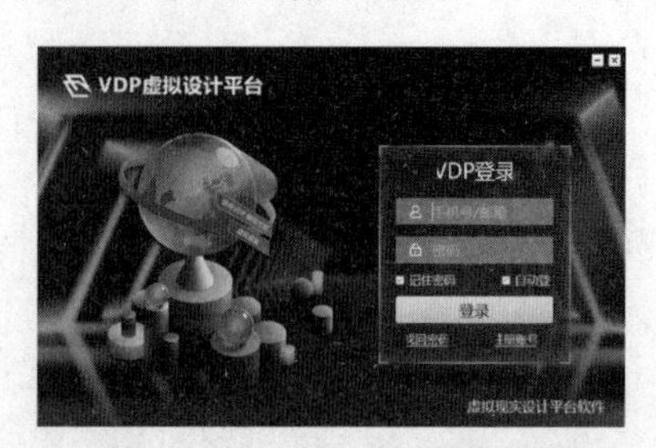

图 13-1　VDP 的登录界面

13.1.2 适用范围

VDP 是一款基于建筑装修、设计等专业的设计、展示平台，主要应用于建筑类、设计类、规划类等课程的教学，以及房地产、园林设计、装饰装修设计等的展示、讲解。

13.2 使用 VDP 前的准备

13.2.1 安装软件

安装 VDP 后将在桌面生成图 13-2 所示的 4 个图标，软件版本不同，图标名会略有不同。

图 13-2　软件安装生成的快捷方式

13.2.2 授权 Unity 许可证

双击打开 Unity Hub，利用手机号或邮箱进行账号注册并登录，在图 13-3 所示的界面中授权个人版许可证。

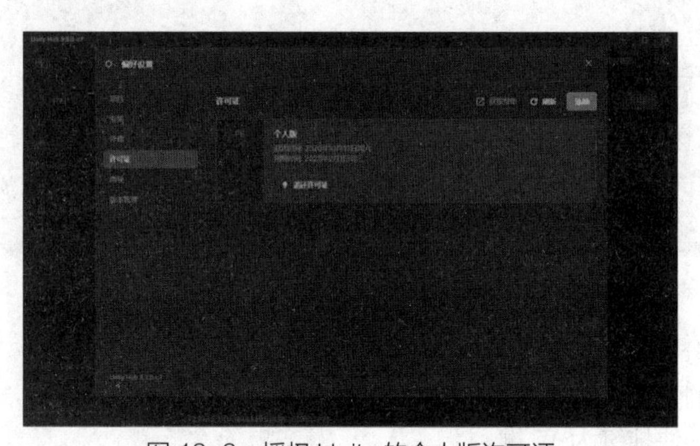

图 13-3　授权 Unity 的个人版许可证

13.2.3 登录 VDP

通过账号登录 VDP，打开 VDP 客户端界面，如图 13-4 所示。单击“新建工程”按钮，输入工程名称即可打开制作后台界面。

VDP虚拟现实设计平台

文件 工程管理 部品管理 我的云端 管理 帮助

新建工程 导入工程 云端备份工程管理

	本地工程名	编辑	创建时间	Unity版本	修改名称	打开文件夹	移除工程	删除工程	状态	上传工程
1	3.31云南大学培训	编辑	2022-03-31 19:21:19	2019.2.0f1	修改名称	打开文件夹	移除工程	删除工程		备份本地工程到云端
2	毕设大赛VR培训	编辑	2022-03-23 14:20:15	2019.2.0f1	修改名称	打开文件夹	移除工程	删除工程		备份本地工程到云端
3	SU模型培训	编辑	2022-03-21 14:09:09	2019.2.0f1	修改名称	打开文件夹	移除工程	删除工程		备份本地工程到云端
4	复古	编辑	2022-03-19 01:58:33	2019.2.0f1	修改名称	打开文件夹	移除工程	删除工程		备份本地工程到云端
5	青州士官演示案例	编辑	2022-03-18 18:44:59	2019.2.0f1	修改名称	打开文件夹	移除工程	删除工程		备份本地工程到云端
6	验收演示	编辑	2022-03-15 18:57:08	2019.2.0f1	修改名称	打开文件夹	移除工程	删除工程		备份本地工程到云端

图 13-4　VDP 客户端

13.3　使用 VDP 制作资源

13.3.1　制作后台的界面简介

制作后台的界面分为菜单栏、工具栏、层级区、资源管理区、三维视图区、属性区 6 个部分，如图 13-5 所示。

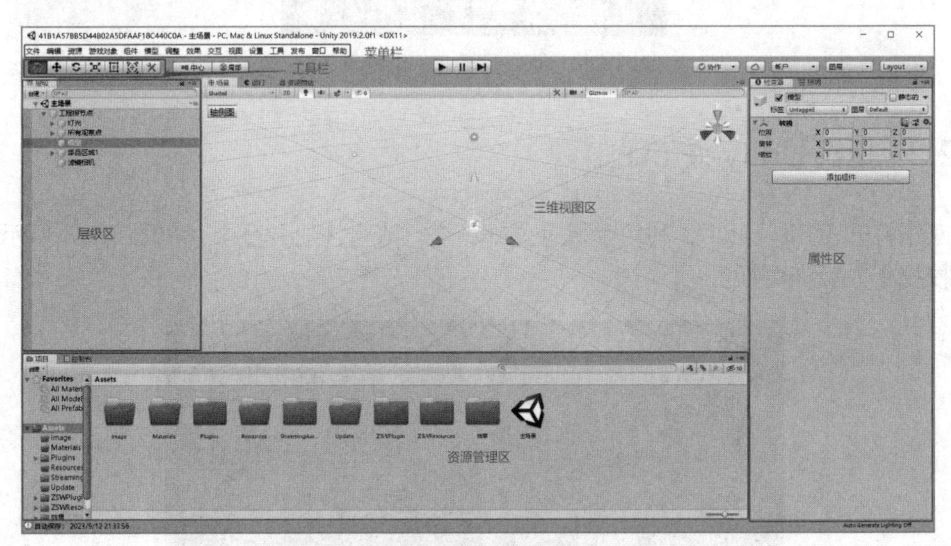

图 13-5　制作后台界面

工具栏中部分工具对应的快捷键如下。

（1）对应的快捷键为 Q 键。

（2）对应的快捷键为 W 键。

（3）对应的快捷键为 E 键。

（4）对应的快捷键为 R 键。

（5）对应的快捷键为 T 键。

视图操作的快捷键如下。

（1）使用 Alt 键和鼠标左键，可以视图为中心旋转对象。

（2）使用鼠标右键和 W、A、S、D 键可进行视图漫游。

（3）使用 Ctrl+D 组合键可复制对象。
（4）使用 Ctrl+Z 组合键可撤回操作。
（5）使用 F 键可快速找到当前对象。

13.3.2 处理模型

1. 处理 3ds Max 模型

（1）坐标归零：将模型整体编组，使其坐标归零。

（2）添加 UVW 贴图：在 3ds Max 中选中需要的模型（如墙体、天花板、地面、家具等），逐一按需添加 UVW 贴图。

（3）导出模型：选中模型，选择“文件 ->导出->导出选定对象”命令。

（4）保存模型：在选择“导出选定对象”命令之后，可在出现的对话框内修改模型名称。

（5）PBX 类型的导出设置：单击“保存”按钮之后，出现“FBX 导出”对话框，需对其中的摄像机和灯光两个模块进行取消勾选的操作，需对嵌入的媒体模块进行勾选操作。

2. 处理 Revit 模型

（1）选择要导出的模型，在 Revit 的菜单栏中选择“BIMVR->展视网 VDP”命令，然后选择“导出选中 BIM 模型”选项。

（2）在弹出的设置窗口中将颜色模式设置为真实。

（3）单击“确定”按钮导出 ZSW 格式的文件。

3. 处理 BIMMAKE 模型

（1）打开模型：依次选择“新建工程->打开工程”命令，然后选择需要导入的模型即可。

（2）导出模型：单击对应图标，导出 IGMS 格式的文件，即可完成处理。

13.3.3 导入模型

导入模型分为导入通用资源和导入 BIM 模型两种，如图 13-6 所示。通常 Revit 与 BIM 类软件使用导入 BIM 模型的方式导入模型；3ds Max 与 SketchUp 等资源类软件使用导入通用资源的方式导入模型。

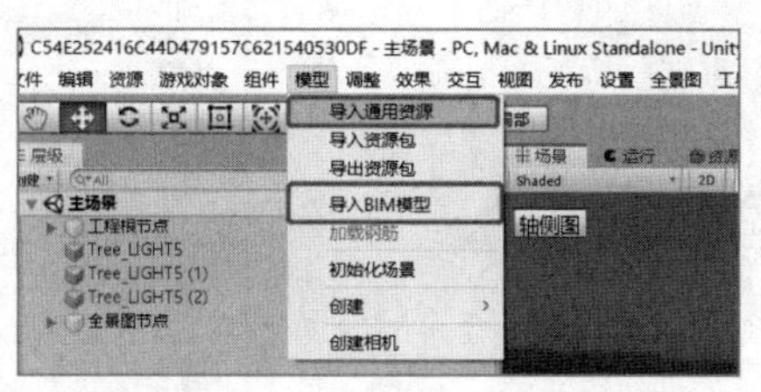

图 13-6 导入模型的两种方式

13.3.4 处理模型效果

1. 增加光源

在层级区右击，通过快捷菜单的命令可添加点光源、聚光灯、面光源等多种光源，如图 13-7 所示。移动光源到指定位置可通过坐标定位法。

2. 使用“灯光方案”或“敞亮模式”命令

在菜单栏中选择“效果->环境光设置”命令，可看到“灯光方案”与“敞亮模式”命令，如图 13-8 所示。使用“敞亮模式”命令可提升模型亮度；使用“灯光方案”命令，可通过调整天空、地面等的颜色，改变模型的亮度。

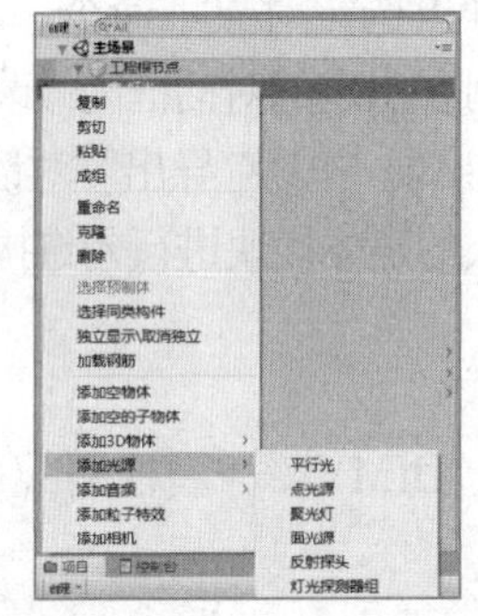

图 13-7 增加光源的命令

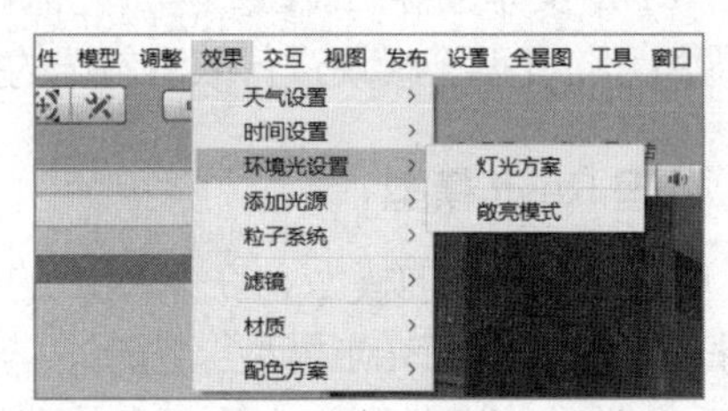

图 13-8 “灯光方案”与“敞亮模式”命令

3. 添加反射探测器

反射探测器主要用于控制光线的反射，从而提升模型的亮度和调整模型的效果。

反射探测器的参数如图 13-9 所示。部分参数介绍如下。

（1）强度：用于调整反射强度。

（2）盒投影：用于调整物体的阴影效果。

（3）盒大小：用于调整反射探测器的覆盖体积。

（4）分辨率：用于调整反射的分辨率。

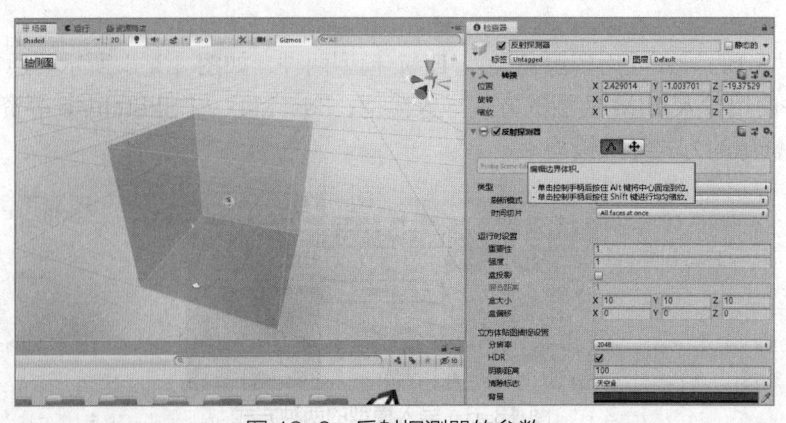

图 13-9 反射探测器的参数

4. 设计材质球

使用材质球可增强模型的整体效果，突出作品个性化的特点。

材质球的参数如图 13-10 所示。部分参数的介绍如下。

（1）反射率：放置与真实物体表面相似的材质贴图。

（2）金属度和平滑度：可调整模型的效果。

（3）法线贴图：可对材质球的明暗效果进行处理，以达到更具立体感的效果。

（4）正在平铺：可改变反射率贴图横向或者纵向的平铺密度。

5. AO 阴影特效

通过“效果->滤镜->AO 阴影特效”命令可添加 AO 阴影特效，如图 13-11 所示。

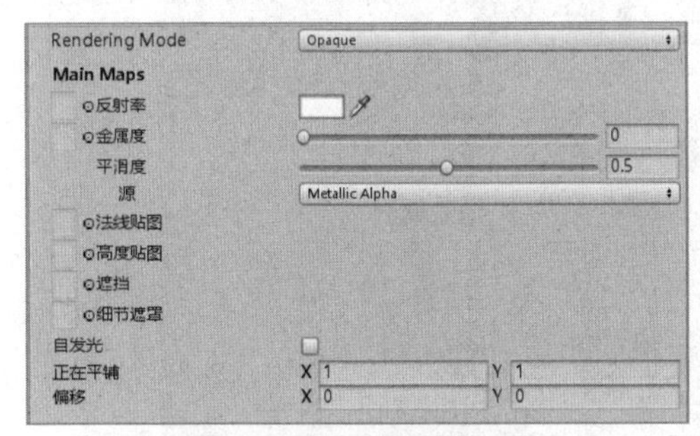

图 13-10 材质球的参数

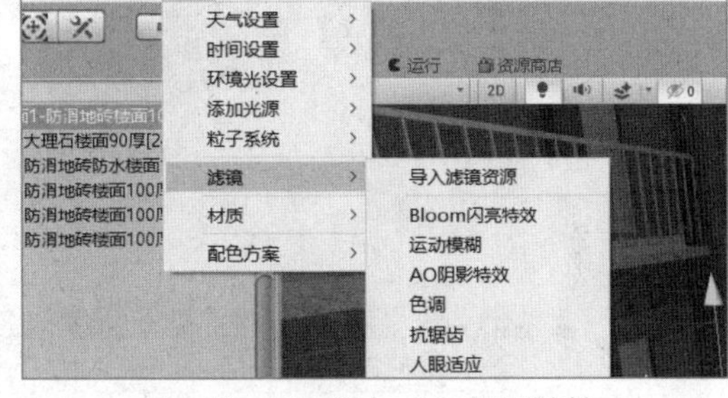

图 13-11 添加 AO 阴影特效

13.3.5 实现简易 VR 交互

VR 交互包括定义行走范围、定义开关灯、定义门窗动作、替换材质等几十种交互方式，如图 13-12 所示。

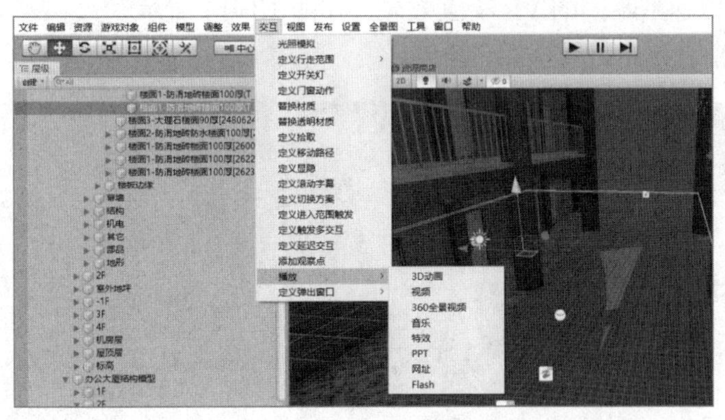

图 13-12 VR 交互方式

实现 VR 交互需注意以下几点。

（1）交互需要指定给对应的模型，因此要选择想实现交互的模型。

（2）指定交互给相应模型。

（3）交互需要碰撞体进行触发,因此需检查是否生成碰撞体。

1. 定义行走范围

在 VR 场景中可借助手柄进行瞬间移动，具体实现步骤如下。

步骤 1 选择地面作为交互载体。

步骤 2 在菜单栏中选择“交互->定义行走范围->地面”命令，交互参数保持默认，如图 13-13 所示。

步骤 3 检查地面是否携带碰撞体。

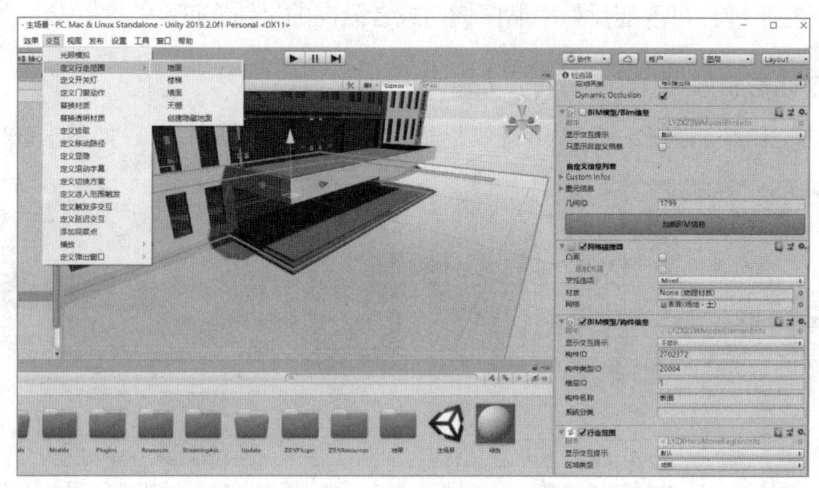

图 13-13 交互参数设置（1）

2. 定义拾取

在 VR 场景中可借助手柄拾取对应的立方体，具体实现步骤如下。

步骤 1 选择立方体作为拾取的模型。

步骤 2 在菜单栏中选择“交互->定义拾取”命令，可在属性区域的拾取属性内调整是否自动复位，以达到不同的 VR 交互效果，如图 13-14 所示。

步骤 3 检查立方体是否携带碰撞体。

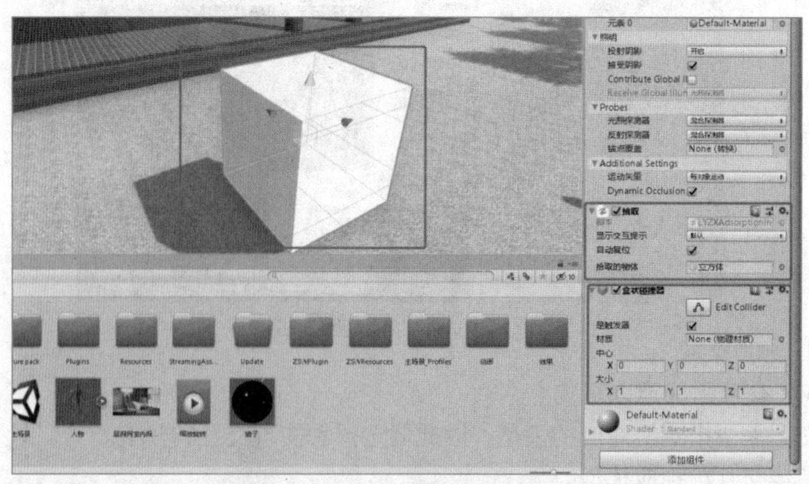

图 13-14 交互参数设置（2）

3. 替换材质

在 VR 场景中可借助手柄对模型的材质进行替换，具体步骤如下。

步骤 1 选择需要替换材质的模型。

步骤 2 在菜单栏中选择“交互->替换材质”命令，单击属性区域的替换材质属性内的“编辑”按钮，弹出编辑替换材质的对话框，可在该对话框内增加方案和删除方案，把准备好的材质分别拖曳至示意图材质和模型材质处，即可完成交互编辑，如图 13-15 所示。

步骤 3 检查模型是否携带碰撞体。

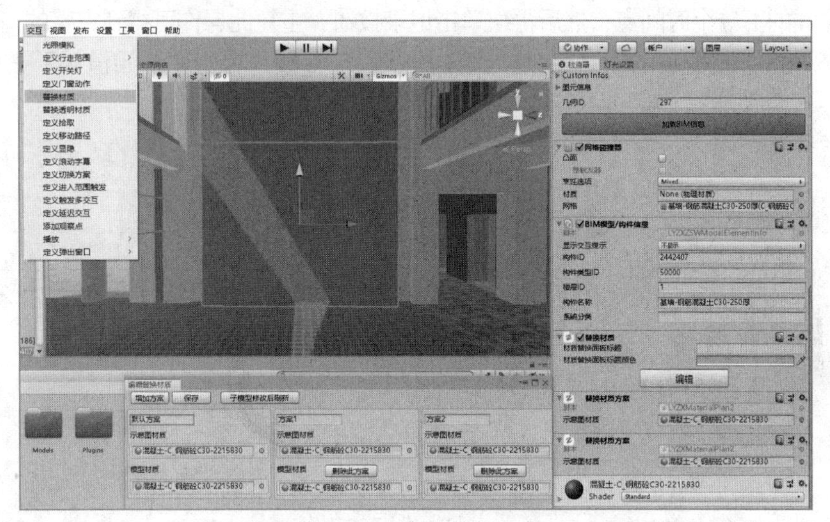

图 13-15 交互参数设置（3）

13.3.6 发布效果图、渲染视频、全景图

1. 发布效果图

发布效果图的操作如图 13-16 所示，具体步骤如下。

步骤 1 调整三维视图区至合适的拍摄角度。

步骤 2 选择“发布->效果图”命令。

步骤 3 在弹出的窗口中调整分辨率，提升效果图的品质。

步骤 4 设置“相机视口”为“当前视口”，然后单击“发布”按钮。

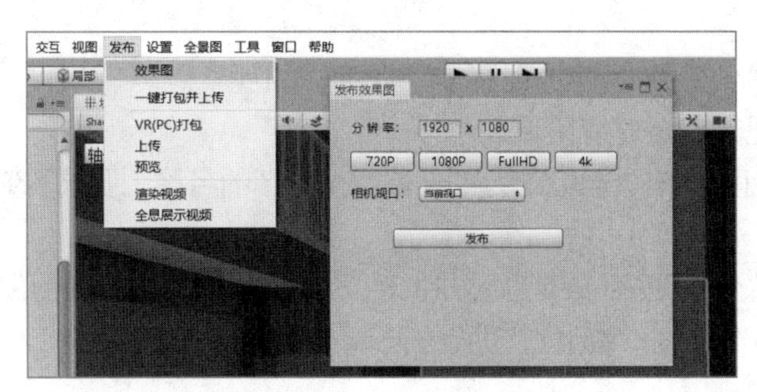

图 13-16 发布效果图

2. 发布渲染视频

发布渲染视频的操作如图 13-17 所示，具体操作如下。

步骤 1 在层级区选择滤镜相机。

步骤 2 选择“发布->渲染视频”命令，添加渲染视频组件至滤镜相机。

步骤 3 单击录制器的 按钮开始录制视频。

步骤 4 在三维视图区挪动画面，单击属性区的渲染视频内的记录按钮，记录当前画面。

步骤 5 切换三维视图区的画面，当鼠标指针位于时间轴上时，滚动鼠标滚轮可调整时间，单击非零的下一个时间点，然后再次单击记录按钮，重复此操作可得到完整的渲染视频。

步骤 6 将录制器中的帧数赋给“渲染的帧数”参数，单击“开始渲染”按钮即可。

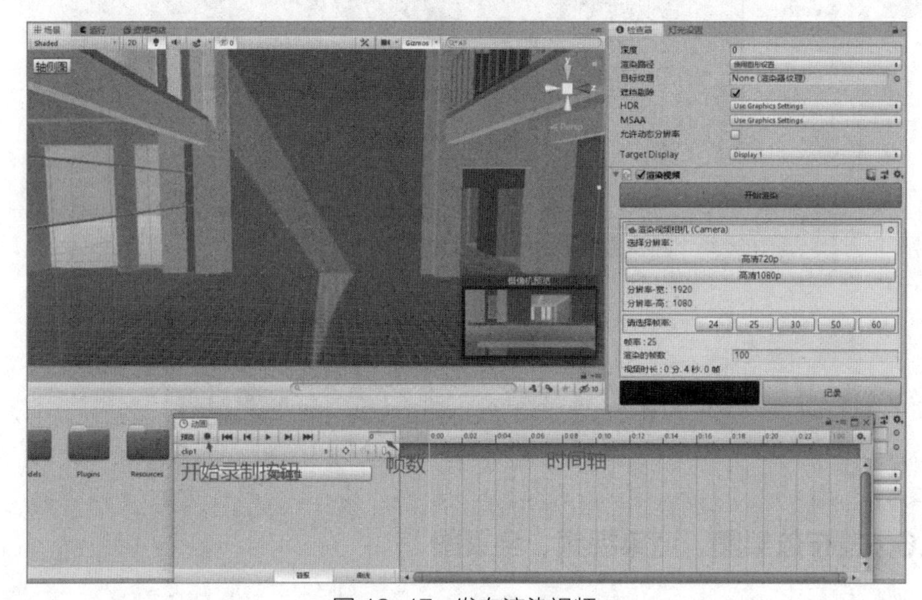

图 13-17 发布渲染视频

3. 发布全景图

发布全景图的操作如图 13-18 所示，具体操作如下。

步骤1 在菜单栏中选择“工具->全景模块安装”命令，弹出 Import Unity Package 对话框，单击“导入”按钮，完成全景图组件的安装。

步骤 2 全景模块安装完成后选择“全景图->增加全景图”命令，创建的全景图中默认包含一个全景图观察点。

步骤 3 通过“全景图->增加观察点”命令添加观察点。

步骤 4 移动观察点至对应区域。

步骤 5 在层级区单击“全景图节点”，修改全景图的名称（要求不少于 6 个字且不包含“全景图”3 个字）。

步骤 6 选择“全景图->一键生成并上传”命令，完成全景图的发布。

步骤 7 可于 VDP 客户端通过“我的云端->我的全景图库->二维码”查看发布的全景图。

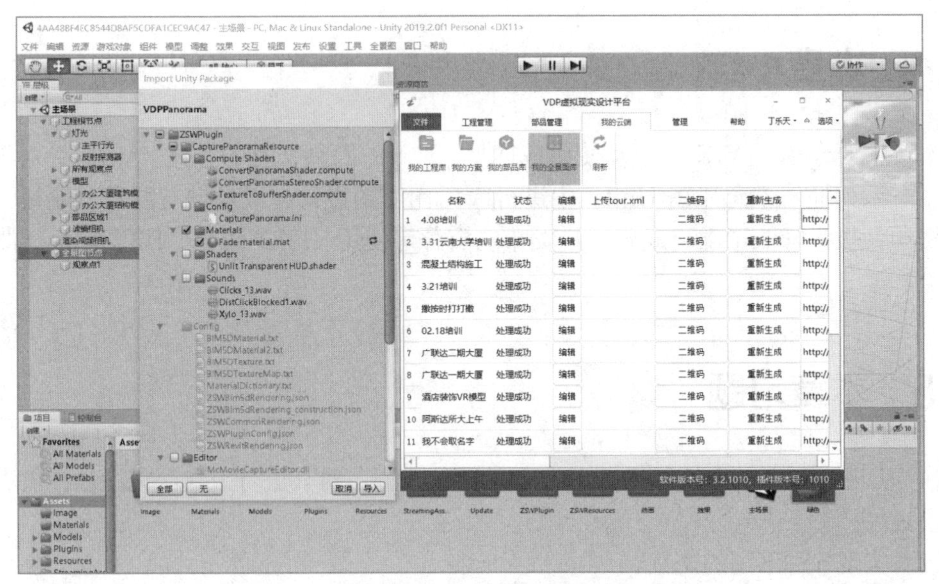

图 13-18　发布全景图

13.3.7　使用 VDP 发布资源

可将制作的资源打包发布，具体操作如图 13-19 所示。具体步骤如下。

步骤 1　在层级区选中“工程根节点”，选择“发布->一键打包并上传”命令。

步骤 2　输入工程名称。

步骤 3　把发布的效果图作为模型缩略图，等待片刻即可完成发布。

注意：层级区内“工程根节点”中要包含所有的对象，如灯光、所有观察点、模型、滤镜相机等，否则发布的资源中不会包含“工程根节点”外的任何对象。

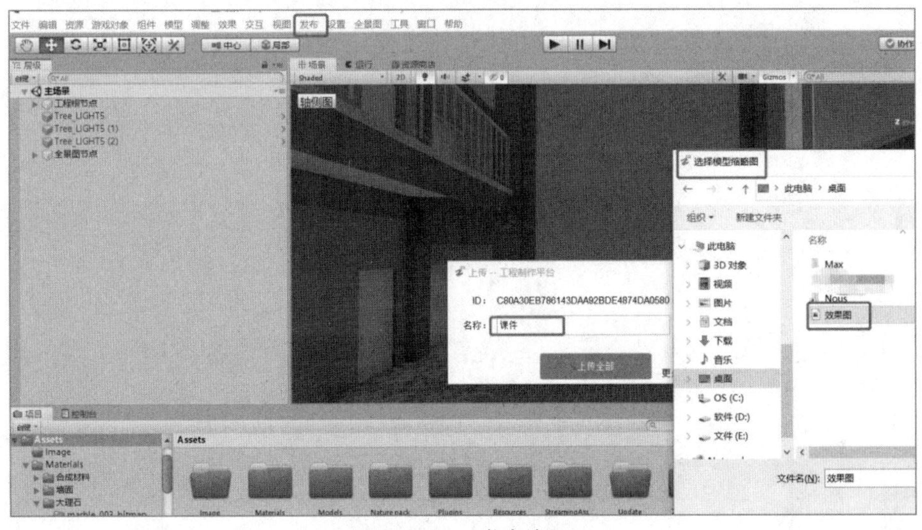

图 13-19　发布资源

13.4 本章小结

本章主要介绍了 VDP，以及使用 VDP 实现 VR 简易交互的思路。VDP 针对 Unity 制作了一系列插件，允许在 Unity 中进行 VR 内容的设计，以及发布图片、视频、全景图等资源，极大降低了学习成本。且发布的资源可使用 HTC 头显、PICOVR 一体机直接预览。

13.5 本章习题

在 VDP 中导入一个使用 Revit 制作的建筑模型，对其进行二次深化设计，需满足以下要求。

（1）实现 5 种不同的交互。

（2）发布 5 张效果图。

（3）发布渲染视频，且该视频不少于 1 分钟。

（4）发布全景图，全景图内至少包含 3 个观察点。

（5）制作汇报 PPT，分享设计思路。

第 14 章

综合案例——毕业设计展览系统开发

学习目标

● 巩固 Unity 的基本组件的使用方法。

● 练习 Unity 基础类库的使用方法。

● 掌握项目开发的基本流程。

本章以毕业设计展览系统为例，讲解 VR 产品的开发过程，以巩固 Unity 基本组件的使用方法。

14.1 毕业设计展览系统简介

毕业设计展览系统运行在 PC 端，提供虚拟毕业设计展览空间，可实现无接触式访问、参观毕设展厅及优秀毕业设计，实现虚拟与现实之间的交互，让用户从更深层次感受优秀毕业设计的魅力。场景展示如图 14-1、图 14-2 所示。

图 14-1 场景展示图（1）

图 14-2 场景展示图（2）

14.2 项目开发过程

14.2.1 项目创建及场景的导入

虚拟毕业设计展览系统要求场景及展览的作品具有较强的真实性，因此在创建项目时采用的渲染管线为 HDRP（High Definition RP）模式。此模式使用基于物理的灯光技术及基于 Compute Shader 的光照计算，主要适用于 PC 和主机平台。使用 High Definition RP 模板创建项目，如图 14－3 所示。

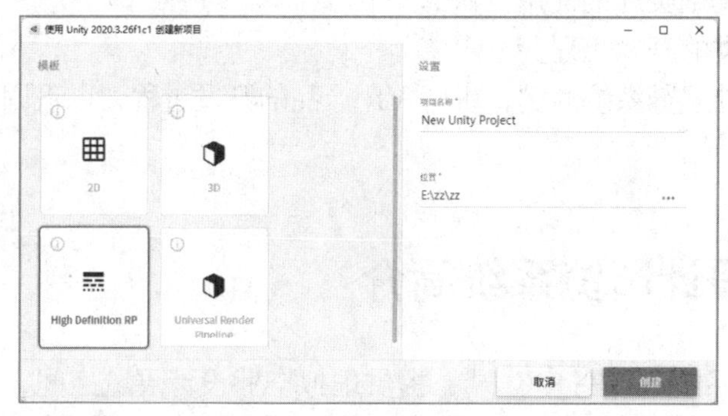

图 14-3　选择 High Definition RP 模板创建项目

把已经制作完成的模型、图片及相应资源导入 Unity 项目中，并结合灯光及材质搭建场景。新建两个场景，分别为 Start（开始场景）和 Main（主场景）。其中开始场景主要负责显示信息，包括毕业设计的单位、跳转按钮及背景图，效果如图 14－4 所示。

主场景主要负责优秀毕业设计的展示，其功能包括游览模式的切换、毕业设计的翻页、毕业设计的缩放、毕业设计的移动，以及播放视频、背景音乐等。毕业设计的展示效果如图 14－5 所示。

图 14-4　开始场景的效果

图 14-5　毕业设计的展示效果

14.2.2 开始场景功能的实现

1. 跳转场景的实现

新建一个 Canvas，将其 Render Mode 参数值设置为 Screen Space - Overlay，在其

下添加 Panel 组件，在其中添加已导入的背景图片；在其下添加 Button 组件，用于实现跳转场景。

新建一个空对象，命名为 load，为其添加 Load.cs 脚本，为 Button 按钮添加异步加载响应事件，在 Button 的属性面板中选择 Button->On Click( )->load->load.load1。具体代码如下。

```
代码清单（Load.cs）：
using UnityEngine;
using UnityEngine.UI;
using UnityEngine.SceneManagement;
public class Load : MonoBehaviour{
    public void load1()    {
        AsyncOperation
operation=SceneManager.LoadSceneAsync(SceneManager.GetActiveScene().buildI
ndex+1);
        //加载下一场景
    }
}
```

2. 加载场景的实现

新建一个 Canvas，在其下添加 Panel 组件，在其中添加已导入的背景图片；在其下添加 Button 组件，用于显示加载进度；在其下添加 Slider 组件，为其添加进度条图片。加载场景的效果如图 14-6 所示。

图 14-6 加载场景的效果

新建一个空对象，命名为 load，为其添加 Loadscens.cs 脚本，当进度条加载完毕加载主场景。具体代码如下。

```
代码清单（Loadscens.cs）：
using System.Collections;
using System.Collections.Generic;
using UnityEngine;
```

```
    using UnityEngine.UI;
    using UnityEngine.SceneManagement;
    public class loadscens : MonoBehaviour{
        public Slider slider;
        public Text text;
        void Start()    {
            LOadNextlevel();
        }
        public void LOadNextlevel()    {
            StartCoroutine(loadlevel());
        }
        IEnumerator loadlevel()    {
            AsyncOperation
operation=SceneManager.LoadSceneAsync(SceneManager.GetActiveScene().buildI
ndex+1);
            while (!operation.isDone)       {
                slider.value=operation.progress;
                text.text=operation.progress*100+" %" ;
                if(operation.progress>=0.9f)
                slider.value=1;
                yield return null;
            }
        }
    }
```

14.2.3 主场景功能的实现

要构建主场景，需要将已经导入的模型重新放入场景中，其中包括环境和功能两部分的模型。环境模型主要为空间规划、物品摆放、盆栽装饰等相关模型；功能模型包括漫游方式切换、详情页展示、详情页放大缩小及翻页等相关模型。漫游采用第一人称视角模式，可通过按键切换漫游的方式，解除鼠标锁定，若用户想深入了解作品，则可单击相应按钮打开详情页，在详情页中可实现翻页功能。

1. 漫游方式切换

新建一个 Canvas，在其下添加 Text 组件，将 Text 参数设置为“模式一 移动：W、S、A、D 键。切换漫游方式：R 键”；在其下添加 Text 组件，将 Text 参数设置为“模式二 移动：W、S、A、D 键。左、右旋转：Q、E 键。上、下旋转：Z、C 键。切换漫游方式：R 键”。

在场景中导入 Unity 系统内置的第一人称视角角色，在第一人称视角控件下添加

Move2.cs 和 Switch2.cs 两个脚本，用于实现漫游方式及提示文字的切换，具体代码如下。

```
代码清单（Move2.cs）:
using System.Collections;
using System.Collections.Generic;
using UnityEngine;
public class Move2 : MonoBehaviour{
    float h,v;
    public float speed,speed2;
    void FixedUpdate()    {
        move();
    }
    void move()    {
    h= Input.GetAxis("Horizontal")*Time.deltaTime*speed2;
    v=Input.GetAxis("Vertical")*Time.deltaTime*speed2;
    transform.Translate(h,0,v);
    if(Input.GetKey(KeyCode.Q))    {
    transform.Rotate(0,-25*Time.deltaTime,0,Space.Self);    //沿着 y 轴旋转，
也就是左右旋转
    }
    if(Input.GetKey(KeyCode.E))    {
    transform.Rotate(0,25*Time.deltaTime,0,Space.Self);
    }
    if(Input.GetKey(KeyCode.Z))    {
    transform.Rotate(-25*Time.deltaTime,0,0,Space.Self);    //沿着 x 轴旋转
    }
    if(Input.GetKey(KeyCode.C))    {
    transform.Rotate(25*Time.deltaTime,0,0,Space.Self);
    }
        }
    }
```

```
代码清单（Switch2.cs）:
using System.Net.Mime;
using System.Collections;
using System.Collections.Generic;
using UnityEngine;
using UnityStandardAssets.Characters.FirstPerson;
using UnityEngine.UI;
public class Switch2 : MonoBehaviour{
```

```
    float y1;
    int a=1;
    public GameObject a1,b1;
     void Update()     {
        y1=this.transform.rotation.y;
    if(Input.GetKeyDown(KeyCode.R))     {
        switch(a)       {
            case 0:
            if(this.GetComponent<move2>().enabled==true)        {
            this.transform.Rotate(0,y1,0);
            this.GetComponent<move2>().enabled=false;
            this.GetComponent<FirstPersonController>().enabled=true;
            a=1;
            a1.gameObject.SetActive(true);
            b1.gameObject.SetActive(false);
        }
        break;
            case 1:
            if(this.GetComponent<move2>().enabled==false)        {
            this.transform.Rotate(0,y1,0);
            this.GetComponent<move2>().enabled=true;
            this.GetComponent<FirstPersonController>().enabled=false;
            a=0;
            a1.gameObject.SetActive(false);
            b1.gameObject.SetActive(true);
        }
        break;
        default:
        break;
        }
    }
    }
}
```

2. 详情页展示

毕业设计展览系统涉及的详情页较多，下面以其中一个为例介绍详情页展示功能的实现。

创建 GameObject 对象，并为其添加 Sprite Renderer、Box Collider 组件和 MouseMotion.cs 脚本，实现鼠标指针经过图标区域时更改鼠标指针样式的功能，此时单击鼠标弹出相应毕业设计的详情页。Inspector 面板如图 14-7 所示。

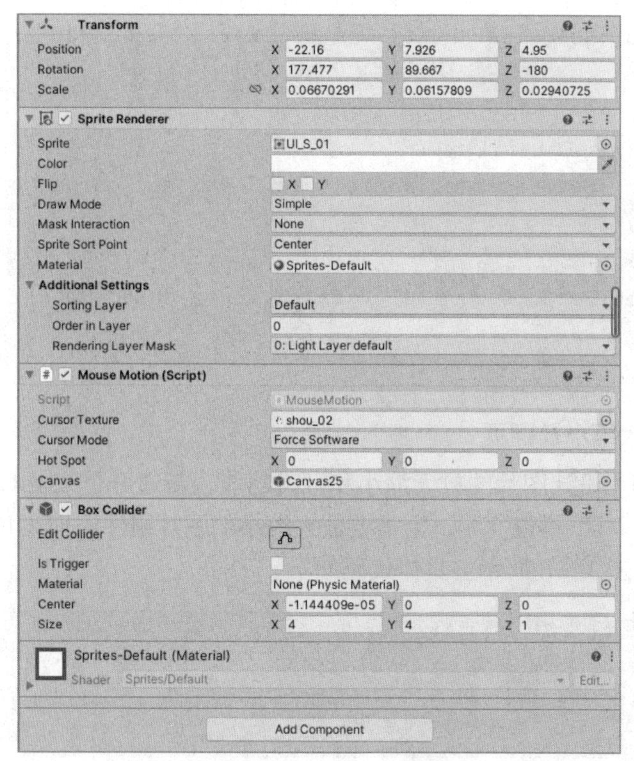

图 14-7 Inspector 面板

具体代码如下。

```
代码清单（MouseMotion.cs）:
using System.Collections;
using System.Collections.Generic;
using UnityEngine;
public class MouseMotion:MonoBehaviour {
    public Texture2D cursorTexture;  //创建 2D 贴图，作为鼠标指针的样式
    public CursorMode cursorMode=CursorMode.Auto;//改变鼠标指针样式， Auto
表示平台自适应显示，允许鼠标指针在支持的平台上呈现为硬件指针，或强制使用软件指针
    public Vector3 hotSpot=Vector2.zero;
    public GameObject canvas;
    private Transform target;
  void Start(){
        canvas.SetActive(false);
        target=GameObject.FindGameObjectWithTag("MainCamera").transform;
  }
  void Update () {
        transform.LookAt(target);
  }
    void OnMouseDown()    {
        canvas.SetActive(true);                   //显示详情页
```

```
        Cursor.SetCursor(null, Vector2.zero, cursorMode);    //改变鼠标指针的样式
    }
    void OnMouseEnter()    {
        Cursor.SetCursor(cursorTexture, hotSpot, cursorMode);
    }
    void OnMouseExit()    {
        Cursor.SetCursor(null, Vector2.zero, cursorMode);
    }
}
```

3. 详情页放大缩小及翻页

详情页具有毕业设计图片的放大缩小和翻页功能。新建一个 Canvas，在其中添加相应的图片、按钮等。UI 搭建完毕，为需要放大缩小的图片组件添加 UICenterScale.cs 脚本，其参数设置如图 14-8 所示。具体代码如下。

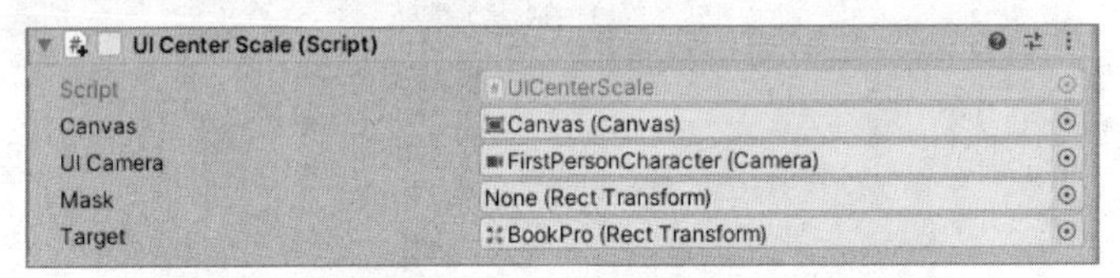

图 14-8 UICenterScale.cs 脚本的参数设置

```
代码清单(UICenterScale.cs):
using UnityEngine;
using UnityEngine.EventSystems;
/// <summary>
///以鼠标指针为中心缩放组件
/// </summary>
public class UICenterScale:MonoBehaviour, IScrollHandler, IDragHandler,
IPointerDownHandler{
    public Canvas canvas;                // UI 画布
    public Camera UICamera;              // UI 摄像机
    public RectTransform Mask;           // 遮罩
    public RectTransform target;         // 要缩放的物体
    private float tarCurScale = 1;       // 物体当前的缩放比例
    private float canvasScale;
  // 当 canvas 在不同的模式下，或其大小和屏幕大小不一致时，会存在缩放
    private Vector2 lastCenter;          // 用于保存开始缩放时鼠标指针的位置
    private Vector2 offsetPos;  //用于临时记录单击点相对 UI 中心的偏移量
    private void Start()    {
        canvasScale = canvas.transform.localScale.x;
        tarCurScale = target.localScale.x;
```

```
}
// 使用鼠标滚轮缩放
public void OnScroll(PointerEventData eventData)    {
}
private void SetPivot(Vector2 screenPos)    {
    Vector3 oriPos = target.position;   // 在原 3D 空间坐标系中的位置
    Vector2 oriPivot = target.pivot;    // 原轴心位置

    Vector3 curPos = new Vector3();     // 当前在 3D 空间坐标系中的位置
    t1 = oriPivot.y * target.rect.height * tarCurScale * -1f;
    t2 = (1 - oriPivot.y) * target.rect.height * tarCurScale;
    mouseLocalForTarget.y=Mathf.Clamp(mouseLocalForTarget.y, t1, t2);
    target.position = curPos;
}
private void ScaleScreenSpaceOverlay(Vector2 center, float delta)    {
    float delX = center.x - target.position.x;
    float delY = center.y - target.position.y;
    Vector2 pivot = new Vector2();
    pivot.x = delX / target.rect.width / tarCurScale;
    pivot.y = delY / target.rect.height / tarCurScale;
    tarCurScale = target.localScale.x;
    tarCurScale += (delta > 0) ? 0.1f : (-0.1f);
    if (tarCurScale <= 3 && tarCurScale >= 0.5f)        {
        target.localScale = Vector3.one * tarCurScale;
    }
    else        {
        tarCurScale = (tarCurScale > 3) ? 3f : 0.5f;
    }
    target.pivot += pivot;
    // 增大画布的缩放比例
    target.position += new Vector3(delX, delY, 0) * canvasScale;
}
// 重映射函数，用于将 x 从 t1～t2 的范围内映射到 s1～s2 的范围
private float Remap(float x,float t1,float t2,float s1,float s2)    {
    return (x-t1)/(t2-t1)*(s2-s1)+s1;
}
public void OnDrag(PointerEventData eventData)    {
    transform.position=eventData.position-offsetPos;
}
public void OnPointerDown(PointerEventData eventData)    {
```

```
        offsetPos=eventData.position-(Vector2)transform.position;
    }
}
```

实现翻页功能需要配合使用多个组件，如图 14-9 所示。添加 BookPro.cs 脚本。Inspector 面板如图 14-10 所示。

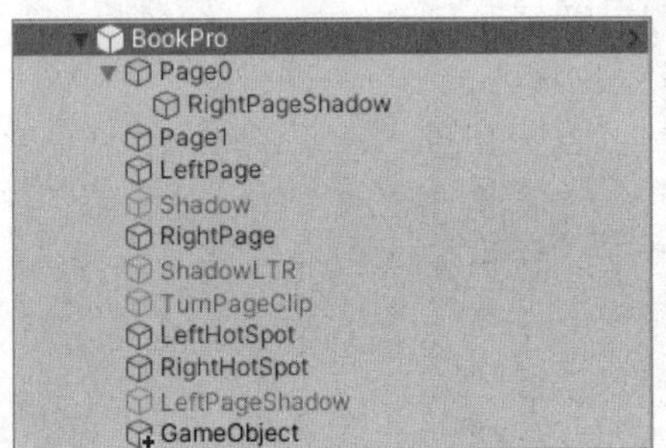

图 14-9　实现翻页功能所需的组件

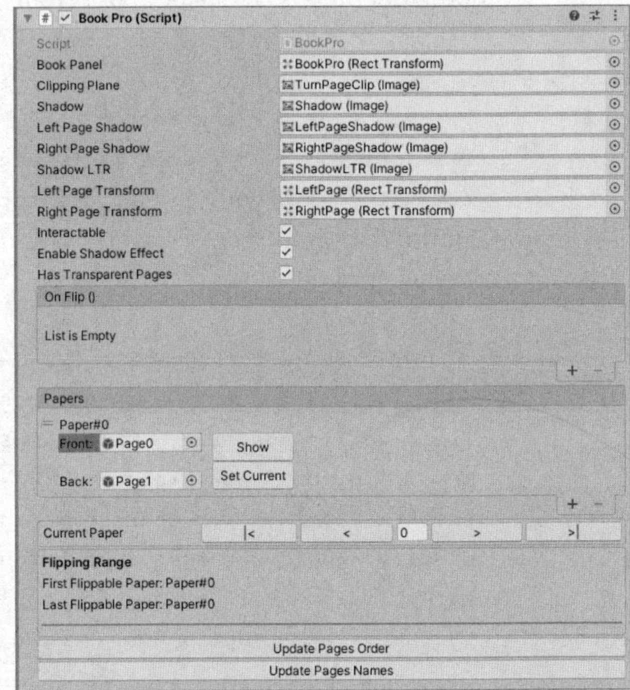

图 14-10　Inspector 面板

14.3　本章小结

本章着重介绍了毕业设计展览系统主要功能的实现方式，包括场景跳转、异步加载场景、毕业设计的详情页展示、毕业设计的缩放及毕业设计的翻页等功能的实现，并附以相关代码片段。在实现这些功能时，应该着重理解代码展现的逻辑思维，重点学习代码的构造过程，为今后的代码编写打下坚实的基础。

14.4　本章习题

根据本章案例，运用所学的基础知识，设计并制作一个可以在 PC 端运行的 VR 作品展示系统。